口絵1　光化学オキシダントによるアサガオ（品種：スカーレットオハラ）の葉の可視障害（図1.14）

口絵2　パーオキシアセチルナイトレート（PAN）によるペチュニアの葉の可視障害（図1.17）

口絵3　小型オープントップチャンバー（OTC）（図1.19）

口絵4　小型オープントップチャンバーの非浄化区で育成したハツカダイコンの葉に発現したオゾンによる可視障害（図1.20）

CO₂サンプリング用端子　風向・風速計

北海道大学札幌研究林に3基設置した（高さ5m，直径6.5m）。

口絵5　mini-FACE の概観
（小池，原図）（図3.13）

口絵6　ドイツのバーバリアンフォーレストにおけるノルウェースプルースの衰退（2005年6月15日）（図6.1）

口絵7　米国のサンバナディーノ山脈のマツ類の衰退（撮影：河野吉久博士）（図6.2）

口絵8　神奈川県の檜洞丸におけるブナ林の衰退（撮影：相原敬次氏）（図6.6）

植物と環境ストレス

農学博士 伊豆田 猛 編著

コロナ社

「植物と環境ストレス」 正誤表

頁	行・図	誤	正
18	下2	Class II は,	Class II には,
24	上5	土壌養分や	土壌中の養分や
31	下1	大気汚染物質を除去した	オゾンを除去した
72	図2.14	窒素負荷量 ○ 0 kg/ha ◎ 28 kg/ha ● 57 kg/ha ▲ 113 kg/ha ■ 340 kg/ha	窒素負荷量 ■ 0 kg/ha ▲ 28 kg/ha ● 57 kg/ha ◎ 113 kg/ha ○ 340 kg/ha
92	下5	地上部のみ生じる	地上部のみに生じる
101	上3	von S. Caemmrer	von S. Caemmerer
111	下10〜下9	広葉樹では上側, 針葉樹では下側となり,	広葉樹では斜面上側, 針葉樹では斜面下側となり,
112	下11	(田中ら, 2003)	(IGBP 1998, 田中ら, 2003)
119	上12	30kg/haに2050年ごろを	30kg/haに加え, 2050年ごろを
127	上15	欧米産	北米産
128	上3	防御物質が誘導される	防御物質の生産が誘導される
132	下5	(造林, 再植林, 改変；土地利用に伴う変化)	(造林, 改変；土地利用に伴う変化, 再植林)
	下1	蒸散速度が	個葉の蒸散速度が
138	下15	Mastuki, S.,	Matsuki, S.,
148	図4.1	Mpa　　(3ヶ所)	MPa
150	図4.3	〔Mpa〕	純光合成速度 葉面積成長速度 〔MPa〕
209	上11	個体大枝が	個体や大枝が

①

最新の正誤表がコロナ社ホームページにある場合がございます。
下記URLにアクセスして[キーワード検索]に書名を入力して下さい。
http://www.coronasha.co.jp

は じ め に

　植物は，人類の生命維持装置である．なぜならば，その光合成作用によって生命維持に不可欠な酸素を供給してくれるだけでなく，葉の気孔から大気汚染ガスや二酸化炭素を吸収し，われわれの生活環境における大気を浄化し，地球温暖化を防いでくれるからである．しかしながら，近年，さまざまな環境ストレスが植物に悪影響を及ぼしていることは否定できない．

　日本における環境ストレスによる植物被害の歴史は，明治時代にさかのぼる．栃木県の足尾銅山で銅の製錬によって大気中に大量の二酸化硫黄が排出されると，製錬所周辺の樹木が枯死した．昭和48年に足尾銅山は閉山したが，今日でも森林は回復していない．明治中期から昭和20年代にかけて，大都市の中小工場から排出された石炭燃焼起源の二酸化硫黄や煤塵による植物被害が顕在化した．昭和30年代後半から40年代前半の高度経済成長期においては，コンビナートなどにおける石油燃焼に伴って二酸化硫黄が発生し，水稲や果樹に被害を与えた．昭和40年代中ごろに初めて光化学オキシダントが社会問題化し，農作物被害が観察された．また，昭和40年代後半には，酸性雨とその生態系影響が認識され始めた．1980年代以降は，温暖化などの地球規模の環境問題が顕在化した．そして，なにも解決されないまま20世紀が終わり，引き続き21世紀においても植物はさまざまな環境ストレスによる悪影響を受け続けている．

　本書は，編著者とその共同研究者が携わってきたガス状大気汚染物質や酸性降下物の植物影響や森林衰退などを中心に執筆されているが，21世紀の深刻な環境問題である地球温暖化や土壌汚染の植物影響は第一線で活躍されている方々に執筆していただいた．本書は，植物に対する環境ストレスや地球環境変動の影響などに興味を持つ大学生や研究者のみならず，一般の方々や環境行政

に携わる方々をも対象とした。本書が，環境ストレスの植物影響を理解するための手引書になってくれれば幸いである。

このように幅広い読者を対象としているため，本書では各章末に詳細な文献一覧を掲載した。個々の内容をさらに詳しくお知りになりたい読者は，そちらを当たっていただきたい。

最後に，本書の出版にあたってご尽力をいただいたコロナ社の方々に感謝いたします。また，さまざまな機会にご指導とご助言をいただいた編著者や執筆者の恩師である戸塚　績博士（元東京農工大学教授，元酸性雨研究センター所長）をはじめ，大気環境学会植物分科会の皆さまに感謝いたします。さらに，東京農工大学伊豆田研究室の卒業生と在学生および編著者の家族に感謝いたします。

2006年5月

伊豆田　猛

■ 編著者・執筆者一覧

編著者　伊豆田　猛（東京農工大学）

執筆者　伊豆田　猛（東京農工大学）（1章，2.2節，2.5節，6章）

　　　　　久野　勝治（東京農工大学）（5章）

　　　　　小池　孝良（北海道大学）（3章）

　　　　　中路　達郎（独立行政法人国立環境研究所）（2.3節，2.4節）

　　　　　松村　秀幸（財団法人電力中央研究所）（2.1節）

　　　　　米倉　哲志（埼玉県環境科学国際センター）（4章）

（五十音順，所属は初版第1刷発行当時）

目　　次

1.　光化学オキシダントと植物

1.1　農作物に対する光化学オキシダントの影響 ……………………………… 1
　1.1.1　光化学オキシダントとその植物影響の歴史 …………………………… 1
　1.1.2　農作物に対するオゾンの影響 …………………………………………… 2
　1.1.3　農作物に対するパーオキシアセチルナイトレート（PAN）の影響 …… 7
1.2　樹木に対するオゾンの影響 ……………………………………………… 10
　1.2.1　葉の可視障害 …………………………………………………………… 10
　1.2.2　成長に対する影響 ……………………………………………………… 11
　1.2.3　葉の生理機能に対する影響 …………………………………………… 12
　1.2.4　オゾン障害発現に対する環境要因の影響 …………………………… 14
　1.2.5　オゾン障害発現に対する生物要因の影響 …………………………… 15
1.3　オゾンのクリティカルレベル …………………………………………… 16
　1.3.1　クリティカルレベルとはなにか ……………………………………… 16
　1.3.2　農作物におけるオゾンのクリティカルレベル ……………………… 17
　1.3.3　樹木におけるオゾンのクリティカルレベル ………………………… 21
　1.3.4　自然植生を対象とした研究 …………………………………………… 23
1.4　植物指標による大気汚染環境の評価 …………………………………… 24
　1.4.1　指標植物とはなにか …………………………………………………… 24
　1.4.2　アサガオを用いた大気環境の評価 …………………………………… 25
　1.4.3　ペチュニアを用いた大気環境の評価 ………………………………… 28
　1.4.4　オープントップチャンバー法による大気環境の評価 ……………… 31
1.5　ま　と　め ………………………………………………………………… 33
文　献 …………………………………………………………………………… 34

2. 酸性降下物と植物

2.1 樹木に対する酸性雨の影響 ……………………………………43
  2.1.1 葉の可視障害と降雨 pH との関係 ………………………43
  2.1.2 生理機能に及ぼす影響 ……………………………………46
  2.1.3 成長に及ぼす影響 …………………………………………47
2.2 樹木に対する土壌酸性化の影響 ………………………………50
  2.2.1 酸性降下物による土壌酸性化 ……………………………50
  2.2.2 樹木の成長と栄養状態に対する土壌酸性化の影響 ……50
  2.2.3 樹木の光合成に対する土壌酸性化の影響 ………………54
  2.2.4 樹木に対するアルミニウムの影響 ………………………55
  2.2.5 樹木に対するマンガンの影響 ……………………………57
  2.2.6 酸性降下物の臨界負荷量 …………………………………58
2.3 森林生態系における窒素飽和現象 ……………………………59
  2.3.1 窒素降下量の増加 …………………………………………59
  2.3.2 窒素飽和の定義 ……………………………………………61
2.4 樹木に対する窒素過剰の影響 …………………………………65
  2.4.1 窒素酸化物の影響 …………………………………………65
  2.4.2 還元態窒素化合物の影響 …………………………………68
  2.4.3 土壌を介した樹木への窒素影響 …………………………70
2.5 ま と め …………………………………………………………75
文　　献 ……………………………………………………………………77

3. 地球温暖化と植物

3.1 植物に対する気温上昇の影響 …………………………………89
  3.1.1 温暖化の現状 ………………………………………………89
  3.1.2 植物の分布に対する気温上昇の影響 ……………………90
  3.1.3 植物の生育に対する気温上昇の影響 ……………………92
3.2 植物に対する CO_2 の影響 ……………………………………94
  3.2.1 光合成の多様性 ……………………………………………95
  3.2.2 CO_2 濃度と成長 …………………………………………96

3.2.3　高 CO_2 における光合成反応 ……………………… 98
　　3.2.4　光合成の負の制御 ………………………………… 99
　　3.2.5　ソース・シンク活性 ……………………………… 103
　3.3　CO_2 増加への森林樹木などの応答 ……………………… 106
　　3.3.1　FACE …………………………………………… 107
　　3.3.2　CO_2 スプリング ………………………………… 111
　3.4　温暖化現象と森林の応答 ……………………………… 112
　　3.4.1　CO_2 収　支 ……………………………………… 112
　　3.4.2　森林の CO_2 固定機能 …………………………… 113
　　3.4.3　木部構造の変化 …………………………………… 116
　3.5　森林生態系の応答 ……………………………………… 119
　　3.5.1　生物多様性と CO_2 固定機能 …………………… 120
　　3.5.2　共生菌類の活動 …………………………………… 123
　　3.5.3　植食者の活動と被食防衛 ………………………… 124
　　3.5.4　生態系の環境応答 ………………………………… 129
　3.6　ま　と　め ……………………………………………… 131
　文　　献 ……………………………………………………… 134

4.　水ストレスと植物

　4.1　植物に対する水ストレスの影響 ……………………… 145
　　4.1.1　植物体の水分状態の指標 ………………………… 145
　　4.1.2　植物に対する水ストレスの影響 ………………… 147
　4.2　植物に対する水ストレスと光化学オキシダントの
　　　　複合影響 ………………………………………………… 154
　　4.2.1　水ストレスと光化学オキシダント（オゾン）による
　　　　　　森林衰退現象 ………………………………………… 154
　　4.2.2　植物に対する水ストレスと光化学オキシダント（オゾン）の
　　　　　　複合影響 ……………………………………………… 156
　4.3　ま　と　め ……………………………………………… 161
　文　　献 ……………………………………………………… 162

5. 土壌汚染と植物

5.1 植物に対する重金属の影響 ……………………………………………168
  5.1.1 植物に対する重金属の毒性順位 ………………………………168
  5.1.2 重金属の毒性を左右する条件 …………………………………171
  5.1.3 クロロフィル合成および光合成に対する影響 ………………180
  5.1.4 重金属による酸化ストレス ……………………………………183
  5.1.5 根の生理活性に及ぼす影響 ……………………………………186
5.2 植物に対する微量土壌汚染物質の影響 ………………………………188
5.3 植物による環境浄化 ……………………………………………………189
5.4 ま と め …………………………………………………………………192
文　献 ………………………………………………………………………193

6. 森林衰退と環境ストレス

6.1 欧米における森林衰退 …………………………………………………198
  6.1.1 ヨーロッパ ………………………………………………………198
  6.1.2 北　米 ……………………………………………………………199
  6.1.3 森林衰退の原因仮説 ……………………………………………200
6.2 日本における森林衰退 …………………………………………………204
  6.2.1 森林衰退の現状 …………………………………………………204
  6.2.2 森林衰退地における調査事例 …………………………………207
6.3 ま と め …………………………………………………………………212
文　献 ………………………………………………………………………213

索　引 …………………………………………………………………………218

1. 光化学オキシダントと植物

1.1 農作物に対する光化学オキシダントの影響

1.1.1 光化学オキシダントとその植物影響の歴史

　光化学オキシダント（photochemical oxidants）は，大気中で光化学反応によって生成される酸化力の強い物質の総称である。1944年，米国のロサンゼルス地域において初めてレタスやホウレンソウなどの葉の裏面に光沢化などの特徴的な可視症状が観察された（Middleton et al., 1950）。その後の研究により，この症状の原因物質は，太陽からの紫外線による二酸化窒素（NO_2）と不飽和炭化水素の光化学反応によって生成されるパーオキシアセチルナイトレート（$CH_3COOONO_2$，PANと略）であることが明らかになった（Stephens et al., 1956）。1957年に新たな大気汚染物質であるオゾン（O_3）による農作物の被害が問題化し，米国各地において植物被害が観察されるようになった（Heggestad and Middleton, 1959）。その後，世界の各地において光化学オキシダントによる植物被害が深刻な社会問題となった。

　日本においても，1960年代中ごろ以降にタバコ，サトイモ，ネギなどに可視被害が観察されたが，その原因は明らかではなかった。1970年7月17日に，東京都杉並区の東京立正高校で運動中の生徒多数が眼の痛みや呼吸困難などを訴えて以来，光化学オキシダントによる大気汚染が注目され始めた。その後，各都道府県の農業試験場や公害研究所などで，光化学オキシダントの植物被害調査が行われた。また，PANに感受性が高い白花系のペチュニアを指標植物とした配置法によって，1970年代から80年代にかけて東京都における

PAN汚染が確認されている（寺門・服田，1984；野内ら，1984）。

現在，わが国における光化学オキシダントの環境基準値は，1時間値で0.06 μl/l（ppm）以下であることと定められている。しかしながら，東京都をはじめ，神奈川県，埼玉県，大阪府および兵庫県などの都市域やその郊外においては，春から夏にかけて環境基準値を大幅に超える光化学オキシダント濃度が観測されている。Emberson *et al.* (2001) は，近い将来において，日本やアジア諸国で光化学オキシダント濃度がさらに上昇することを予測している（図1.1）。このため，近年，日本のみならず，アジア諸国においても，農作物に対する光化学オキシダントの影響が深刻な環境問題になりつつある（Emberson *et al.*, 2003）。

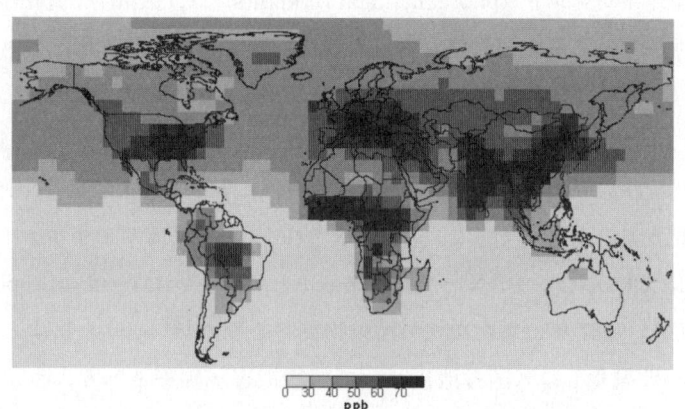

図1.1　2030年における農作物の成長期における最高オゾン濃度の平均値（Emberson *et al.*, 2001）

1.1.2　農作物に対するオゾンの影響

〔1〕**葉の可視被害**　農作物がオゾンに暴露されると，葉面に可視障害が発現することがある。この可視障害の症状は，農作物の種類によって多種多様である。例えば，オゾンに暴露されたハツカダイコンやタバコでは葉脈間に微細な白色斑点や漂白斑が発現するが，イネなどでは赤褐色の斑点が生じる。白色斑点や漂白斑は，オゾンによって柵状組織の細胞がおもに攻撃を受け，細胞

壁が変形し，細胞が崩壊し，その部分に空気が充満するため生じる（野内，2001）。また，オゾンによって壊死した柵状組織の細胞に赤褐色などの色素が蓄積し，細胞内が着色し，赤褐色の斑点を生じる（野内，2001）。可視障害を発現させるオゾン濃度の閾値には種間差異があり，ハツカダイコンやホウレンソウでは100 nl/l（ppb）以下のオゾンによって可視障害が発現する。一般に，オゾンによる可視障害は成熟葉や比較的古い葉に生じやすく，葉の上表面側に発現する。

　農作物の葉面可視障害の発現程度に基づいたオゾン感受性と乾物成長や純光合成速度の低下程度に基づいたオゾン感受性は異なる。図1.2に示したように，コマツナの一品種であるミスギの個体乾物成長や純光合成速度におけるオゾン感受性はほかの品種に比べて高いが，葉面可視障害の発現程度に基づいたオゾン感受性は比較的低い（Izuta *et al.*, 1999）。

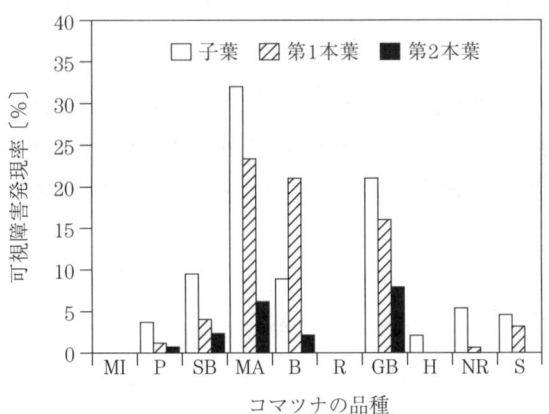

10品種のコマツナに130 ppbのオゾンを，4時間/日で，播種後8，10，12日目に暴露した。可視障害発現率は，1枚の葉の面積に対する障害を受けた部分の面積の比である。品種名，MI，ミスギ；P，プララ；SB，シンバンセイ；MA，マルバ；B，バンセイ；R，ラクテン；GB，ゴゼキバンセイ；H，ハルミ；NR，ナツラクテン；S，サオリ。

図1.2　オゾンによるコマツナの葉の可視障害発現率（Izuta *et al.*, 1999）

〔2〕 **葉の生理機能に対する影響**　オゾン暴露によって，農作物の純光合成速度の低下，気孔開度の変化および暗呼吸速度の促進や低下が引き起こされる。オゾンによる光合成阻害の原因として，クロロフィル含量の低下，電子伝達系の阻害，RuBP カルボキシラーゼ/オキシゲナーゼ（Rubisco）などの酵素活性の低下などが指摘されている（Coulson and Heath, 1974 ; Pell et al., 1994）。

気孔から葉内に吸収されたオゾンは，細胞外空間（アポプラスト）の水溶液に溶け，O_2^- や H_2O_2 などの活性酸素種を生成する。アポプラストに侵入したオゾンの一部はアスコルビン酸などによって解毒されるが（Chameides, 1989），その多くは原形質膜や細胞質に流入する（Luwe et al., 1993）。オゾンや活性酸素種は，原形質膜の脂質を分解し，タンパク質を変性し，膜の透過性や機能をかく乱する（Heath and Taylor, 1997）。

〔3〕 **成長に対する影響**　オゾンは，ハツカダイコン，ダイズ，ワタ，トウモロコシ，ペッパー，ラジノクローバー，イネなどのさまざまな農作物の成長を低下させる。一般に，オゾンは，農作物の地上部（葉や茎）に比べて，地下部（根）の成長を阻害する（Nouchi et al., 1991）。この原因として，葉で生産された光合成産物の根への転流がオゾンによって抑制されることが考えられる（Okano et al., 1984）。

農作物の成長におけるオゾン感受性には，種間差異や品種間差異が存在する。例えば，ハツカダイコンの個体乾物成長におけるオゾン感受性は，その品種によって異なり，ユキコマチ＞コメット＞ホワイトチェリッシュの順に高い（Izuta et al., 1994）。このようなオゾン感受性の種間差異や品種間差異は，気孔を介した大気から葉内へのオゾンの吸収速度では説明できない（Izuta et al., 1994 ; Izuta et al., 1999）。すなわち，オゾン吸収速度が高い種や品種はオゾンに弱く，逆にオゾン吸収速度が低い種や品種はオゾンに強いというわけではない。このことは，葉内に吸収されたオゾンの解毒能力が農作物のオゾン感受性の種間差異や品種間差異に関与していることを示唆している。

〔4〕 **収量に対する影響**　欧米において現状のオゾン濃度は，すでに農作

物の収量を低下させ，葉面に可視障害発現を引き起こすレベルに達している（Emberson et al., 2003）。日本では野外において農作物の成長や収量に対するオゾンの影響を調べた研究は非常に限られているが（Izuta et al., 1993b），すでにオゾンによる農作物の収量低下が発現している可能性が高い。Kobayashi（1992）は，水稲の収量に対するオゾンの影響に関するモデルを開発し，それに基づいて1981年から1985年までの5年間の関東地方におけるオゾンによるイネの平均減収率が評価した（野内と小林，1994）。その結果，オゾンによるイネの減収率は，関東地方の中央部（埼玉県東部）において7％と見積もられた（図1.3）。

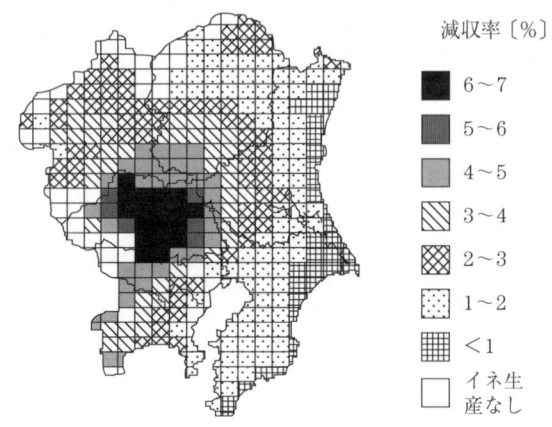

図1.3 光化学オキシダントによる関東地方におけるイネの減収率（野内・小林，1994）

〔5〕 **品質に対する影響** 農作物の品質に対するオゾンの影響に関する知見は限られている。ダイズ（品種：エンレイ）の子実成分に対するオゾンの影響を調べた結果，60 ppbのオゾンの暴露によって子実のMgおよびK濃度は増加した（米倉ら，2000）。

夏季に大気中のオゾン濃度が高い東京都府中市で，活性炭フィルターで浄化した空気と非浄化空気を導入したオープントップチャンバー（OTC）内でコマツナを1か月間にわたって育成した（紀平ら，2003；石原，2004）。その結

果，非浄化空気で育成したコマツナの葉では，浄化空気で育成した個体に比べてナトリウム濃度は有意に高かったが，グルコース濃度，ショ糖濃度および全糖濃度は有意に低かった。なお，非浄化空気で育成したコマツナの含水率，葉の厚さ，色素成分，ビタミンC濃度およびミネラル濃度は，浄化空気で育成した個体のそれらと有意な差はなかった。これらの結果は，府中における現状レベルのオゾンがコマツナの品質に悪影響を与えていることを示唆している。

〔6〕 **オゾン障害に対する環境要因の影響** オゾンによる農作物の成長や純光合成速度の低下程度は，光条件や気温などの環境要因によって変化する。例えば，ハツカダイコン（品種：コメット）の個体乾物成長におけるオゾン障害の程度は，弱光・低温条件下に比べて，強光・高温条件下で著しく（**図1.4**），この原因として強光・高温条件下では単位オゾン吸収量当りの純光合成阻害率が高くなることが考えられた（伊豆田ら，1988a；Izuta et al., 1991）。

米倉ら（2000）は，ダイズ（品種：エンレイ）に対するオゾンと土壌水分ストレスの複合影響を調べた。自然光型ファイトトロン内に浄化空気を導入した

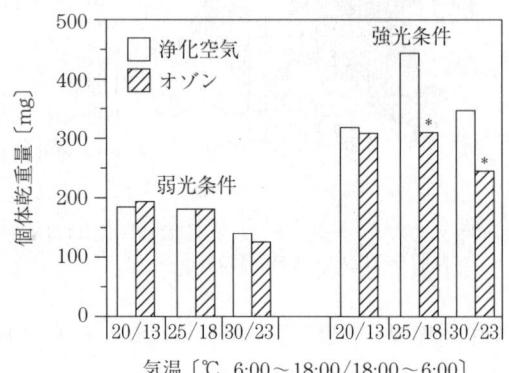

異なる光・温度条件下で，100 ppbのオゾンを4時間/日で7日間にわたって暴露した。＊は，浄化空気区とオゾン区の個体乾重量に有意な差があることを示している。

図1.4 ハツカダイコンの個体乾重量におけるオゾン障害の発現に対する日射量と気温の影響（伊豆田ら，1988a；Izuta et al., 1991）

浄化区と 60 nl/l (ppb) のオゾンを毎日 8 時間 (9：00～17：00) にわたって暴露したオゾン区を設け，各ガス処理区において pF 1.8 に保った土壌湿潤区と pF 2.5 に保った土壌水分ストレス区を設定し，合計 4 処理区においてダイズを 96 日間にわたって育成した。その結果，ダイズの栄養成長前期においてはオゾン処理によって根，葉および個体乾重量が低下したが，栄養成長後期になると乾物成長に対するオゾン処理による影響は認められなかった。しかしながら，最終的にはオゾン処理によって収量は低下した。オゾンと水ストレスの相殺的な複合影響は，栄養成長前期の個体乾重量において発現した。これに対して，栄養成長後期以降においてはオゾンと水ストレスは相加的に作用し，最終的には個体乾重量と収量を著しく低下させた。

1.1.3 農作物に対するパーオキシアセチルナイトレート（PAN）の影響

〔1〕 **大気中の PAN 濃度**　大気中における PAN の濃度に関する情報は，世界的に限られている。1980 年に米国カリフォルニア州のリバーサイドで測定された PAN 濃度は非常に高く，10 月には 41.6 nl/l (ppb) が観測された (Temple and Taylor, 1983)。この地点では，1980 年の 4 月から 10 月までに 30 ppb を超える PAN 濃度が 23 回記録された。

日本においては，PAN の常時観測システムがないため，PAN 濃度に関する情報はきわめて限られている。泉川ら (1975) は 1973 年に東京都で 31.2 ppb の PAN が観測されたことを報告している。また，早福と泉川 (1988) は，東京都において PAN 濃度は午前 10 時から午後 2 時までの時間帯で比較的高く，1976～1985 年における日最高値は 20 ppb 以上であり，年平均値が 1979 年から 1985 年にかけて徐々に増加したことを報告した。

〔2〕 **葉の可視被害**　PAN によって，ペチュニア，トマト，インゲンマメなどの葉に可視障害が発現する。PAN による典型的な葉面可視障害は，光沢化や青銅化や白銀化である。PAN による可視障害は，比較的若い葉の裏面に発現することが多いが，高濃度の PAN によって葉の表面に発現することもある。

PANによる葉面可視障害の発現閾値は植物の種類によって異なるが，レタスなどの比較的高感受性の植物では $15\,\mathrm{n}l/l$ (ppb) のPANが4時間暴露されると発現する (Temple and Taylor, 1983)。ペチュニアはPANに対する感受性が高く（野内ら，1984），野外条件下で5 ppbのPANに2～3時間暴露されると葉に可視障害が発現する。PANに最も感受性が高い白花種のペチュニアでは，7 ppbのPANが8時間暴露されると葉に可視障害が発現する（野内，1979）。Izuta et al. (1993 a) は，30 ppbまたは60 ppbのPANを1日当り4時間で3日間にわたって暴露すると，ペチュニアとインゲンマメの葉の裏面は白銀化したが，ハツカダイコンの葉面には可視障害が発現しなかったことを報告している。Okano et al. (1990) はペチュニアの葉のPAN吸収速度はハツカダイコンのそれに比べて低いことを報告している。したがって，PANによる葉面可視被害の発現や程度を葉のPAN吸収速度の高低では説明できない。

PANは葉の海綿状組織の細胞を選択的に攻撃するが，その理由は明らかにされていない。PANは，海綿状組織の細胞を赤褐色に着色し，連続的に細胞を崩壊させ，海綿状組織の細胞における細胞間の空隙を拡大させる（野内，2001）。光沢化などの症状は，健全な下表皮細胞とその内側の海綿状組織の細胞における着色した壊死細胞との間にできた大きな空隙によって，光が散乱した結果であると考えられている（野内，2001）。

〔3〕 **葉の生理機能に対する影響** PANに暴露された植物の葉のガス交換速度は低下する。野内（1988）は，インゲンマメに95 ppbのPANを4時間暴露した結果，PAN暴露中において葉に水浸状の可視障害が発現した後，急激に純光合成速度と蒸散速度が低下することを報告している。Izuta et al. (1993 a) は，ペチュニアに30 ppbまたは60 ppbのPANを1日当り4時間で3日間にわたって暴露した後に，PANを含まない空気条件下で光-光合成曲線を作成した（図1.5）。その結果，PAN暴露によって光-光合成曲線の初期勾配と最大純光合成速度が低下した。このとき，いずれの光条件下においても，PAN暴露によって葉の CO_2 葉肉拡散抵抗は増加したが，CO_2 気孔拡散抵抗には有意な影響はなかった。これらの結果は，PAN暴露後におけるペチュ

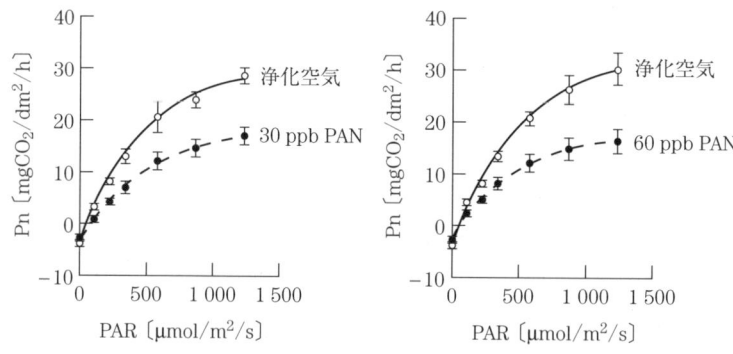

ペチュニアに 30 ppb または 60 ppb の PAN を 3 回暴露し，異なる光合成有効放射量（PAR）において純光合成速度（Pn）を測定した。

図 1.5　ペチュニアの純光合成速度に対するパーアセチルナイトレート（PAN）の影響（Izuta *et al*., 1993 a）

ニアの葉の純光合成速度の低下の原因は，気孔閉鎖ではなく，葉内における光合成活性の低下であることを示している。PAN による光合成阻害のメカニズムは明らかにされていないが，ホウレンソウの葉から単離された葉緑体においては PAN によって光化学系 I と光化学系 II の両方の電子伝達系が阻害されることが報告されている（Coulson and Heath, 1975）。

PAN は，SH 基を持つ酵素の活性を阻害する（Taylor, 1969）。また，PAN は脂質の生合成に影響を与える（Mudd, 1975）。Nouchi and Toyama (1988) は，インゲンマメの葉組織の脂肪酸と脂質に対する PAN の影響を調べた。その結果，100 ppb の PAN をインゲンマメに 8 時間暴露すると，葉に水浸状の可視障害が発現する暴露開始 6 時間目以降にリン脂質と糖脂質が低下し，全脂肪酸含量が低下したが，マロンジアルデヒド濃度は急激に増加した。これらの結果は，PAN 暴露によって葉緑体のチラコイド膜の脂質が影響を受け，その影響に活性酸素が関与していることを示唆している。野内（1988）は，PAN によるインゲンマメのクロロフィルと脂肪酸の分解とマロンジアルデヒドの生成に活性酸素である O_2^- が起因していることを明らかにした。

〔4〕　**成長に対する影響**　　農作物の成長に対する PAN の影響に関する知

見は非常に限られている。Temple and Taylor(1985)は，25 ppbまたは50 ppbのPANを4時間/日で1日/週で3週間にわたって暴露するとトマトの成長が低下したことを報告している。Izuta et al. (1993a)は，ペチュニア（品種：ホワイトチャンピオン），インゲンマメ（品種：本金時）およびハツカダイコン（品種：コメット）に10，30，60 ppbのPANを4時間/日で3日間/週にわたって暴露した。その結果，30 ppbと60 ppbのPAN暴露によってペチュニアとインゲンマメの個体乾物成長は低下したが，ハツカダイコンの成長はPAN暴露による影響を受けなかった（図1.6）。この結果は，乾物成長におけるPAN感受性に種間差異が存在することを示している。

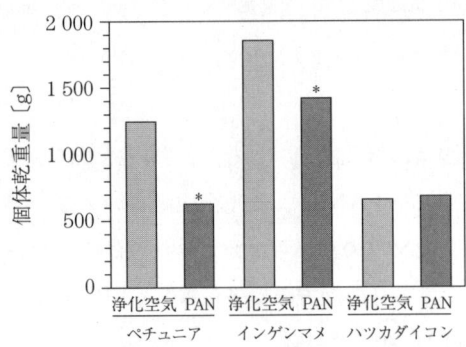

各植物に，浄化空気または，30 ppbのPANを暴露した。図中の＊は，ペチュニアとインゲンマメにおいて，浄化空気区の値に比べて，PAN暴露区の値が有意に小さいことを示している。

図1.6 ペチュニア，インゲンマメ，ハツカダイコンの個体乾重量に対するPANの影響（Izuta et al., 1993a）

1.2 樹木に対するオゾンの影響

1.2.1 葉の可視障害

　光化学オキシダントの主成分であるオゾン（O_3）は，樹木に対して悪影響を与えるガス状大気汚染物質である。比較的高濃度のオゾンが樹木に暴露されると，葉に存在する気孔からオゾンが吸収され，色素が分解された結果であるクロロシスや細胞が死に至った結果であるネクロシスなどの可視障害が葉面に発現する。オゾンによる可視障害の症状は，樹種によってさまざまである。また，可視障害発現の有無や程度を指標としたオゾン感受性には，樹種間差異や系統間差異がある。

1.2.2 成長に対する影響

比較的低濃度のオゾンでも,数か月から数年にわたって樹木に暴露すると,その成長が低下する。樹木の苗に数年間にわたってオゾンを暴露すると,1年目に成長影響が認められなくても,2年目や3年目に成長が低下することがある。オゾンは,植物器官のうち,特に根の成長を顕著に阻害することが多い。

樹木の成長におけるオゾン感受性には,樹種間差異や系統間差異が存在する。ヨーロッパで行われた1〜5年にわたるオゾン暴露実験の結果に基づくと,広葉樹の成長は針葉樹のそれに比べてオゾン感受性が高い (Skärby et al., 1998)。特に,カバノキ,ポプラ,ヨーロッパブナなどは,ほかの広葉樹に比べてオゾン感受性が高い (Landolt et al., 2000)。

日本の樹木に対するオゾンの影響に関する研究は1970年代から行われていたが,それらのほとんどはおもに街路樹を研究対象としていた。わが国の森林を構成している樹木の成長に対するオゾンの影響に関する研究は,おもに1990年代から開始された。

スギの成長は,100 nl/l (ppb) 以下のオゾンに対して,ある程度の耐性を持っている (三輪ら,1993;Shimizu et al., 1993;松村ら,1996, 1998)。しかしながら,スギに数か月にわたって150 ppbを超える比較的高濃度のオゾンを暴露すると,根の乾重量が減少し,地上部と地下部の乾重比(地上部/地下部)が増加する (三輪ら,1993;松村ら,1996, 1998)。また,ブナの個体乾物成長は,60 ppbのオゾンを数か月にわたって暴露すると低下する (Izuta et al., 1996;Yonekura et al., 2001 a;Yonekura et al., 2001 b)。

図1.7に示したように,乾物成長におけるオゾン感受性には樹種間差異が存在する (松村ら,1996, 1998;伊豆田・松村,1997;Matsumura and Kohno, 1997;河野・松村,1999)。松村ら (1996) は,スギ,ケヤキおよびヒノキに24週間にわたって4段階のドースのオゾンを暴露した結果,スギやヒノキに比べてケヤキは100 ppb以下のオゾンに対して感受性が高かったことを報告している。なお,葉面の可視障害発現に基づいたオゾン感受性と乾物成長や伸長成長に基づいたオゾン感受性は異なる (Shimizu et al., 1993)。

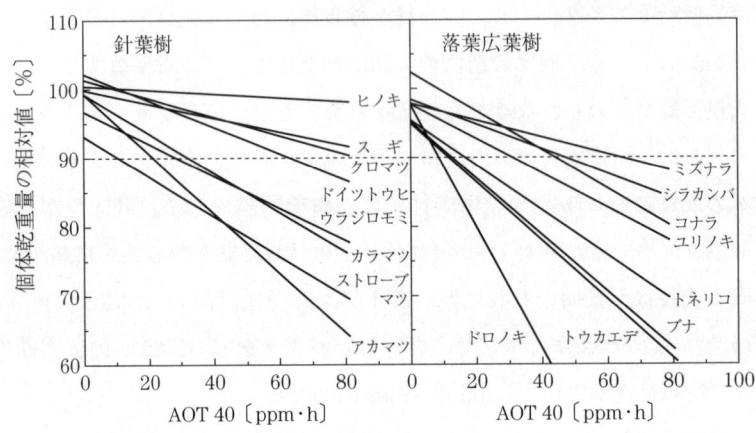

横軸は6か月当りに換算したオゾンの AOT 40 である。縦軸は浄化空気区の平均値を基準とした個体乾重量の相対値である。

図1.7 16樹種の乾物成長とオゾンの AOT 40 との関係（伊豆田・松村，1997）

1.2.3 葉の生理機能に対する影響

　気孔の開度は，オゾンの葉内への侵入を決定する重要な要因の一つである。しかしながら，Taylor *et al.* (1982) は，気孔を介した葉内へのオゾンフラックスは葉の可視障害の発現やその程度とは関係がないことを示した。したがって，気孔拡散コンダクタンスは大気から葉内へのオゾン吸収を制御する主要因であるが，葉肉細胞の代謝機能も樹木のオゾン感受性に関与する重要な要因である。オゾンの気孔開度への影響は，おもに葉緑体の光合成活性によって調節されている葉内 CO_2 濃度の変化に依存している (Reich, 1987)。すなわち，オゾンによって葉緑体における光合成活性が低下すると，葉内の CO_2 濃度が比較的高い状態になり，気孔が閉鎖する。

　オゾンが気孔を介して葉内に吸収されると，葉緑体における光合成機能を阻害する。Coyne and Bingham (1981, 1982) は，オゾンを暴露したポンデローサマツにおいて，気孔拡散コンダクタンスの低下よりも光合成能力における被害のほうが大きく，オゾンは気孔より葉肉細胞の機能に大きな損傷を与える

ことを示した。Chevone et al. (1989) は，ストローブマツのオゾンに対する感受性クローンと抵抗性クローンの純光合成速度と気孔拡散コンダクタンスに対するオゾンの影響を調べた。その結果，抵抗性クローンは，オゾンなどのガス状大気汚染物質が葉内に多く侵入する状態でも高い光合成速度を維持する能力を持っていた。Coyne and Bingham (1982) も，ポンデローサマツのオゾン抵抗性クローンの純光合成速度と気孔コンダクタンスは，感受性クローンのそれらより高かったことを報告している。これらの結果は，オゾンに対する抵抗力をつかさどる機能が葉肉細胞内に存在することを示している。

現在のところ，わが国の森林を構成している樹木の生理機能に対するオゾンの影響に関する研究は限られている。Izuta et al. (1996) は，ブナに 75 ppb または 150 ppb のオゾンを 18 週間にわたって暴露した結果，気孔拡散コンダクタンスに有意な影響は認められなかったが，純光合成速度は低下したことを報告している（**図 1.8**）。この結果は，オゾン暴露後における純光合成速度の低下は，気孔閉鎖によるものではないことを示している。Yonekura et al. (2001 a, 2001 b, 2004) は，60 ppb のオゾンを数か月にわたって暴露されたブナの純光合成速度と RuBP カルボキシラーゼ/オキシゲナーゼ（Rubisco）濃度と葉の炭水化物濃度が低下したことを報告している。松村ら（1996）は，24 週間にわたる野外濃度レベルのオゾン暴露は，ケヤキとスギの純光合成速度と暗呼吸速度を低下させたが，ヒノキではそれらの低下は認められなかった

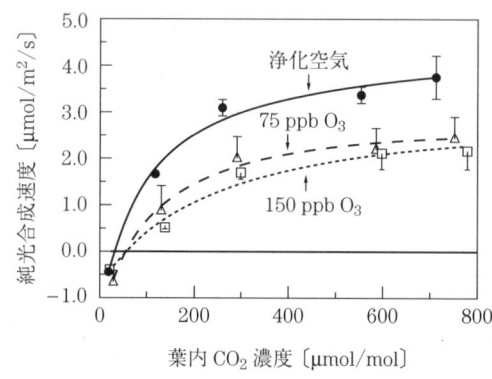

浄化空気または，75 ppb と 150 ppb のオゾンを 18 週間にわたってブナ苗に暴露した。

図 1.8 ブナ苗の葉内 CO_2 濃度−純光合成速度曲線に対するオゾンの影響（Izuta et al., 1996）

ことを報告している。この結果は，光合成などの生理機能におけるオゾン感受性に樹種間差異が存在することを示している。

オゾンは，光合成による同化産物の各植物器官への分配パターンを変化させる（McLaughlin et al., 1982）。オゾンは，根の炭水化物量を減少させ，根系の活性を減退させ，乾燥や病原菌などのストレスに対する樹木の感受性を高めることも考えられている。また，オゾンは，樹木における同化産物の転流を阻害する。カバノキやマツの苗に，約100 ppbのオゾンを暴露すると，葉肉細胞や篩部細胞が破壊され，葉の糖濃度の増加と葉脈細胞や篩部組織におけるデンプンの蓄積が引き起こされる（Günthardt-Georg et al., 1993）。

1.2.4　オゾン障害発現に対する環境要因の影響

オゾンと低温との相乗作用によって，針葉樹の葉に可視障害が発現し，秋から冬にかけて耐凍性を獲得する過程にオゾンが影響を与えることが指摘されている（Brown et al., 1987）。樹木の耐凍性の獲得は，冬期の低温に対する細胞の保護機能として広く知られている現象であるが，この現象は微細構造的変化，デンプンと糖の比率の変化，抗酸化物質の蓄積および光合成の低下などを伴う。したがって，これらの機能をオゾンが崩壊し，樹木の耐凍性を低下させていることが考えられる（Alscher et al., 1989）。オゾンは細胞内にフリーラジカルを生じさせ，植物の生理機能に障害を与える。低温によるフリーラジカルの生成量がオゾンによってさらに増大し，障害が発現した可能性がある。

大気中のCO_2濃度の増加に伴って地球温暖化が進行し，光化学反応が促進されると，対流圏のオゾン濃度がさらに上昇する可能性がある。Allen（1990）は，高濃度CO_2条件下では気孔が閉鎖する傾向にあるため，オゾンなどのガス状大気汚染物質の植物に対する影響は軽減されると予想した。Noble et al. (1992) は，高濃度CO_2条件下においてサトウカエデの乾物成長がオゾン暴露によって増加したことを報告している。しかしながら，Polle et al. (1993) は，高濃度CO_2とオゾンを複合暴露したノルウェースプルースの針葉においては活性酸素消去系酵素であるスーパーオキシドディスムターゼ（SOD）やカ

タラーゼなどの活性が著しく低下することを見いだし，高濃度 CO_2 条件下でオゾン障害は緩和されないことを報告している。また，ノルウェースプルースの光合成に対するオゾンの影響は，高濃度 CO_2 によって緩和されなかった（Barnes et al., 1995）。Umemoto-Mori et al. (1998) は，オゾンと高濃度 CO_2 の複合環境下で育成したブナで気孔の開き方の不均一性（stomatal patchiness）が認められ，個葉でパッチ状に気孔閉鎖が引き起こされることを報告している。

欧米の樹木に対する酸性降下物による土壌への窒素負荷とオゾンの複合影響は，おもに1980年代から調べられている。これに対して，日本の樹木に対するオゾンと土壌への窒素負荷の複合影響に関する知見はきわめて限られている（Nakaji and Izuta, 2001；Nakaji et al., 2004）。Nakaji et al. (2004) は，オゾンによってアカマツの個体乾物成長，純光合成速度および Rubisco 濃度における窒素感受性が高くなることを報告している（図1.9）。

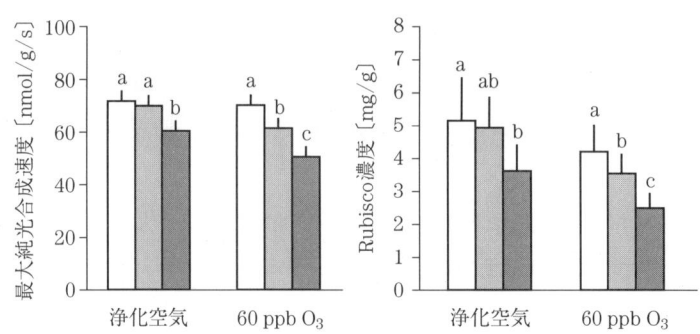

土壌への窒素負荷量：0（白），50（グレー），100 kg/ha/year（黒）
各ガス処理区で異なるアルファベットの付いたバーの間には有意差がある。

図1.9 アカマツの当年葉の最大純光合成速度と Rubisco 濃度に対する土壌への窒素負荷とオゾンの影響（Nakaji et al., 2004）

1.2.5 オゾン障害発現に対する生物要因の影響

根と菌根菌の共生関係は，宿主である樹木にとって養分吸収とその転流，水

吸収，根の形態，病原に対する抵抗力などに利用されるため，菌根の発達に及ぼすオゾンの影響は樹木の成長と密接な関係がある。オゾンによるストレスを軽減する菌根の有益な影響は，テーダマツで報告されている（Garrett et al., 1982；Mahoney et al., 1985）。Mahoney et al. (1985) は，菌根が樹木の成長に対するオゾンの影響を変化させ，根の成長を促進させたことを報告している。McCool et al. (1979) は，オゾン暴露によって，菌根の胞子生産と菌根の形成が減少することを示した。Reich et al. (1985, 1986) や Stroo et al. (1988) の研究結果に基づくと，菌根に対するオゾンの影響には樹種間差異があり，オゾン暴露によってオークの菌根は増加したが，ストローブマツの菌根は減少した。また，Simmons and Kelly (1989) や Meier (1990) は，オゾンによってテーダマツの菌根数が減少したことを報告している。以上のことから，オゾンが樹木の光合成やその同化産物の根への分配を阻害すれば，菌根が利用できる炭水化物量が減少し，菌根菌の感染に影響を及ぼすとともに，根における養分や水分の吸収能力にも悪影響が発現することが考えられる。

　オゾンは，草食性昆虫や病原菌などの病原に対する植物の反応を変化させることが知られている。Braun and Flückiger (1989) は，野外のオゾンにさらされたヨーロッパブナにおいてアブラムシの集団が早く増殖したことを報告している。また，Holopainen et al. (1997) は，オゾン暴露によってノルウェースプルースにおけるアブラムシの個体数が増加することを示した。オゾンによる病原菌の感染に対する抵抗性の低下がマツ類で報告されている（Miller, 1983）。

1.3　オゾンのクリティカルレベル

1.3.1　クリティカルレベルとはなにか

　オゾンのクリティカルレベル（critical level）とは，それ以下ならば，植生に重大な悪影響が発現しないドースである（伊豆田・松村，1997）。なお，オゾンドースとは，オゾンの濃度とその存在時間の積である。近年，ヨーロッパ

において，植生保護のためのオゾンのクリティカルレベルは40 ppbを超えたオゾンの積算ドースとして提案され (Kärenlampi and Skärby, 1996)，AOT 40 (accumulated exposure over a threshold of 40 ppb) と呼ばれている (**図1.10**)．特に，農作物に対するAOT 40 は，日射量が50 W/m²以上の日中において，40 ppbを超えるオゾンの3か月間（中央ヨーロッパでは，農作物の成長期である5，6，7月）にわたる積算ドースとして計算されている．なお，AOT 40 は，大気中のオゾン濃度のみに基づいて決定され，その他の環境要因（土壌水分，気温，日射量など）はまったく考慮されていない最もシンプルなクリティカルレベルであるため，ヨーロッパではLevel Iのクリティカルレベルと呼ばれている．

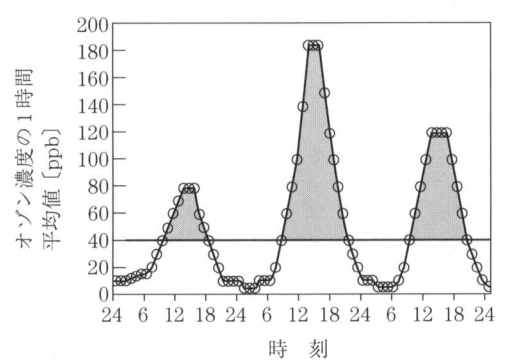

図中の網がけ部分（オゾン濃度が>40 ppb の部分）の積算値をAOT 40 とする．

図1.10 AOT 40 の算出に関する概念図
（伊豆田・松村，1997）

1.3.2 農作物におけるオゾンのクリティカルレベル

オゾンのクリティカルレベルは，農作物の成長，収量，純光合成速度などのさまざまなパラメーターに対して設定することが可能であるが，ヨーロッパでは収量を10％低下させるAOT 40 をクリティカルレベルとすることが検討された (Käenlampi and Skärby, 1996)．オゾンのクリティカルレベルに関す

る議論は，ヨーロッパで最も重要な農作物であるコムギのデータを中心に展開されている．ヨーロッパで行われたオープントップチャンバー（OTC）を用いたオゾン暴露実験で得られたコムギのデータを総合的に解析し，10％の収量低下を導くオゾンの AOT 40 は 5 300 ppb·h であるとされた．その後，既存のデータに，スイス，フィンランド，スウェーデン，米国などで得られたデータを加え，コムギの収量に対するオゾンのクリティカルレベルに関する検討が行われた（**図 1.11**）．

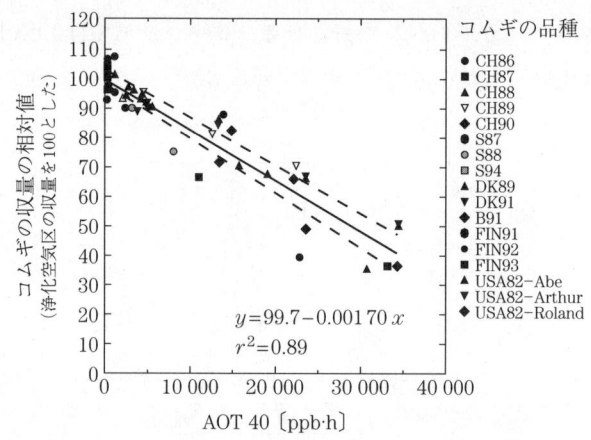

縦軸のコムギの収量は，浄化空気で育成したコムギの収量を 100 としたときの相対値である．図中の実線は回帰直線であり，破線は 95％信頼区間を示している．

図 1.11 コムギの収量と AOT 40 との関係（Fuhrer, 1996）

一般に，農作物のオゾン感受性は種や品種によって異なる．このため，ヨーロッパでは，農作物のオゾン感受性の違いを考慮し，オゾンのクリティカルレベルを三つのクラス（class）に分けている．最もオゾン感受性が高いクラスを Class I とし，10％の収量低下を導く AOT 40 が 10 000 ppb·h 以下の農作物（コムギ，オオムギ，トマトなど）が属している．オゾン感受性が中程度の Class II は，同 AOT 40 が 10 000〜20 000 ppb·h の農作物（クローバーなど）が属している．また，オゾン感受性が最も低い Class III には，同 AOT 40 が

20 000 ppb・h 以上の農作物（マメ類など）が属している。

　AOT 40 は農作物が存在する環境における大気中のオゾン濃度から算出されるが，農作物のオゾン障害の程度は実際に気孔を介して大気から葉内に吸収されたオゾン量に依存することが考えられる。オゾンの有効ドース（effective dose）とは，AOT 40 のような大気中のオゾン濃度から算出したドースではなく，植物におけるオゾン障害の発現に対して直接的に影響を与えるオゾンドースである。このため，オゾンの有効ドースは，気孔を介して大気から葉内に吸収されたオゾンの積算量として考えることができる（Emberson *et al.*, 2000）。したがって，AOT 40 に比べて，オゾンの有効ドースに基づいたクリティカルレベルは植物反応と良い対応を示す可能性が高い（Ashmore *et al.*, 2004）。一方，農作物の成長や純光合成速度などの生理機能におけるオゾン障害の程度は，葉内へのオゾンの吸収量や吸収速度のみによって決定されるわけではない。Izuta *et al.* (1994) や Izuta *et al.* (1999) は，ハツカダイコンやコマツナに同じ環境条件下で同じ濃度のオゾンを暴露しても，品種によって純光合成速度の阻害率が異なり，単位オゾン吸収量当りの光合成阻害率（同量のオゾンを吸収した場合の純光合成速度の阻害率）も品種によって異なることを示した。これらの結果は，植物におけるオゾン障害の程度は，オゾン吸収量だけでは説明できないことや同じ植物でも葉内におけるオゾンの解毒能力やオゾン障害からの修復能力が品種によって異なることなどを示唆している。したがって，今後は，葉のオゾン吸収速度のみならず，吸収されたオゾンの葉内における解毒能力やオゾン障害の修復能力なども考慮に入れたクリティカルレベルを検討する必要がある（伊豆田・松村，1997；Ashmore *et al.*, 2004）。

　ヨーロッパにおいては，土壌水分などの環境要因の影響を考慮に入れたオゾンのクリティカルレベルが注目されており，これは Level II のクリティカルレベルと呼ばれている。例えば，土壌の水分条件を考慮に入れたスイスにおけるコムギの収量に対するオゾンのクリティカルレベルが評価されている（Fuhrer, 1996）。光強度や気温などは，農作物の成長や純光合成速度におけるオゾン障害の程度に影響を与える（伊豆田ら，1988 a；Izuta *et al.*, 1991）。

しかしながら，植物体内へのオゾン吸収に大きな影響を与える日射量，気温，風速などの影響を考慮に入れたクリティカルレベルは評価されていない。したがって，Level II のクリティカルレベルを設定するためには，環境条件が異なるさまざまな地域で OTC を用いたオゾン暴露実験などを行い，農作物のオゾン障害発現に対する環境要因の影響を調べる必要がある。

日本においては，1970 年代前半から農作物に対するオゾンの影響に関する研究が行われてきたが，その収量に対する低濃度オゾンの慢性影響を調べた研究例やオゾンによる減収率を評価した研究は限られている（野内・小林，1995；小林，1999）。Yonekura *et al.* (2005) は，関東地方におけるオゾンによるイネの減収率が 5～10％であると評価し，将来においては減収率がさらに増加すると予測している（**図 1.12**）。しかしながら，現在のところ，日本の農作物の成長や収量に対するオゾンのクリティカルレベルは評価されていない (Izuta，2003)。

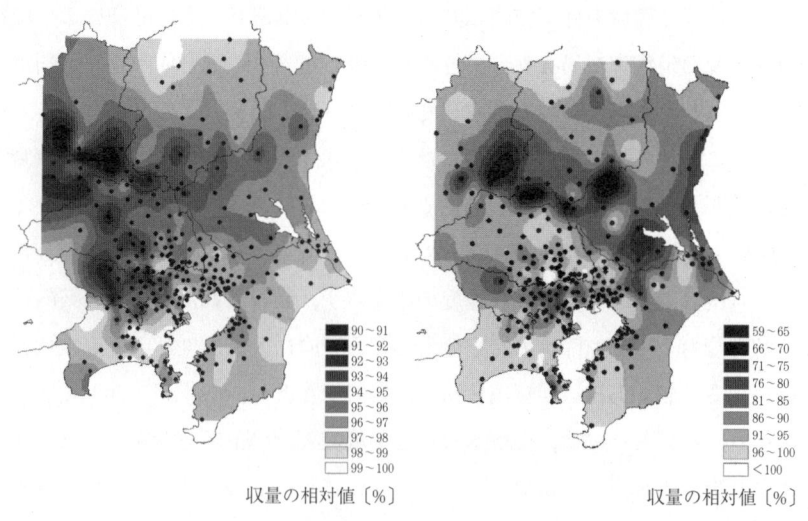

（a）1990～2000 年におけるオゾンの平均 AOT 40 による減収率

（b）2050 年に予測されるオゾンの平均 AOT 40 による減収率

図 1.12 関東地方におけるオゾンによるイネの減収率（Yonekura *et al.*, 2005）

1.3.3 樹木におけるオゾンのクリティカルレベル

ヨーロッパにおいては,樹木を対象としたオゾンのクリティカルレベルの評価に関する研究が行われている。おもな研究対象樹種は,針葉樹のノルウェースプルースや広葉樹のヨーロッパブナなどであるが,これらの樹種はヨーロッパ各地で衰退が観察されている。

ヨーロッパにおける樹木を対象としたオゾンのクリティカルレベルに関する研究は,以下のように大別できる。すなわち,Level I のクリティカルレベルの設定に必要な基本データの収集を目的とした樹木苗に対するオゾンの暴露実験,森林において,成木の小枝などをチャンバー内に収容し,人工的にオゾンを暴露し,葉のガス交換速度などの生理機能を測定する野外実験,森林に数十メートルのタワーを立て,樹冠の上部と下部におけるオゾンや二酸化炭素の濃度などを測定し,微気象学的手法によって,森林におけるオゾンや二酸化炭素のフラックスを算出する野外調査,森林衰退地における衰退木の苗を用いたOTC実験などである。

樹木におけるオゾン障害の発現メカニズムは,農作物におけるそれと基本的には違いがないと考えられるが,樹木は多年生植物であるため数年間にわたる長期的な実験が必要である。樹木の苗に数年間にわたってオゾンを暴露すると,1年目に成長影響がなくても,その後,成長が低下することもある(Krause and Höckel, 1995)。また,針葉樹の枝には齢の違う葉が着いており,それぞれが異なるオゾン感受性を持っている。Weiser et al. (1996) は,33〜65年生のノルウェースプルースの小枝をチャンバー内に収容し,数週間にわたってオゾンを人工的に暴露した結果,当年葉(その年に出てきた針葉)や1年生葉(前年に出た針葉)ではAOT 40の増加に伴って純光合成速度は低下したが,2年生葉(前々年に出た針葉)の純光合成速度はオゾン暴露によってむしろ増加したことを報告している。

ヨーロッパにおいては,樹木に対するオゾンのクリティカルレベルは,苗木を用いた研究の結果に基づいて検討されている。特に,AOT 40を用いたドース-レスポンス関係が,ノルウェースプルースとヨーロッパブナで得られてい

る。この2樹種のうち，オゾン感受性が比較的高いヨーロッパブナが，Level Iのクリティカルレベルの算出の際の対象樹種として選ばれた（Käenlampi and Skärby, 1996）。樹木では，光合成などの多くの生理的反応がオゾンに対する植物指標として検討されたが，おもに乾物成長量をLevel Iのクリティカルレベルの植物指標としている。ヨーロッパブナ苗におけるクリティカルレベルの算出は，スイス，オランダ，ドイツで行われた実験で得られたデータに基づいて行われている（図1.13）。それらの実験は，コムギを供試植物として用いた実験のようにヨーロッパ内で統一された手法で行われたものではないが，OTCなどを用いて野外条件下で行われ，ヨーロッパブナ苗に対するオゾン暴露は野外の現実的なオゾンの濃度や発生パターンに基づいている。その結果，10％の乾物成長低下を引き起こす日中の6か月間（4～9月）に換算されたAOT 40は，約10 000 ppb•hであると考えられた。しかし，このオゾンのクリティカルレベルは限られたデータに基づいて算出されたものであり，オゾンに対する樹木反応における多くの仮定のもとに得られたものである。したがって，10 000 ppb•hというオゾンのクリティカルレベルは，あくまでも暫定値であり，森林樹種の成長量に対するオゾンの影響の定量的・経済的評価に用いられるべきものではない。

樹木におけるオゾン障害の程度は，光強度や気温などの環境要因に影響される。例えば，Mikkelsen and Ro-Poulsen（1996）は，35年生のノルウェース

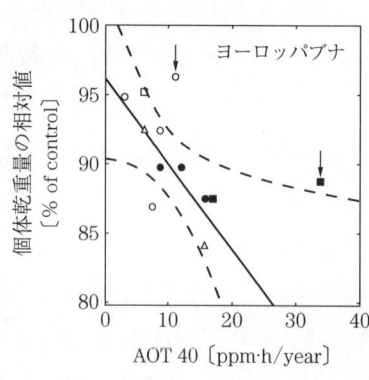

回帰式（$R^2=0.61$, $p<0.01$）を95％信頼区間（破線）とともに示した。矢印で指した外れ値は回帰計算から除外した。●または■で示した値は対照区の値と有意差がある。

図1.13 ヨーロッパブナの個体乾重量とAOT 40との関係（Skärby, 1996）

プルースの当年枝をチャンバー内に収容し，野外条件下の3倍濃度のオゾンを暴露した結果，純光合成速度は強光条件下（400～700 μmol/m²/s）では低下したが，弱光条件下では低下しなかったことを報告している。また，針葉樹を主体とした混合林においてオゾンのフラックスを測定した結果，大気中のオゾン濃度と樹冠によるオゾンの取り込み量との間には明白な関係がなかった（Mikkelsen et al., 1996）。したがって，今後は，樹木のオゾン障害の発現や程度に対する日射量，気温および土壌水分などの環境要因の影響を明らかにし，樹木を対象とした Level II のクリティカルレベルを検討する必要がある。

近年，日本の樹木の成長におけるオゾンのクリティカルレベルを評価することを目的とした実験的研究が行われている。Matsumura and Kohno（1997）は，オープントップチャンバーを用いて，針葉樹8種と落葉広葉樹8種のポット植えの苗木に，4段階のオゾン（浄化大気と外気濃度の 1.0，1.5，2.0 倍）を1～2年半にわたって暴露し，樹木の成長に及ぼすオゾンの長期的影響を調べた。それらの結果から，オゾンと成長低下とのドース-レスポンスを求め，6か月（183日）に換算した AOT 40 に対する各樹種の個体乾重量の変化率を検討した。その結果，試験地で観測した外気のオゾン濃度から算出した6か月換算の AOT 40 は，10 000～24 000 ppb·h であった。20 000 ppb·h の AOT 40 を基準にした個体乾重量の減少率から16樹種のオゾン感受性を比較すると，ドロノキ＞トウカエデ＞ブナ＝ストローブマツ＞トネリコ＞アカマツ＞ウラジロモミ＞ユリノキ＞カラマツ＞シラカンバ＝ミズナラ＞コナラ＞スギ＝ノルウェースプルース＞クロマツ＞ヒノキの順に高い。10％の乾物成長の低下を導く AOT 40 は，最もオゾン感受性が高かったドロノキでは約 8 000 ppb·h で，次いで感受性が高かったアカマツ，ストローブマツ，ブナ，トウカエデ，トネリコでは 12 000～21 000 ppb·h であった。

1.3.4 自然植生を対象とした研究

現在のところ，自然植生を対象としたオゾンのクリティカルレベルに関する研究はきわめて限られている（Fuhrer and Achermann, 1999）。自然草本類

の中には，オゾン感受性が高いことが知られているクローバーやタバコ（品種：Bel-W 3）に匹敵する程度のオゾン感受性を持つ種が存在する。したがって，さまざまな植物種が混在している草原においては，オゾンによって種構成が変化する可能性がある。一般に，異種の植物が混在して生活している草原などでは，土壌養分や日射などの植物の生育やサバイバルにとって不可欠な環境要因をめぐり，植物間で熾烈な競争が繰り広げられている。そこに，オゾンが存在した場合，感受性が高い植物種は感受性が低い植物種との競争に敗れ，衰退や枯死を余儀なくされる。このため，植物生態系における種の構成がオゾンによって変化することが予想される。

1.4 植物指標による大気汚染環境の評価

1.4.1 指標植物とはなにか

　植物の反応を通して，ある地域における自然環境要因の現状把握あるいは環境要因の変化の内容や程度を評価する方法として植物指標がある。植物指標の中でも，特定の環境要因の変動に対して，特定の反応を示す植物を指標植物 (indicator plants) と呼んでいる。

　植物計（phytometer）とは，実際に鉢植えの指標植物を配置して，その場所で問題となっている環境要因の質や変化を数量的に評価する方法である（戸塚，1977）。植物計は Clements (1920) などによって考案されたものであるが，初期のころは主として土壌の水分状態や肥沃度などを推定することが目的であった。その後，大気汚染環境の評価に植物計が利用されるようになった。

　わが国においても，1970年代初期より樹木を指標植物とした二酸化硫黄 (SO_2) による大気汚染環境の評価が検討された。また，1974 年よりアサガオを指標植物として関東地方の広域にわたって光化学オキシダント濃度と植物被害との関係が解析された。さらに，ハツカダイコン，ソバ，ヒマワリ，ペレニアルライグラスなどを指標植物とした植物計の検討がなされた。一方，大気汚

染物質に対して感受性が高いコケ類を指標植物とした大気汚染環境の評価も行われた。

指標植物による大気汚染環境の評価には，以下のような長所と短所がある（戸塚，1977）。長所としては
（1）　時間的，空間的に平均された大気環境の変動が把握できる
（2）　継続的に観察が可能であり，長期間にわたる大気環境の変動の積算的効果が調査できる
（3）　理化学的な分析機器では検出できない大気汚染物質の生物に対する影響を検出できる
（4）　広域にわたる大気環境の評価が比較的容易で，多種類の大気汚染物質の複合作用が検出できる

短所としては
（1）　試験植物の生活の前歴の違いにより，大気環境の変動に対する反応が異なってくるために，再現性に乏しい
（2）　大気汚染物質に対する量-反応（ドース-レスポンス）関係を明確化することが難しいため，植物の反応から大気環境の変動を数量的に把握することが困難である
（3）　特定の大気汚染物質の影響評価ができない

1.4.2　アサガオを用いた大気環境の評価

アサガオは，大気汚染ガス，特に光化学オキシダントに対して非常に敏感な植物である。中でも，スカーレットオハラという品種は，光化学オキシダントに暴露されると，葉の表面に無数の白い斑点が現れる（**図 1.14**）。被害が激しい場合は，葉全体が葉脈を残して白色化し，さらに被害が進行すると褐色のネクロシスになる。

わが国における光化学オキシダントの環境基準値は 0.06 ppm（＝60 ppb）と定められているが，環境基準値以下の濃度の光化学オキシダントでもアサガオの葉に可視障害が発現することがしばしばある。葉における被害症状が現れ

図 1.14 光化学オキシダントによるアサガオ（品種：スカーレットオハラ）の葉の可視障害（口絵 1 参照）

るまでの時間は光化学オキシダント濃度やその他の環境要因によって異なるが，早ければ汚染当日の夕方に，通常では汚染日の翌日に被害が発現する。したがって，アサガオは光化学オキシダントに対する優れた指標植物であるため，すでにさまざまな地域で被害観察などが行われている。

　指標植物であるアサガオは，光化学オキシダントによる大気汚染の調査地点で栽培されているものを利用することが望ましい。しかし，調査地点にアサガオがない場合は鉢植で育てたものを利用してもよい。ここでは，地植えでアサガオを育てる方法を紹介する（Matsumaru, 1994）。まず，15 cm くらいの深さの土壌に，窒素，リン酸およびカリがそれぞれ 5～10 g/m² 程度になるように肥料を混合し，できれば堆肥や腐葉土を混和する。なお，酸性度の強い土壌には，石灰を混ぜて中和する。アサガオ（品種：スカーレットオハラ）の種子はそのままでは発芽しにくいので，種子の凹みの反対側の部分をナイフや爪切りで傷をつけ，一昼夜ほど水に浸してから播種したほうがよい。土壌の表面を平らにし，種子の大きさの 2 倍程度の深さの穴を指であけ，そこに 2～4 粒の種子を 5 月中旬ごろにまき，土壌をかぶせ，十分に水をやる。なお，播種の間隔（株間）は，50～100 cm 程度にすると調査がしやすい。本葉が 1～2 枚出たときに，生育が良好な一株を残して間引きする。育成土壌の水分が不足すると光化学オキシダントによる葉被害が発現しにくくなるため，調査期間中においては土壌への灌水は十分に行う。ほとんどのアサガオはツル性の植物であるた

め，長期間の調査を行う場合は，ひもや支柱などにつるを巻きつかせながら育成する．調査は，主茎の1本のみを用いて行うため，脇芽はできるだけ摘み取ったほうが可視被害の観察などがしやすくなる．毎日，アサガオの葉面を観察する．一般に，光化学オキシダントによる葉被害は，全葉数が20枚以上になると発生しやすくなり，特に上から15枚目の葉を中心に前後数枚に発生することが多い．

神奈川県で行われたアサガオの被害調査を紹介する（神奈川県環境部大気保全課，Aihara，1994）．**図1.15**に，光化学オキシダント濃度とアサガオ（品種：スカーレットオハラ）の葉被害との関係を示した．光化学オキシダントの濃度上昇に伴って，葉における被害面積が拡大する．したがって，葉被害の有無やその面積から，光化学オキシダント濃度を推定することができる．**図1.16**に，神奈川県で1989年と1991年の8月に行ったアサガオの被害調査の結果を示した．1989年の調査では，光化学オキシダントによる葉被害が見られなかった地点もあったが，1991年の調査ではいずれの地点においても葉被害が観察され，県中央部では著しい葉被害が認められた．これらの結果は，環境基準値以上の比較的高濃度の光化学オキシダントが発生していたことを示している．

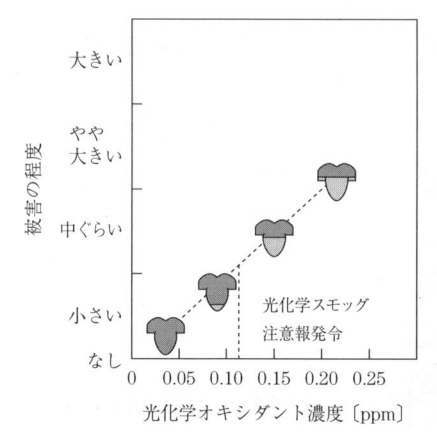

葉被害の程度：大きい（被害面積率が60％以上），やや大きい（40〜60％），中ぐらい（20〜40％），小さい（20％未満）．

図1.15 光化学オキシダント濃度とアサガオ（品種：スカーレットオハラ）の葉被害との関係（神奈川県環境部大気保全課）

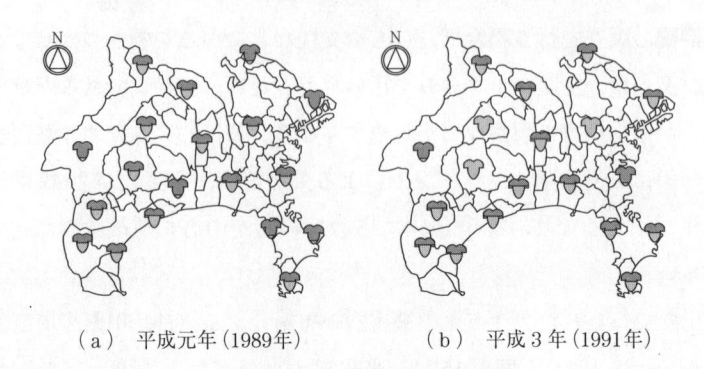

(a) 平成元年(1989年)　　　(b) 平成3年(1991年)

アサガオの葉が受けた被害の面積〔％〕

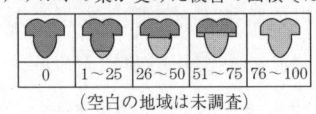

0	1〜25	26〜50	51〜75	76〜100

(空白の地域は未調査)

図1.16 神奈川県が行った光化学オキシダントによるアサガオの葉被害の調査結果（神奈川県環境部大気保全課）

1.4.3　ペチュニアを用いた大気環境の評価

　ペチュニアは，パーオキシアセチルナイトレート（PAN）に対して非常に敏感な植物である（Izuta *et al*., 1993 a）。一般に，PANによるペチュニアの葉被害は，上から数枚の比較的若い葉に発現しやすい。ペチュニアが比較的高濃度のPANに暴露されると，葉の裏面が陥没し，白色や褐色の光沢症状が発現することが知られている（**図1.17**）。なお，PANによる被害が激しい場合

図1.17 パーオキシアセチルナイトレート（PAN）によるペチュニアの葉の可視障害（口絵2参照）

は，葉の表面にも同様な被害が現れる。白い花が咲くペチュニアは，青や赤の花が咲くものに比べて，PAN に対する感受性が高く，葉の可視被害が出やすい。したがって，大気環境の評価地点に，白花系の品種とともに，青花系や赤花系の品種を同時に配置すると，それらの葉被害の発現パターンから PAN による大気汚染の程度を推測できる。

　指標植物とするペチュニアは，PAN による大気汚染の調査地点で栽培されているものを利用することが望ましい。しかし，調査地点にペチュニアがない場合は鉢植で育てたものを利用してもよい。ここでは，地植えでペチュニアを育てる方法を紹介する（Matsumaru，1994）。まず，育成土壌は，黒ボク土とピートモス（または，腐葉土）を 3：1 の割合で混合したものを用い，化成肥料（窒素，リン酸およびカリがそれぞれ 8％），緩効性肥料，苦土石灰を育成土壌 10 kg 当り，それぞれ 30 g，10 g および 12 g ずつ混和する。直径 9 cm のポリポットの底から土壌がこぼれないようにして，育成土壌を詰める。土壌表面から十分に水をかけ，底から水がしみ出すのを確認する。その後，土壌表面を平らにし，耳かきなどを使って，1 ポット当り 5 粒程度のペチュニア（品種：タイタンホワイト）の種子を中央にまく。なお，種子の上から土壌はかぶせない。播種したポットを水切りかごに移し，ポットの上から湿った新聞紙でかごを覆う。暖かい室内に水切りかごを置き，土壌表面が乾燥してきたら，水切りかごに水を入れ，ポットの底から給水する。土壌表面が湿ってきたら，水切りかごの余分な水を捨てる。約 1〜2 週間で発芽するが，発芽後は新聞紙を取り除く。本葉が約 1 cm になるまでにポット当り 2〜3 株に間引く。さらに，本葉が 5〜6 枚になるまでに，ポット当り 1 株に間引く。本葉が 8〜12 枚になったら，ワグネルポット，プランターまたは素焼きの鉢に定植する。素焼きの鉢を使用した場合は，調査地の土壌に鉢を埋め込む。また，プランターの底には水を入れておく。なお，調査地点で灌水が不可能な場合は，ペチュニアの株を地植えしてもよい。調査地点にペチュニアを置き，毎日，葉面を観察する。PAN による被害は，葉の裏面に出やすいので，葉を指で裏返して観察する。土壌が乾燥したら，土壌表面から給水する。土壌の水が涸れると，ペチュニア

のPAN感受性が低下するので注意する。

関東地域の8地点で行われたペチュニアを用いたPANに注目した大気環境評価を紹介する（国立環境研究所，1992）。播種3週間後のペチュニア（品種：ホワイトチャンピオン）をプラスチックポットに移植し，さらに6週間育成した植物12個体を，1991年6月22日，6月29日，7月6日から4週間，野外に配置し，PANによる可視被害を観察した。図1.18に，PANによるペチュニアの葉面被害を関東地方で調査した結果を示した。府中市，旧浦和市，前橋市に配置したペチュニアにおいて，PANによる葉被害が観察された。また，6月後半や7月後半では，つくば市や平塚市でもPANによる葉被害が認められた。これに対して，江東区，千葉市，市原市では，いずれの調査期間中においても葉被害は認められなかった。これらの結果は，関東地域では，おもに西部から北西部にかけて，PANによる大気汚染が広がっていることを示している。PAN濃度を測定する機器は高価であり，現在でも非常に限られた研究機関でのみ測定されているにすぎない。このため，今後もペチュニアを用い

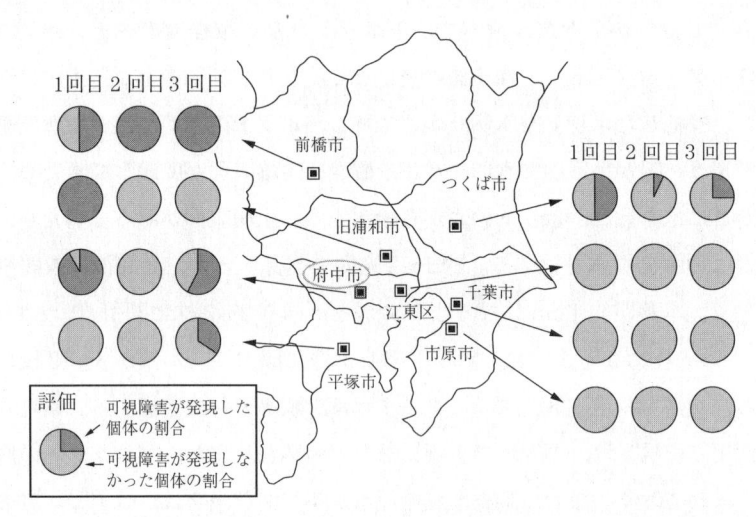

1回目：1991年6月22日〜7月20日，2回目：6月29日〜7月27日，
3回目：7月6日〜8月3日

図1.18 ペチュニア配置法による関東地方のPAN汚染の実態調査
（国立環境研究所，1992）

た PAN に注目した大気環境評価は実用的である。

1.4.4　オープントップチャンバー法による大気環境の評価

オープントップチャンバー（open-top chamber，OTC）とは，天がい部のない植物育成用の透明チャンバーである（**図 1.19**）。二つの OTC を野外に設置し，一方には野外の空気をそのまま導入し（非浄化区），他方には活性炭フィルターなどによってオゾンなどの大気汚染物質を除去した浄化空気を導入し（浄化区），これらのチャンバー内で生育させた指標植物の成長量などを比較し，その場所における大気環境を評価する（相原ら，1988）。もし OTC 設置場所の空気が汚染されている場合は，非浄化区で育成した指標植物の葉面に可視障害が発現し，その成長が浄化区で育成した植物に比べて低下する。この非浄化区で育成した植物の可視障害の程度や成長低下の程度から，その場所の大気汚染状況を評価する。

図 1.19　小型オープントップチャンバー（OTC）（口絵 3 参照）

東京都府中市で行った OTC を用いたオゾンに注目した大気環境評価の結果を紹介する（伊豆田ら，1988 b；伊豆田，1989；Izuta $et\ al.$，1993 b）。指標植物として，ハツカダイコン（品種：コメット）を用いた。なお，ハツカダイコンは，オゾン感受性は高いが，PAN 感受性は低い（Izuta $et\ al.$，1993 a）。野外の空気をそのまま導入した非浄化区のハツカダイコンの葉面積と乾重量は，活性炭フィルターによって大気汚染物質を除去した空気を導入した浄化区

に比べて有意に低下した。また，オゾン濃度の1時間値が0.2 ppmを超えた日を含む評価期間中においては，非浄化区の個体の葉面に可視障害が発現した（図1.20）。葉面に発現した可視障害は，ハツカダイコンに人為的にオゾンを暴露したときに観察されるもの（クロロシス，ネクロシス）と非常に類似していた。これらの結果は，非浄化区で育成したハツカダイコンの葉面積と乾物成長の低下に，野外のオゾンが関与していたことを示している。野外のオゾンに対して敏感に反応するハツカダイコンの成長パラメーターを検索するために，非浄化区で育成した個体の成長パラメーターの浄化区に対する相対値〔（非浄化区の値/浄化区の値）×100〕と，大気環境の評価期間中における日平均8時間

図1.20 小型オープントップチャンバーの非浄化区で育成したハツカダイコンの葉に発現したオゾンによる可視障害（口絵4参照）

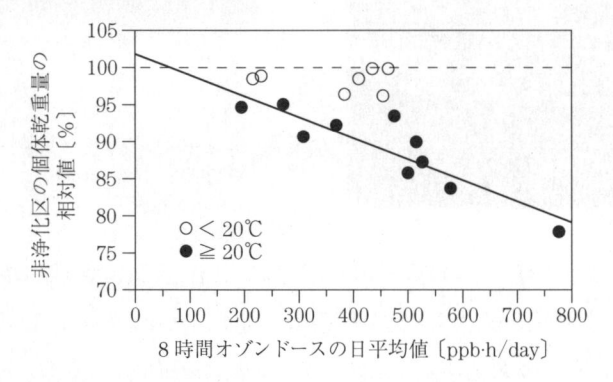

図1.21 小型オープントップチャンバーの浄化区で育成したハツカダイコンの個体乾重量の浄化区に対する相対値〔（非浄化区の個体乾重量/浄化区の個体乾重量）×100）〕と日平均8時間（8:00〜16:00）オゾンドースとの関係（Izuta et al., 1993 b）

O_3 ドースとの関係を調べた。その結果，非浄化区の個体当りの乾燥重量と子葉面積の相対値は，日平均 8 時間オゾンドースの増加に伴って直線的に低下した（図 1.21）。この結果は，子葉面積が比較的低濃度のオゾンに対して敏感に反応し，OTC 法における優れた植物指標であることを示している。子葉は，サンプリングも容易で，面積の測定に必要な時間も短い。さらに，子葉は比較的短期間で展開する。このため，子葉の面積のみを OTC 法における植物指標とした場合，さらに短い期間で野外の大気汚染状況を評価できる可能性がある。

図 1.21 に示した非浄化区で育成したハツカダイコンの個体乾重量または子葉面積の相対値とオゾンドースとの関係から，以下のような直線回帰式が得られた。

$$Rd = -0.038D + 106.9 \ (r = -0.996)$$

$$Rc = -0.045D + 100.9 \ (r = -0.973)$$

ただし，Rd〔％〕は非浄化区で育成したハツカダイコンの個体乾重量の相対値，Rc〔％〕は非浄化区で育成したハツカダイコンの子葉面積の相対値，D〔ppb・h〕は大気環境の評価期間中（7 日間）における日平均 8 時間（8：00〜16：00）オゾンドースである。したがって，大気環境の評価期間中（7 日間）における日中 8 時間（8：00〜16：00）の平均オゾン濃度（単位 ppb，C）は，以下の式より推定できる（伊豆田，1989）。

$$C = \frac{D}{8} = \frac{106.9 - Rd}{0.038 \times 8}$$

$$C = \frac{D}{8} = \frac{100.9 - Rc}{0.045 \times 8}$$

1.5 まとめ

光化学オキシダントの主成分であるオゾンとパーオキシアセチルナイトレート（PAN）は，農作物に悪影響を与えるガス状大気汚染物質である。現在，日本や欧米で観測されている濃度レベルのオゾンによって，農作物の葉に可視

障害が発現し，光合成などの生理機能や成長が低下し，最終的には収量が低下する。地表付近のオゾン濃度は，日本のみならず，世界各地で上昇することが予測されている。特に，アジアでは，近い将来においてオゾンによる農作物被害が深刻な環境問題になるであろう。

欧米や日本の森林地帯ですでに観測されている濃度レベルのオゾンによって，多くの樹木の成長や生理機能が低下する。今後は樹木に対するオゾンとその他の環境ストレスの複合影響を明らかにし，オゾンによる森林被害の対策を講じる必要がある。

クリティカルレベルとは，それ以下ならば，植生に重大な悪影響が発現しない大気汚染ガスのドースである。ヨーロッパにおいては，植生保護のためのオゾンのクリティカルレベルを設定するために，AOT 40 や大気から葉内へのオゾン吸収量と植物反応との関係などが検討されている。一方，日本やアジアの国々においては，すでにオゾンによる農作物被害が発現しているにもかかわらず，オゾンのクリティカルレベルは評価されていない。したがって，一刻も早く，農作物や樹木におけるオゾンのクリティカルレベルを評価し，緑のための環境基準値を制定する必要がある（戸塚，1989；Izuta，2003）。

特定の環境要因の変動に対して，特定の反応を示す植物を指標植物という。オゾンによる大気汚染環境の指標植物として，アサガオ（品種：スカーレットオハラ）が有効である。また，パーオキシアセチルナイトレートによる大気汚染環境の指標植物としては白花系のペチュニアが有効である。指標植物の葉面に発現する可視障害の程度と大気汚染ガスの濃度との間には正の相関がある。ハツカダイコンを指標植物としたオープントップチャンバー法によるオゾンに注目した大気環境評価によって，定量的にオゾンの植物影響が評価でき，評価期間中のオゾン濃度を植物反応から推測できる。

文　　献

相原敬次，大道章一，矢島　巖，篠崎光夫，戸塚　績（1988）大気汚染による植物影響評価のための小型オープントップチャンバー（OTC）について，神奈川県公

害センター研究報告, 10, pp. 12〜21.

Aihara, K. (1994) Examples of air pollution assessment by plant indicators in Kanagawa, The International Seminar, The Simple Measuring and Evaluation Method on Air Pollution, pp. 35〜43.

Allen, Jr., L. H. (1990) Plant responses to rising carbon dioxide and potential interaction with air pollutants. J. Environ. Qual., 19, pp. 15〜34.

Alscher, R. G., Amundson, R. G., Cumming, J. R., Fellows, S., Fincher, J., Rubin, G., VanLouken, P. and Weinstein, L. (1989) Seasonal changes in the pigments, carbohydrates and growth of red spruce as affected by ozone. New Phytol., 113, pp. 211〜223.

Ashmore, M., Emberson, L., Karlsson, P. E. and Pleijel, H. (2004) New direction: A new generation of ozone critical levels for the protection of vegetation in Europe. Atmos. Environ., 38, pp. 2213〜2214.

Barnes, J. D., Pfirrmann, K., Steiner, K., Lütz, C., Busch, U., Küchenhoff, H. and Payer, H. -D. (1995) Effects of elevated CO_2, elevated O_3 and potassium deficiency on Norway spruce (*Picea abies* (L.) Karst.): seasonal changes in photosynthesis and non-structural carbohydrate content. Plant, Cell and Environment, 18, pp. 1345〜1357.

Braun, S. and Flückiger, W. (1989) Effect of ambient ozone and acid mist on aphid development. Environ. Pollut., 56, pp. 177〜187.

Brown, K. A., Roberts, T. M. and Blank, L. W. (1987) Interaction between ozone and cold sensitivity in Norway spruce: A factor contributing to the forest decline in central Europe? Environ. Pollut., 105, pp. 149〜155.

Chameides, W. L. (1989) The chemistry of ozone deposition to plant leaves: Role of ascorbic acid. Environ. Sci. Technol., 19, pp. 1206〜1213.

Chevone, B. I., Lee, W. S., Anderson, J. V. and Hess, J. L. (1989) Gas exchange and needle ascorbate content of eastern white pine exposed to ambient air pollution. Proc. 82nd Annu. Meet. Air and Waste Manage. Assoc., Anaheim, CA, June 25〜30, 1989, 89〜89.2.

Clements, F. E. (1920) Plant indicators, Carnegie Inst. Pub.

Coulson, C. L. and Heath, R. L. (1974) Inhibition of the photosynthetic capacity of isolated chloroplasts by ozone. Plant Physiol., 53, pp. 32〜38.

Coulson, C. L. and Heath, R. L. (1975) The interaction of peroxyacetyl nitrate (PAN) with the electron flow of isolated chloroplasts. Atmos. Environ., 9, pp. 231〜238.

Coyne, P. I. and Bingham, G. E. (1981) Comparative ozone dose response of gas exchange in a ponderosa pine stand exposed to long-term fumigations. J. Air Pollut. Control Assoc., 31, pp. 38〜41.

Coyne, P. I. and Bingham, G. E. (1982) Variation in photosynthesis and stomatal conductance in an ozone-stressed ponderosa pine stand : Light response. Forest Sci., 28, pp. 257〜273.

Emberson, L. D., Ashmore, M. R., Murray, F., Kuylenstierna, J. C. I., Percy, K. E., Izuta, T., Zheng, Y., Shimizu, H., Sheu, B. H., Lui, C. P., Agrawal, M., Wahid, A., Abdel-Latif, N. M., van Tienhoven, M., de Bauer, L. I. and Domingos, M. (2001) Impacts of air pollutants on vegetation in developing countries. Water Air Soil Pollut., 130, pp. 107〜118.

Emberson, L. D., Ashmore, M. R., Cambrigde, H. M., Simpton, D. and Tuovinen, J.-P. (2000) Modelling stomatal ozone flux across Europe. Environ. Pollut., 109, pp. 403〜413.

Emberson, L., Ashmore, M. and Murray, F. (2003) Air Pollution Impacts on Crops and Forests, A Global Assessment, Imperial College Press, London, U.K.

Fuhrer, J. (1996) The critical level for effects of ozone on crops, and the transfer to mapping. UN-ECE Workshop Report (eds. by L. Kärenlampi and L. Skärby) : Critical levels for ozone in Europe, Testing and Finalizing the concepts, University of Kuopio, Department of Ecology and Environmental Science, pp. 27〜43.

Fuhrer, J. and Achermann, B. (Eds.) : (1999) Critical Levels for Ozone – Level II, Swiss Agency for the Environment, Forests and Landscape, Bern, 1999.

Garrett, H. E., Carney, J. L. and Hendrick, H. G. (1982) The effects of ozone and sulfur dioxide on respiration of ectomycorrhizal fungi. Can. J. For. Res., 12, pp. 141〜145.

Günthardt-Georg, M., Matyssek, R., Scheidegger, C. and Keller, T. (1993) Differentiation and structural decline in the leaves and bark of birch (*Betula pendula*) under low ozone concentrations. Trees, 7, pp. 104〜114.

Heath, R. L. and Taylor, G. E. (1997) Physiological process and plant responses to ozone exposure. Forest Decline and Ozone (eds. by H. Sandermann, A. A. R. Wellburn and R. L. Heath), pp. 317〜368, Springer-Verlag, Berlin, Germany.

Heggestad, H. E. and Middleton, J. T. (1959) Ozone in high concentrations as cause of tobacco leaf injury. Science, 129, pp. 208〜210.

Holopainen, J. K., Kainulainen, P. and Oksanen, J. (1997) Growth and reproduction of aphids and levels of free amino acids in Scots pine and Norway spruce in an open-top fumigation with ozone. Global Change Biology, 3, pp. 139〜147.

石原裕子（2004）オープントップチャンバー法によるコマツナの収量と品質に対するオゾンの影響評価，東京農工大学農学部環境資源科学科卒業論文．

泉川碩雄ら（1973）窒素酸化物，炭化水素と PAN の関係，東京スモッグ生成機序・植物被害に関する調査研究報告（東京スモッグに関する調査研究第3報），東京

都公害研究所, pp. 323〜324.

伊豆田　猛, 船田　周, 大橋　毅, 三宅　博, 戸塚　績 (1988 a) 異なる温度条件下におけるハツカダイコンの生長に対するオゾンの影響, 大気汚染学会誌, 23(4), pp. 209〜217.

伊豆田　猛, 滝川正義, 堀江勝年, 三宅　博, 戸塚　績 (1988 b) ハツカダイコンの生長を指標とした小型オープントップチャンバーによる大気環境の評価, 大気汚染学会誌, 23, pp. 284〜289.

伊豆田　猛 (1989) 小型オープントップチャンバーによる大気環境評価に関する研究, 東京農工大学大学院連合農学研究科博士論文.

Izuta, T., Funada, S., Ohashi, T., Miyake, H. and Totsuka, T. (1991) Effects of low concentrations of ozone on the growth of radish plants under different light intensities. Environmental Sciences, 1, pp. 21〜33.

Izuta, T., Matsumura, H., Ohashi, T., Miyake, H. and Totsuka, T. (1993a) Effects of peroxyacetyl nitrate on the growth of petunia, kidney bean and radish plants. Environmental Sciences, 2, pp. 63〜75.

Izuta, T., Miyake, H. and Totsuka, T. (1993b) Evaluation of air-polluted environment based on the growth of radish plants cultivated in small-sized open-top chambers. Environmental Sciences, 2, pp. 25〜37.

Izuta, T., Ohtsu, G, Miyake, H. and Totsuka, T. (1994) Effects of ozone on dry weight growth, net photosynthetic rate and leaf diffusive conductance in three cultivars of radish plants. J. Japan Soc. Air Pollut., 29, pp. 1〜8.

Izuta, T., Umemoto, M., Horie, K., Aoki, M. and Totsuka, T. (1996) Effects of ambient levels of ozone on growth, gas exchange rates and chlorophyll contents of *Fagus crenata* seedlings. J. Jpn. Soc. Atmos. Environ., 31, pp. 95〜105.

伊豆田　猛, 松村秀幸 (1997) 植物保護のための対流圏オゾンのクリティカルレベル, 大気環境学会誌, 32, A 73〜A 81.

Izuta, T., Takahashi, K., Matsumura, H. and Totsuka, T. (1999) Cultivar difference of *Brassica campestris* L. in the sensitivity to O_3 based on the dry weight growth. J. Jpn. Soc. Atmos. Environ., 34, pp. 145〜154.

Izuta, T. (2003) Air Pollution Impacts on Vegetation in Japan. Air Pollution Impacts on Crops and Forests, A Global Assessment (ed. by L. Emberson, M. Ashmore and F. Murray), pp. 89〜101, Imperial College Press, London, U.K.

神奈川県環境部大気保全課：さわやか大気ウオッチング, 生物でわかるかながわの大気.

Kärenlampi, L and Skärby, L. (Eds.)：UN-ECE Workshop Report：Critical levels for ozone in Europe, Testing and Finalizing the concepts, University of Kuopio, Department of Ecology and Environmental Science, (1996).

紀平あずさ，石原裕子，相原敬次，米倉哲志，三輪　誠，小川和雄，伊豆田　猛 (2003) コマツナの収量と品質に対するオゾンの影響，第44回大気環境学会年会講演要旨集，p. 329.

Kobayashi, K. (1992) Modeling and assessing the impact of ozone on rice growth and yield. Tropospheric Ozone and the Environment II：Effects, Modeling and Control (eds. by R. L. Bergland), pp. 537〜551, Air and Waste Management Association, Pittsburgh, USA.

小林和彦（1999）対流圏オゾンが農作物生産に及ぼす影響の評価，大気環境学会誌，34(3), pp. 162〜175.

河野吉久，松村秀幸 (1999) スギ，ヒノキ，サワラの生育に及ぼすオゾンと人工酸性雨の複合影響，大気環境学会誌，34, pp. 74〜85.

国立環境研究所（1992）指標植物を用いた大気環境評価法の検討，ペチュニアを用いた大気環境評価，国立環境研究所特別研究報告（SR-8-'92）, pp. 45〜52.

Krause, G. H. M. and Höckel, F. -E. (1995) Long-term effects of ozone on *Fagus sylvatica* L., An open-top chamber exposure study. Water Air Soil Pollut., 85, pp. 1337〜1342.

Landolt, W., Bühlmann, U., Bleuler, P. and Bucher, J. B. (2000) Ozone exposure-response relationships for biomass and root/shoot ratio of beech (*Fagus sylvatica*), ash (*Fraxinus excelsior*), Norway spruce (*Picea abies*) and Scots pine (*Pinus sylvestris*). Environ. Pollut., 109, pp. 473〜478.

Luwe, M. W. F., Takahama, U. and Heber, U. (1993) Role of ascorbate in detoxifying ozone in the apoplast of spinach (*Spinacia oleracea* L.) leaves. Plant Physiol., 101, pp. 969〜976.

Mahoney, M. J., Skelly, J. M., Chevone, B. I., and Moore, L. D. (1985) Influence of mycorrhrizae on the growth of loblolly pine seedlings exposed to ozone and sulfur dioxide. Phytopathology, 75, pp. 679〜682.

Matsumaru, T. (1994) Monitoring of photochemical oxidants by plant indicators using morning glory and petunia plants, The International Seminar, The Simple Measuring and Evaluation Method on Air Pollution, pp. 11〜26.

松村秀幸，青木　博，河野吉久，伊豆田　猛，戸塚　績（1996）スギ，ヒノキ，ケヤキ苗の乾物成長とガス交換速度に対するオゾンの影響，大気環境学会誌 31, pp. 247〜261.

Matsumura, H. and Kohno, Y. (1997) Effects of ozone and/or sulfur dioxide on tree species, Proceedings of CRIEPI International Seminar on Transport and Effects of Acidic Substances (eds. by Yoshihisa Kohno), Central Research Institute of Electric Power Industry, pp. 190〜205.

松村秀幸，小林卓也，河野吉久（1998）スギ，ウラジロモミ，シラカンバ，ケヤキ苗の乾物成長とガス交換速度に対するオゾンと人工酸性雨の単独および複合影響，

大気環境学会誌 33, pp. 16〜35.
McCool, P. M., Menge, J. A. and Taylor, O. C. (1979) Effects of ozone and HCl gas on the development of the mycorrhizal fungus Glomus fasciculatus and growth of *Troyer citrange*. J. Am. Soc. Hort. Sci., 104, pp. 151〜154.
McLaughlin, S. B., McConathy, R. K., Duvick, D. and Mann, L. K. (1982) Effects of chronic air pollution stress on photosynthesis, carbon allocation, and growth. Forest Sci., 28, pp. 60〜70.
Meier, S., Grand, L. F., Schoenberger, M. M., Reinert, R. A. and Bruck, R. I. (1990) Growth, ectomycorrhizae and nonstructural carbohydrates of loblolly pine seedlings exposed to ozone and soil water deficits. Environ. Pollut., 64, pp. 11〜27.
Middleton, J. R., Kendrick, J. B. Jr. and Schwalm, H. W. (1950) Injury to herbaceous plants by smog or air pollution. Plant Disease Report, 34, pp. 245〜252.
Mikkelsen, T. N. and Ro-Poulsen H. (1996) Ozone effects on primary productivity in current year shoots of 35-year-old Norway spruce. UN-ECE Workshop Report (Eds, L. Kärenlampi and L. Skärby): Critical levels for ozone in Europe, Testing and Finalizing the concepts, University of Kuopio, Department of Ecology and Environmental Science, pp. 275〜279.
Mikkelsen, T. N., Ro-Poulsen, H., Hovmand, M. F., Hummelsehϕj, P. and Jensen, N. O. (1996) Carbon and water balance for a mixed forest stand in relation to ozone uptake. UN-ECE Workshop Report (Eds, L. Kärenlampi and L. Skärby): Critical levels for ozone in Europe, Testing and Finalizing the concepts, University of Kuopio, Department of Ecology and Environmental Science, pp. 162〜167.
Miller, P. R. (1983) Sensitivity of selected western conifers to ozone. Plant Dis., 67, pp. 1113〜1115.
三輪 誠, 伊豆田 猛, 戸塚 績 (1993) スギ苗の生長に対する人工酸性雨とオゾンの単独および複合影響, 大気汚染学会誌 28, pp. 279〜287.
Mudd, J. B. (1975) Peroxyacyl Nitrates. Response of Plants to Air Pollution (eds. by J. B. Mudd and T. T. Kozlowski), pp. 97〜119, Academic Press, New York, USA.
Nakaji, T. and Izuta, T. (2001) Effects of ozone and/or excess soil nitrogen on growth, needle gas exchange rates and Rubisco contents of *Pinus densiflora* seedlings. Water Air Soil Pollut., 130, pp. 971〜976.
Nakaji, T., Kobayashi, T., Kuroha, M., Omori, K., Matsumoto, Y., Yonekura, T., Watanabe, K., Utriainen, J. and Izuta, T. (2004) Growth and nitrogen availability of red pine seedlings under high nitrogen load and elevated ozone. Water Air Soil Pollut., Focus, 4, pp. 277〜287.

Noble, R., Jensen, K. F., Ruff, B. S. and Loats, K. (1992) Response of *Acer saccharum* seedlings to elevated carbon dioxide and ozone. Ohio J. Sci., 92, pp. 60〜62.

野内　勇 (1979) オゾン，PAN の濃度および暴露時間と植物被害，大気汚染学会誌，14，pp. 489〜496.

野内　勇，大橋　毅，早福正孝 (1984) 東京都内における環境大気 PAN 濃度とその指標植物としてのペチュニアの葉被害，大気汚染学会誌，19，pp. 392〜402.

野内　勇 (1988) 光化学オキシダント (オゾンとパーオキシアセチルナイトレート) による植物葉被害および被害発現機構，農業環境技術研究所報告，5，pp. 1〜121.

Nouchi, I. and Toyama, S. (1988) Effects of ozone and peroxyacetyl nitrate on polar lipids and fatty acids in leaves of morning glory and kidney bean. Plant Physiol., 87, pp. 638〜646.

Nouchi, I., Ito, O., Harazono, Y. and Kobayashi, K. (1991) Effects of chronic ozone exposure on growth, root respiration and nutrient uptake of rice plants. Environ. Pollut., 74, pp. 149〜164.

野内　勇・小林和彦 (1994) 成層圏オゾンおよび対流圏オゾンとわが国の農業，農業と環境 (久馬一剛・祖田　修 編)，pp. 172〜180，富民協会.

野内　勇・小林和彦 (1995) 成層圏および対流圏オゾンとわが国の農業，農業と環境 (久馬一剛・祖田　修 編著)，pp. 172〜180，富民協会.

野内　勇 (2001) 光化学オキシダントによる植物被害，大気環境変化と植物の反応 (野内　勇 編著)，pp. 72〜112，養賢堂.

Okano, K. Ito, O., Takebe, G., Shimizu, A. and Totsuka, T. (1984) Alteration of ^{13}C- acclimate partitioning in plants of Phaseolus vurgaris exposed to ozone. New Phytol., 97, pp. 155〜163.

Okano, K., Tobe, K. and Furukawa, A. (1990) Foliar uptake of peroxyacetyl nitrate (PAN) by herbaceous species varying in susceptibility to this pollutant. New Phytol., 114, pp. 139〜145.

Pell, E. J., Landry, L. G., Eckardt, N. A. and Glick, R. E. (1994) Air pollution and Rubisco：effects and implications. Plant Response to the Gaseous Environment (ed. by R. G. Alscher and A. R. Wellburn), pp. 239〜253, Chapmann & Hall, London, U.K.

Polle, A., Pfirrmann, T., Chakrabarti, S. and Rennenberg, H. (1993) The effects of enhanced ozone and enhanced carbon dioxide concentrations on biomass, pigments and antioxidative enzymes in spruce needles (*Picea abies* L.). Plant, Cell and Environment, 16, pp. 311〜316.

Reich, P. B., Schoettle, A. W., Stroo, H. F., Troiano, J. and Amundson, R. G. (1985) Effects of O_3, SO_2 and acid rain on mycorrhizal infection in northern red oak seedlings. Can. J. Bot., 63, pp. 2049〜2055.

Reich, P. B., Schoettle, A. W., Stroo, H. F. and Amundson, R. G. (1986) Acid rain and ozone influence mycorrhizal infection in tree seedlings. J. Air Pollut. Control Assoc., 36, pp. 724〜726.

Reich, P. B. (1987) Quantifying plant response to ozone : A unifying theory. Tree Physiol., 3, pp. 63〜91.

Reinert, R. A., Shafer, S. R., Eason, G., Horton, S. J., Schoeneberger, M. M., and Wells, C. (1988) Responses of loblolly pine half-sib families to ozone. Proc. Annu. Meet. Air Pollut. Control Assoc., 81, 88. 125.2. pp. 1〜14.

Shimizu, H., Fujinuma, Y., Kubota, K., Totsuka, T. and Omasa K. (1993) Effects of low concentrations of ozone (O_3) on the growth of several woody plants. J. Agr. Met., 48, pp. 723〜726.

Simmons, G. L. and Kelly, J. M. (1989) Effects of acidic precipitation, O_3, and soil Mg status on throughfall, soil, and seedling loblolly pine nutrient concentrations. Water Air Soil Pollut., 43, pp. 199〜210.

Skärby, L. (1996) Report from the forest trees group, UN-ECE Workshop Report (eds, by L. Kärenlampi and L. Skärby) : Critical levels for ozone in Europe, Testing and Finalizing the concepts, University of Kuopio, Department of Ecology and Environmental Science, pp. 18〜23.

Skärby, L., Ro-Poulsen, H., Wellburn, F. A. M. and Sheppard, L. J. (1998) Impacts of ozone on forest : a European perspective. New Phytol., 139, pp. 109〜122.

早福正孝，宇田川　満 (1988) 9年間のPAN連続測定結果1976〜1985，東京都環境科学研究所年報，pp. 50〜53.

Stephens, E. R., Hanst, P. L., Doerr, R. C. and Scott, W. E. (1956) Reaction of nitrogen dioxide and organic compounds in air. Ind. Eng. Chem., 48, pp. 1498〜1504.

Stroo, H. F., Reich, P. B., Schoettle, A. W. and Amundson, R. G. (1988) Effects of ozone and acid rain in white pine (*Pinus strobus*) seedlings growth in five soils. II. Mycorrhizal infection. Can. J. Bot., 66, pp. 1510〜1516.

Taylor, O. C. (1969) Importance of peroxyacetyl nitrate (PAN) as a phytotoxic air pollutant. J. Air Pollut. Control Assoc., 19, pp. 347〜351.

Taylar, G. E., Tingey, D. T. and Ratch, H. C. (1982) Ozone flux in *Glycine max* (L.) Merr. : Sites of regulation and relationship to leaf injury. Oecologia, 53, pp. 179〜186.

Temple, P. J. and Taylor, O. C. (1983) World-wide ambient measurements of peroxyacetyl nitrate (PAN) and implications for plant injury. Atmos. Environ., 17, pp. 1583〜1587.

Temple, P. J. and Taylor, O. C. (1985) Combined effects of peroxyacetyl nitrate and

ozone on growth of four tomato cultivars. J. Environ. Qual., 14, pp. 420〜424.
寺門和也・服田春子 (1984) PAN 発生動向とペチュニア被害, 東京都農業試験場研究報告, 17, pp. 1〜11.
戸塚 績 (1977) 指標植物, MOL, 15, pp. 31〜34.
戸塚 績 (1989) 緑の環境基準を目指して, 大気汚染学会誌, 24 (5・6), pp. 82〜86.
Umemoto-Mori, M., Izuta, T. and Koike, T. (1998) Application of simple infiltration method for evaluating stomatal patchiness in beech leaves treated with O_3 and high CO_2. Forest Resources and Environment, 36, pp. 1〜7.
Wieser, G., Havranek, W. M. and Polle, A. (1996) Effects of ambient and above ambient ozone concentrations on mature conifers in the field. UN-ECE Workshop Report (Eds, L. Kärenlampi and L. Skärby) : Critical levels for ozone in Europe, Testing and Finalizing the concepts, University of Kuopio, Department of Ecology and Environmental Science, pp. 183〜190.
米倉哲志, 大嶋香緒里, 服部 誠, 伊豆田 猛 (2000) ダイズの成長, 収量, 子実成分および発芽率に対するオゾンと土壌水分ストレスの単独および複合影響, 大気環境学会誌, 35, pp. 36〜50.
Yonekura, T., Dokiya, Y., Fukami, M. and Izuta, T. (2001a) Effects of ozone and/or soil water stress on growth and photosynthesis of *Fagus crenata* seedlings. Water Air Soil Pollut., 130, pp. 965〜970.
Yonekura, T., Honda, Y., Oksanen, E., Yoshidome, M., Watanabe, M., Funada, R., Koike, T. and Izuta, T. (2001b) The influences of ozone and soil water stress, singly and in combination, on leaf gas exchange rates, leaf ultrastructural characteristics and annual ring width of *Fagus crenata* seedlings. J. Jpn. Soc. Atmos. Environ., 36(6), pp. 333〜351.
Yonekura, T., Yoshidome, M., Watanabe, M., Honda, Y., Ogiwara, I. and Izuta, T. (2004) Carry-over effects of ozone and water stress on leaf phenological characteristics and bud frost hardiness of *Fagus crenata* seedlings. Trees, 18, pp. 581〜588.
Yonekura, T., Shimada, T., Miwa, M., Arzate, A. and Ogawa, K. (2005) Impacts of tropospheric ozone on growth and yield of rice (*Oryza sativa* L.). J. Agr. Met., 60, pp. 1045〜1048.

2. 酸性降下物と植物

2.1　樹木に対する酸性雨の影響

　1970年代から1980年代にかけて欧米の各地において森林の衰退現象が観察されはじめた。この原因として，化石燃料の消費に伴って発生する硫黄酸化物や窒素酸化物を取り込んだ酸性雨など湿性の酸性降下物の影響が注目された。わが国でも降雨の酸性化が観測・報告されるようになり，各地で観察される樹木の衰退の原因として酸性雨の影響が議論されるようになった。

　欧米では，1970年代から樹木に対する酸性雨の影響に関する実験的研究が行われてきた。日本でも，1980年代から森林を構成している樹木に対する酸性雨の影響に関する実験的研究が開始された。本節では，欧米やわが国で得られている実験的研究の知見から，樹木の可視障害発現，成長および生理機能に対する酸性雨の影響を概説し，現状および将来における樹木への影響を考察する。

2.1.1　葉の可視障害と降雨 pH との関係

　比較的 pH が低い人工酸性雨や酸性ミストを樹木に処理すると，感受性の高い樹種の葉面に可視障害が発現する。Wood and Bormann (1974) は，pH 4.7～2.3 の酸性ミストをカンバ (*Betula alleghaniensis*) に処理した結果，pH 3.0 および pH 2.3 で葉の巻き込みや壊死斑などの可視障害が発現したことを報告している。Ashenden and Bell (1988) は，カンバ (*Betula pendula*) に pH 5.6～2.5 の人工酸性雨を処理した結果，pH 2.5 においてクロロシス

の発現と成長点の枯死を認めている。MacDonald *et al.* (1986) は，シトカトウヒ（*Picea sitchensis*）に pH 3.0 の人工酸性雨を処理した結果，針葉に壊死斑が発現したことを報告している。

人工酸性雨・ミストの処理に伴う樹木の葉面における可視障害の閾値 pH は樹種によって異なる。Hains *et al.* (1980) は，欧米に生育する針葉樹のストローブマツ（*Pinus strobus*）と落葉広葉樹のニセアカシア（*Robinia pseudoacasia*），ナラ（*Quercus prinus*），ヒッコリー（*Carya illinoensis*），ユリノキ（*Liriodendron tulipifera*），カエデ（*Acer rubrum*），ハナミズキ（*Cornus florida*）における可視障害発現に対する人工酸性雨の閾値 pH を検討した。その結果，ストローブマツでは pH 1.0〜0.5 の間に，6 種の落葉広葉樹では pH 2.5〜2.0 の間に可視障害発現の閾値 pH が存在した。

河野ら (1994) は，わが国に生育する 46 種の樹木に pH を 4.0, 3.5, 2.5 あるいは 2.0 に調整した人工酸性雨を処理し，葉面に発現した可視障害を観察した。その結果，pH 2.0 の人工酸性雨によって，すべての樹種の葉面に壊死斑点などの可視障害が発現した（**表 2.1**）。また，pH 3.0 の人工酸性雨の処理によって，常緑広葉樹 14 種のうち 7 種，落葉広葉樹 21 種のうち 14 種に可視障害が発現したが，針葉樹 11 種では発現しなかった。さらに，すべての樹種において，pH 4.0 の人工酸性雨を処理しても可視障害は発現しなかった。Izuta *et al.* (1998) は，スギ（*Cryptomeria japonica*），ウラジロモミ（*Abies homolepis*），シラカンバ（*Betula platyphylla* var. *japonica*）およびブナ（*Fagus crenata*）に pH 2.0 や pH 2.5 に調整した人工酸性雨を処理すると葉に可視障害が発現したが，pH 3.0 や pH 4.0 の人工酸性雨を処理しても可視障害は発現しなかったことを報告している。

以上のことから，葉面の可視障害発現を指標とした場合，酸性雨に対する感受性は針葉樹よりも広葉樹のほうが高く，可視害を発現させる閾値 pH は広葉樹では 4.0 程度，針葉樹では 3.0 程度であると考えられる。

表2.1 人工酸性雨処理による樹木の可視障害発現状況（河野ら，1994）

	pH				
	5.6	4.0	3.0	2.5	2.0
針葉樹					
アカマツ	−	−	−		+
ウラジロモミ	−	−	−	−	+
カイヅカイブキ	−	−	−		+
カラマツ	−	−	−	+	全落葉
クロマツ	−	−	−		+
サワラ	−	−	−		+
スギ	−	−	−	−	+
ストローブマツ	−	−	−		−
ドイツトウヒ	−	−	−	−	+
ヒノキ	−	−	−		+
モミ	−	−	−		+
常緑広葉樹					
ウバメガシ	−	−	−		+
オオムラサキツツジ	−	−	−		+
カナメモチ	−	−	+		+
サツキ	−	−	−		+
シャリンバイ	−	−	+		+
スダジイ	−	−	−		+
タブノキ	−	−	−		+
ツバキ	−	−	−		+
トキワサンザシ	−	−	+		+
トベラ	−	−	+		+
ネズミモチ	−	−	+		+
マサキ	−	−	+		+
マテバシイ	−	−	−		+
ヤマモモ	−	−	−		+
落葉広葉樹					
アジサイ	−	−	+		全落葉
アンズ	−	−	+		全落葉
ウメ	−	−	+	+	
エニシダ	−	−	−		枯死
ケヤキ	−	−	−	+	
コデマリ	−	−	−		+
コナラ	−	−	+	+	+
シラカンバ	−	−	−	+	全落葉
ソメイヨシノ	−	−	+		全落葉
トウカエデ	−	−	−	+	全落葉
ドウダンツツジ	−	−	+		枯死
トネリコ	−	−	+	+	
ドロヤナギ	−	−	−	+	
ハナミズキ	−	−	+		全落葉
ブナ	−	−	−		+
ミズナラ	−	−	+	+	
ミヤギノハギ	−	−	+		枯死
ムラサキハシドイ	−	−	+		全落葉
ヤシャブシ	−	−	−		+
ヤマザクラ	−	−	+	+	
ユリノキ	−	−	+	+	

−：可視障害なし，+：可視障害あり。空欄は酸性雨処理していない。
降雨量：20 mm（2.5 mm/hr×8 hr）/回×3回/週

2.1.2 生理機能に及ぼす影響

Roberts (1990) は，152日間にわたって pH 5.5～3.0 の人工酸性雨をユリノキに処理し，光合成速度，気孔抵抗および水ポテンシャルに対する影響を調べた。その結果，pH 4.0 の人工酸性雨によって気孔拡散抵抗と細胞の膨圧が低下し，pH 3.0 の人工酸性雨の処理によって純光合成速度が低下した。Neufeld et al. (1985) は，モミジバフウ (*Liquidambar styracuflua*) の純光合成速度が pH 2.0 の人工酸性雨の処理によって低下したことを報告している。Mengel et al. (1989) は，ノルウェースプルース (*Picea abies*) に pH 2.0 の人工酸性霧を処理した結果，クチクラ層がダメージを受け，針葉の水分保持能力が低下したことを報告している。これらに対して，人工の酸性雨・霧・ミストを処理しても，光合成などに対する影響が認められないとする報告 (Reich et al., 1986；Jensen et al., 1988；Seiler et al., 1988；Sasek, 1991) や，逆に処理によって純光合成速度が上昇したという報告もある (Reich et al., 1987；Hanson et al., 1988；Lee et al., 1990；Byres et al., 1992；河野ら，1995；松村ら，1998)。

伊豆田ら (1993) は，モミ (*Abies firma*) に pH を 2.0, 3.0, 4.0 に調整した人工酸性雨または脱イオン水 (対照区，pH 6.7) を，1週間に2回の割合で30週間にわたって処理した。その結果，pH 2.0 区のモミ苗の暗呼吸速度が対照区に比べて有意に増加したことを報告している。pH 2.0 の人工酸性雨暴露による暗呼吸速度の促進は，スギ，ヒノキ (*Chamaecyparis obtusa*) およびサワラ (*Chamaecyparis pisifera*) に 23 か月間，人工酸性雨を暴露した場合にも認められている (河野ら，1995)。松村ら (1995, 1998) も，pH 3.0～2.0 の人工酸性雨を処理した結果，シラカンバ，ケヤキ (*Zelkova serrata*)，スギあるいはウラジロモミにおいて，葉の暗呼吸速度が対照区 (pH 5.6) に比べて増加したことを報告している。

樹木に酸性雨や酸性ミストを処理すると耐凍性が低下することがノルウェースプルース (Esch and Mengel, 1998)，ルーベンストウヒ (*Picea rubens*) (Fowler et al., 1989；Jacobson et al., 1992；Thornton et al., 1994)，シラ

ビソ（渡邊ら，1999）で報告されている。Fowler et al. (1989) は，ルーベンストウヒに，pH 5.0〜2.5 の酸性ミスト（硫酸アンモニウム：硝酸＝1：1，モル比）を，1回に2mm，週2回の割合で，7月〜12月に処理した。その結果，pH の低下に伴って秋〜冬における耐凍性が低下したことを報告している。渡邊ら（1999）は，シラビソ（*Abies veitchii*）のガス交換速度に対する人工酸性雨の影響を調べた結果，pH 3.0 および 2.5 の人工酸性雨の処理によって，針葉の耐凍性が低下する傾向が認められたことを報告している。

2.1.3 成長に及ぼす影響

葉面の可視障害発現と同様に，比較的 pH が低い人工酸性雨や酸性ミストは樹木の成長低下を引き起こす場合がある。Percy (1986) は，11樹種に pH 5.6〜2.6 の人工酸性雨を 35 日間にわたって処理し，それらの初期成長を調べた。その結果，いずれの樹種においても，pH 5.6 区と比較して pH 4.6〜3.6 の人工酸性雨の処理に伴う地上部乾重量の変化は認められなかった。しかし，Turner et al. (1989) は，4種の針葉樹〔ダグラスファー（*Psuedotsuga menziezii*），ポンデローサマツ（*Pinus ponderosa*），ネズコ（*Thuja plicata*），ツガ（*Tsuga heterophylla*）〕の苗木に，pH 2.1 と 3.1 の人工酸性霧および pH 5.6 の霧を 60 日間に 22 回（計 93 時間）処理し，成長に対する影響を調べた。その結果，ツガでは pH 3.1 区と pH 2.1 区の根乾重量が pH 5.6 区に比べて低下したが，ほかの3樹種では酸性霧の影響は認められなかったことを報告している。わが国に生育する樹木を対象とした実験的研究でも，2.5 以下の低 pH の人工酸性雨暴露によって成長が低下することが報告されている（伊豆田ら，1990 a；伊豆田ら，1993；河野ら，1995）。

葉面の可視障害発現を指標とした場合と同様，成長低下を引き起こす人工酸性雨やミストの閾値 pH は樹種間で異なる。伊豆田ら（1993）は，モミの地上部に pH を 2.0，3.0，4.0 に調整した人工酸性雨または，脱イオン水（対照区，pH 6.7）を1週間に2回の割合で 30 週間にわたって処理した。その結果，処理開始 12 週間後において，pH 2.0 区および pH 3.0 区における個体

乾重量が対照区のそれらに比べて有意に減少した。また，処理開始30週間後においては，pH 2.0区における個体生重量と個体乾重量が対照区のそれらに比べて減少した。伊豆田ら（1990 a）は，スギの乾物成長はpH 3.0の人工酸性雨による有意な影響を受けなかったが，pH 2.0やpH 2.5の人工酸性雨によって根の乾重量が有意に減少したことを報告している。松村ら（1995）も，スギとシラカンバの乾物成長は対照区（pH 5.6）に比べてpH 2.0の人工酸性雨によって低下したが，ウラジロモミの乾物成長はpH 3.0の人工酸性雨によって低下したことを報告している。これらの結果は，乾物成長を指標としたモミ属の樹種の酸性雨に対する感受性はスギやシラカンバのそれに比べて高く，モミ属は酸性雨の影響をより高いpHで受けることを示している。

樹木に及ぼす酸性雨の影響に関する樹種間差異とともに明らかにするため，わが国に生育する16樹種を対象とした28か月間にわたる人工酸性雨の暴露実験が行われている（電力中央研究所, 2002）。ドロノキ（*Populus maximowiczii*），ブナ，トウカエデ（*Acer buergerianum*），クロマツ（*Pinus thunbergii*）の4樹種では，対照区（pH 5.6）に比べてpH 3.0の人工酸性雨暴露によって個体乾重量は低下した（図2.1）。さらに，トウカエデではpH 4.0の人工酸性雨暴露による乾重量の低下も認められた。pH 3.0〜4.0の比較的高いpHの人工酸性雨暴露による成長阻害の認められた例は，欧米の樹種でも報告が少ない（Jensen and Dochinger, 1989）。

ユリノキとカラマツ（*Larix kaempferi*）の成長はpH 3.0〜4.0の人工酸性雨暴露によって逆に促進された（図2.1）。Wood and Bormann (1977) も，ストローブマツにpH 5.6〜2.3の人工酸性雨を処理した結果，pHの低下に伴って成長が促進したこと報告している。また，Matsumura (2001) は，14樹種〔アカマツ（*Pinus densiflora*），クロマツ，カラマツ，ノルウェースプルース，モミ，ウラジロモミ，シラビソ，ヒノキ，スギ，ブナ，ケヤキ，シラカンバ，ドロノキ，ミズナラ（*Quercus mongolica*）〕の苗木に，pH 5.0と3.0の酸性ミスト（硫酸：硝酸：塩酸＝1：2：1，当量比）を，3年間にわたって4〜11月に処理した。その結果，いずれの樹種においてもpH 3.0のミスト処

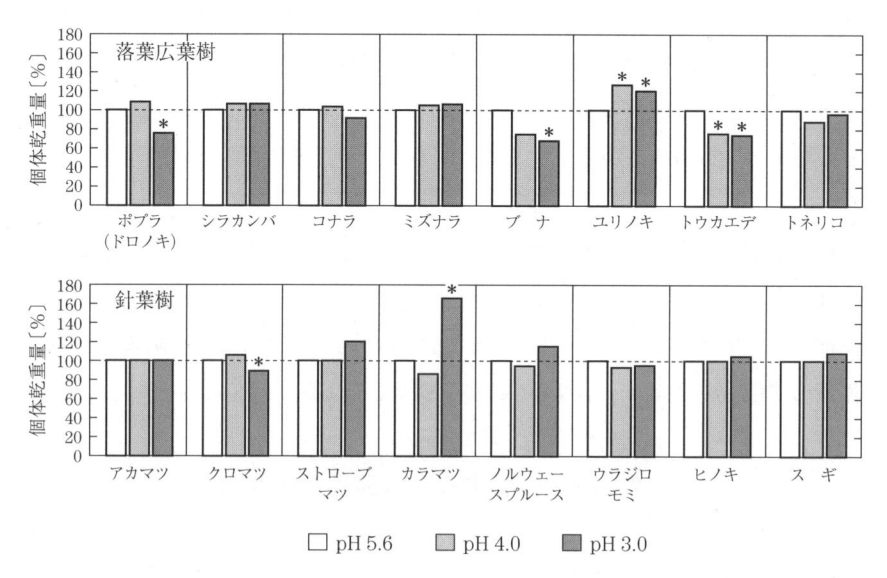

図2.1 個体乾重量に及ぼす人工酸性雨の影響（電力中央研究所，2002）

暴露期間：28か月間。縦軸：pH 5.6区に対する相対値〔％〕。
＊：pH 5.6区に比べて有意差あり。

理による成長低下は認められず，供試したほとんどの樹種でpH 5.0のミスト処理区に比べてpH 3.0のミスト処理区の乾物成長が増加したことを報告している。このような酸性の雨・ミストの処理による成長促進は，スギ（三輪ら，1993），ストローブマツ（Reich et al., 1987；Wood and Bormann, 1977），カンバ（*Betula alleghaniensis*）（Jensen and Dochinger, 1989）でも報告されている。それらの報告では，成長促進の原因として酸性雨や酸性ミストに含まれている硝酸態窒素による施肥効果が指摘されている（Byres et al., 1992；Reich et al., 1988）。

　樹木に対する酸性雨・ミストの影響はそれらを構成する酸の組成によって異なることが，ルーベンストウヒを対象にした実験から明らかにされている。Jacobson et al. (1990) やLeith et al. (1995) は，ルーベンストウヒの苗に，硫酸のみ，あるいは硝酸のみで調整した酸性ミストを処理し，可視障害発現と成長に対する影響を酸の種類で比較した。その結果，硫酸ミストはpH 3.5〜

3.0で顕著な葉面の可視障害を発現させたのに対し,同じ範囲のpHの硝酸ミストでは可視障害の発現は認められないか,軽微な可視障害が発現したにすぎなかった。また,成長に対する影響に注目すると,pH 3.0の硫酸ミストによって地上部や根の成長が低下することがあったが,硝酸ミストは成長を増加させた。

以上のように,pHの低下に伴って成長が阻害される樹種がある一方で促進される樹種もあるなど,酸性雨や酸性ミストに対する樹木の成長反応は個々の樹種によって大きく異なる。しかし,感受性の高い樹種の成長を阻害させる酸性雨の閾値pHは4.0～3.0程度であると考えられる。

2.2　樹木に対する土壌酸性化の影響

2.2.1　酸性降下物による土壌酸性化

酸性雨などの酸性降下物による土壌酸性化の初期段階では,植物必須元素が土壌から溶脱する（吉田・川畑,1988）。その後,さらに土壌が酸性化すると,土壌溶液中にMnやAlなどの植物有害金属が溶出する。したがって,酸性降下物による酸性化が進行しつつある土壌で生育している樹木は,養分欠乏とAlなどの有害金属の影響を同時に受ける可能性がある。

2.2.2　樹木の成長と栄養状態に対する土壌酸性化の影響

〔1〕　針　葉　樹　　スギを硫酸溶液で酸性化した黒ボク土で育成すると,その針葉,幹および根のCa濃度や乾重量が低下する（伊豆田ら,1990b）。三輪ら（1994）は,硫酸溶液を添加して酸性化した褐色森林土,赤黄色土および黒ボク土で育成したスギの個体乾物成長と土壌の水溶性Al濃度との間に負の相関があることを報告した。ただし,これら3種類の土壌に同量の酸を添加した場合,褐色森林土や赤黄色土で育成したスギの成長低下の程度が,黒ボク土におけるそれに比べて高かった。この結果は,たとえ同量の酸が土壌に沈着しても,そこに生育している樹木の成長に対する影響が土壌の種類によって異な

ることを示している。

　Izuta *et al.* (1997) は，硫酸溶液で酸性化し，さらに塩基溶脱を行った褐色森林土で育成したスギの個体乾重量と土壌の pH や元素濃度との関係を検討した。その結果，スギの個体乾重量の相対値〔(土壌酸性化処理区の個体乾重量/対照区の個体乾重量)×100〕と土壌の pH（H_2O）との間に正の相関が認められた。しかしながら，土壌の pH（H_2O）が約 3.7 付近においては，両者の相関が低かった。また，土壌の水溶性 Al 濃度と個体乾重量の相対値は負の相関を示したが，Al 濃度が約 30 μg/g（ppm）以下の場合，両者の相関は低かった。これに対して，土壌の水溶性元素濃度から算出した (Ca+Mg+K)/Al モル濃度比と個体乾重量の相対値との間には高い正の相関が認められ，(Ca+Mg+K)/Al モル濃度比の低下に伴ってスギの個体乾重量の相対値が低下した（図 2.2）。三輪ら（1998）は，硫酸溶液で酸性化した火山灰，花こう岩，砂岩，粘板岩を母材とする 4 種類の褐色森林土で育成したスギは，土壌の Al 濃度が 30 μg/g（ppm）以下でも，(Ca+Mg+K)/Al モル濃度比が 5 以下になると乾物成長が低下し始めることを報告している。

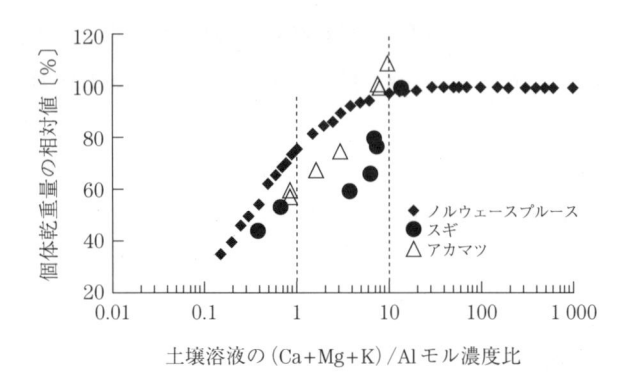

個体乾重量の相対値〔%〕＝ $\dfrac{酸性土壌における個体乾重量}{対照土壌における個体乾重量}$ ×100

図 2.2　スギ，アカマツ，ノルウェースプルースの個体乾重量の相対値と土壌溶液の (Ca+Mg+K)/Al モル濃度比との関係（Sverdrup and de Vries, 1994；Izuta *et al.*, 1997；李ら，1997 a）

李ら（1997 a）は，アカマツの成長と栄養状態に対する土壌酸性化の影響を調べた。その結果，土壌への酸添加量の増加に伴って，育成期間終了時におけるアカマツの個体乾重量が低下した。また，土壌溶液の Al 濃度の増加に伴って，アカマツの針葉における Al 濃度は増加したが，Ca および Mg 濃度は低下した（図 2.3）。土壌酸性化処理区で育成したアカマツの個体乾重量の相対値〔(土壌酸性化処理区の個体乾重量/対照区の個体乾重量)×100〕と土壌溶液の (Ca+Mg+K)/Al モル濃度比との間には高い相関が認められ，同モル比の低下に伴って個体乾重量の相対値が低下した（図 2.2）。

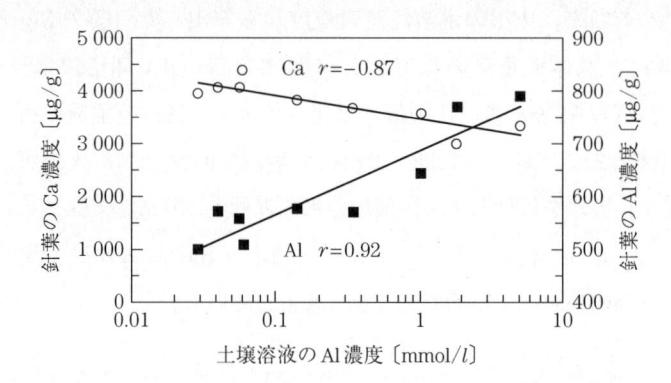

図 2.3 アカマツ苗の針葉における Ca 濃度および Al 濃度と土壌溶液の Al 濃度との関係（李ら，1997 a）

上記の Izuta et al.（1997）や李ら（1997 a）の実験結果は，酸性土壌で育成した樹木の乾物成長や栄養状態は土壌溶液中の Al と Ca，Mg，K などの植物必須元素の存在バランスによって決まることを示している（Sverdrup and de Vries，1994；Cronan and Grigal，1995）。

〔2〕 **落葉広葉樹** Izuta et al.（1996 a）は，硫酸溶液を添加して酸性化した黒ボク土と褐色森林土で育成したシラカンバの成長と栄養状態を調べた。その結果，硫酸溶液を添加した黒ボク土で育成したシラカンバの個体乾重量や元素濃度は低下しなかったが，褐色森林土で育成した個体においては土壌への酸添加量の増加に伴って個体乾重量が低下した。また，酸性化した褐色森林土で育成したシラカンバの Ca および K 濃度やそれらの元素の根からの吸収速度

は，酸を添加しなかった土壌で育成した個体のそれらに比べて低下した。このとき，土壌への酸添加量の増加に伴って，褐色森林土における水溶性 Al 濃度は著しく増加したが，黒ボク土の Al 濃度はほとんど増加しなかった。したがって，褐色森林土においては，土壌酸性化に伴って土壌溶液中に溶出した多量の Al がシラカンバの成長や根からの養分吸収を阻害したことが考えられる。

Izuta et al. (2001) は，褐色森林土で育成したブナの成長と葉の栄養状態に対する硫酸溶液による土壌酸性化の影響を調べた。その結果，土壌溶液の pH が 4.0 以下になると，ブナの個体乾物成長が低下した。このとき，土壌酸性化によって，葉における Ca 濃度は低下したが，Al 濃度は増加した。土壌溶液の (Ca+Mg+K)/Al モル濃度比と個体乾重量の相対値との間には正の相関があり，同モル比が 1.0 のとき，個体乾重量は約 30％低下した。

Izuta et al. (2004) は，同量の水素イオン（H^+）を土壌に添加した場合，硫酸溶液による土壌酸性化によるブナの個体乾重量の低下程度は，硝酸溶液によるそれに比べて大きかったことを報告している。土壌酸性化によってブナの葉の Al 濃度と Mn 濃度が増加したが，特に硫酸溶液で酸性化させた土壌で育成した個体における葉の Al 濃度が著しく増加した。ブナの個体乾物成長と土

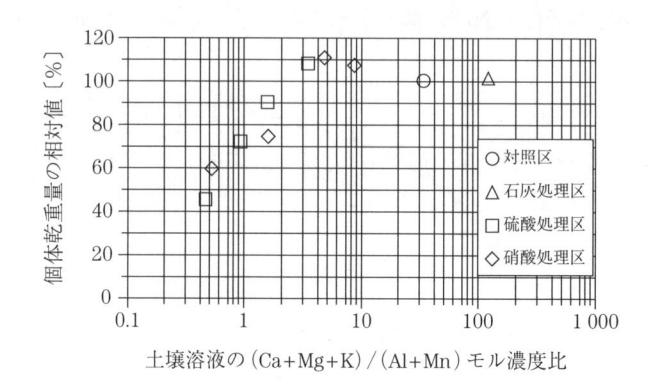

$$\text{個体乾重量の相対値〔\%〕} = \frac{\text{酸性土壌における個体乾重量}}{\text{対照土壌における個体乾重量}} \times 100$$

図 2.4 ブナ苗の個体乾重量の相対値と土壌溶液の (Ca+Mg+K)/(Al+Mn) モル濃度比との関係 (Izuta et al., 2004)

壌溶液の元素濃度との関係を解析した結果,土壌溶液の (Ca+Mg+K)/(Al+Mn) モル濃度比と個体乾重量の相対値との間に正の相関が認められた(図2.4)。この結果は,酸性化させた土壌で育成したブナの個体乾物成長は,土壌溶液中の Al のみならず,Mn にも影響を受けており,Al と Mn による害作用の程度は土壌溶液における Ca,Mg,K などの植物必須元素との存在バランスによって決まることを示している。

2.2.3 樹木の光合成に対する土壌酸性化の影響

樹木の生理機能に対する土壌酸性化の影響に関する実験的研究はきわめて限られている(太田垣ら,1996;李ら,1998)。太田垣ら(1996)は,硫酸溶液を添加して酸性化した褐色森林土で育成したスギにおいて,針葉のCO_2固定効率が低下したことを報告している。また,李ら(1998)は,硫酸溶液を添加して酸性化した褐色森林土で育成したアカマツにおいては,土壌への酸添加量の増加に伴って針葉の純光合成速度が低下し,光合成の量子収率やCO_2固定効率が低下したことを報告している(図2.5)。これらの結果は,土壌酸性化によって,光合成の光化学反応系の阻害や RuBP カルボキシラーゼ/オキシゲナーゼ(Rubisco)の活性や濃度が低下することを示している。Izuta *et al.*(2001)

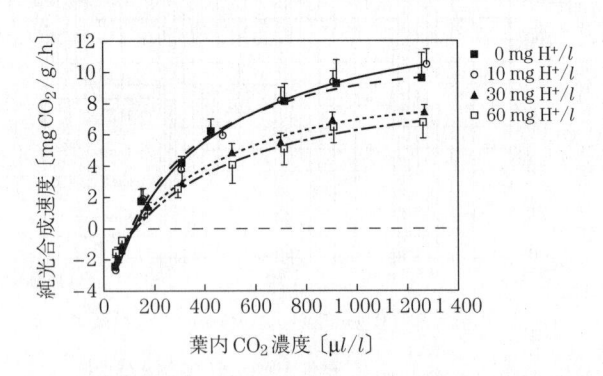

土壌 1 l 当り,0,10,30,60 mg の水素イオンを硫酸溶液で与えた。

図2.5 アカマツ苗の針葉のCO_2-光合成曲線に対する土壌酸性化の影響(李ら,1998)

と Izuta et al.（2004）は，土壌酸性化によるブナの葉の純光合成速度の低下の原因として，Rubisco 濃度の低下や光化学系活性の阻害を指摘している。

　樹木の生理機能に対する土壌酸性化の影響やその程度は，主要な酸性物質によって異なる。Izuta et al.（2004）は，ブナの葉の純光合成速度に対する硫酸溶液と硝酸溶液による土壌酸性化の影響を調べた。その結果，同量の水素イオン（H^+）を土壌に添加した場合，硫酸溶液による土壌酸性化による純光合成速度の低下程度は硝酸溶液によるそれに比べて大きかった。このとき，硫酸溶液によって酸性化させた土壌で育成したブナの葉の Rubisco 濃度は低下したが，硝酸溶液によって酸性化させた土壌で育成した個体のそれは低下しなかった。この原因として，硝酸溶液に含まれる窒素による施肥効果によって葉の可溶性タンパク質濃度が増加したため，Rubisco 濃度が低下しなかったことが考えられる。

2.2.4　樹木に対するアルミニウムの影響

　酸性化した土壌においては，土壌溶液中に Al が溶出し，植物に悪影響を及ぼす。欧米の森林を構成している樹木の Al 感受性には樹種間差異が存在する。McCormic and Steiner（1978）は，根の伸長成長に基づいて 11 樹種の Al 感受性を比較した結果，10 μg/g（ppm）の Al によって成長阻害を受けたポプラは高感受性であり，オリーブの感受性は中程度であり，カシ，カバノキおよびマツは 80〜120 ppm の Al に対して耐性を持っていたことを報告している。Schier and McQuattie（1998）は，350 または 700 μmol/mol（ppm）の大気 CO_2 条件下におけるマツに対する Al の影響を調べた。その結果，700 ppm の CO_2 条件下では地上部と根における Al による可視障害発現は抑制されたが，乾物成長に対して Al と CO_2 の有意な交互効果は認められなかった。

　樹木における Al 障害の程度は，共存する栄養元素の濃度によって変化する。Gobran et al.（1993）は，ノルウェースプルースとヤナギの成長における Al 障害を Ca が緩和することを報告している。また，Al は樹木の栄養状態を悪化させることが知られており，ノルウェースプルースやルーベンストウヒの

Ca および Mg 濃度の低下などが報告されている（Göransson and Eldhuset, 1991；Thornton et al., 1987）。

日本の樹木に対する Al や低 pH の影響に関する実験的研究は比較的少ない（三宅ら，1991；河野ら，1995 b・1997・1998；Izuta et al., 1996 b；李ら，1997 b；Hirano and Hijii, 1998；Lee et al., 1999）。三宅ら（1991）は，スギに対する Al の影響を水耕栽培法で調べた。その結果，根の乾重量や地上部および根の生重量は，60 μg/g（ppm）以上の Al 処理によって低下したが，地上部の乾重量は 90 ppm 以下の Al 処理による有意な影響を受けなかった。また，30 ppm 以上の Al 処理によって，針葉と根の Ca および Mg 濃度や針葉の P 濃度が低下した。このような Al による植物体内元素の低下の原因として，根の表面の結合部位で Al と Ca や Mg が拮抗することや根の表面または内部でリン酸がリン酸アルミニウムとして沈殿することなどが考えられる。さらに，Al 処理によって，スギの根の暗呼吸速度と地上部の含水率が低下した（図 2.6）。

Izuta et al.（1996 b）は，pH を 3.0，3.5，4.0，4.5 に調整した培養液と Al を 0，10，30，60，90 μg/g（ppm）に調整した培養液で，スギを 60 日間にわたって水耕栽培した。その結果，根の乾重量は 10 ppm 以上の Al 処理に

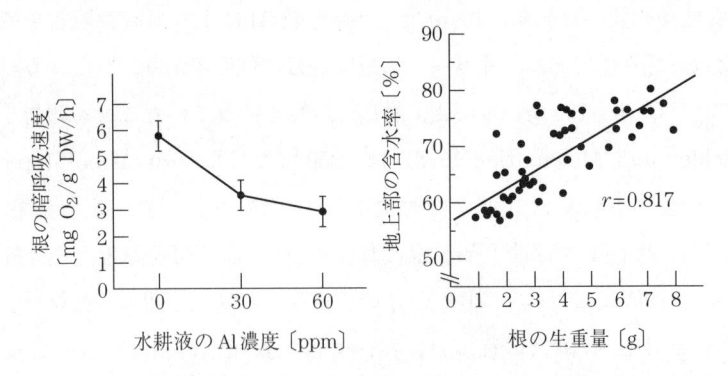

スギ苗を 60 日間にわたって，0，30，60 ppm の Al 濃度に調整した水耕液で育成した。

図 2.6　スギ苗における根の暗呼吸速度と水耕液の Al 濃度との関係および地上部の含水率と根の生重量との関係（三宅ら，1991）

よって減少したが，pH には有意な影響を受けなかった。また，地上部の含水率は，90 ppm 以上の Al 処理によって低下したが，pH には影響されなかった。3.5 以下の低 pH 処理によって地上部の Ca および Mg 濃度が低下し，10 ppm 以上の Al 処理によって地上部と根の Ca および Mg 濃度が低下した。根と地上部の P 濃度は，培養液の pH 低下による有意な影響を受けなかったが，10 ppm 以上の Al 処理によって地上部で低下し，根では増加した。この結果は，根で Al と P が共沈しただけでなく，根から地上部への P の輸送が阻害されたことを示唆している。

2.2.5 樹木に対するマンガンの影響

一般に，土壌の pH が 5.0 以下になると，土壌溶液中の Mn 濃度が増加し始める。Mn は植物必須元素であるが，過剰な Mn は植物の成長や元素濃度を低下させる。

わが国の森林を構成している樹木の成長，生理機能および栄養状態に及ぼす Mn の影響に関する実験的研究は限られている。Izuta *et al.* (1995) は，水耕栽培で育成したスギにおいて，30 μg/g (ppm) 以上の Mn 処理によって植物体内の Ca および Mg 濃度が低下し，根の乾物成長が 60 ppm 以上の Mn 処理によって低下することを報告している。Kitao *et al.* (1997) は，ダケカンバ（遷移先駆種），ケヤマハンノキ（遷移先駆種），ハルニレ（遷移中間種），イタヤカエデ（遷移後期種）の光合成における Mn 毒性を調べ，遷移先駆種は遷移中間種や遷移後期種に比べて Mn 耐性が高いことを報告している。

酸性降下物によって酸性化した土壌で生育している樹木は，土壌溶液中に溶出した Al と Mn の影響を同時に受ける可能性がある。李ら (1997 b) は，水耕栽培液の Al 濃度を，1，10，30，60 μg/g (ppm) の 4 段階に設定し，それぞれの Al 処理区に，1，30，60 μg/g (ppm) の 3 段階の Mn 処理区を設定し，合計 12 処理区の二要因配置デザインでアカマツを 90 日間にわたって育成した。その結果，10 ppm 以上の Al 処理や 60 ppm 以上の Mn 処理によってアカマツの個体乾重量が有意に減少した。この結果は，Al 毒性が Mn 毒性に

比べて高いことを示している。水耕液の Al 濃度や Mn 濃度の上昇に伴って，針葉の純光合成速度が低下した。60 ppm 以上の Al 処理や 30 ppm 以上の Mn 処理によって，根の暗呼吸速度が有意に低下した。また，針葉のクロロフィル濃度は，Al 処理による有意な影響を受けなかったが，60 ppm 以上の Mn 処理によって有意に低下した。60 ppm 以上の Al 処理や Mn 処理によって，針葉，幹および根の Ca 濃度が低下した。しかしながら，個体乾重量に対して Al と Mn の有意な交互効果は認められなかったことにより，アカマツの乾物成長に対して Al と Mn は相加的に作用すると考えられた。

2.2.6 酸性降下物の臨界負荷量

1980 年代前半から，ヨーロッパにおいては，酸性降下物の臨界負荷量という概念が提唱され始めた。酸性降下物の臨界負荷量とは，生態系が悪影響を受けることのない範囲で受容できる酸性物質の最大負荷量である。

Sverdrop and de Vries (1994) は，ヨーロッパに生育しているトウヒ類などの樹木の成長と水耕液や土壌溶液の (Ca+Mg+K)/Al モル濃度比との関係を検討し，同モル濃度比＝1.0 を基準としたモデル計算によって，スウェーデンの森林における酸性降下物の臨界負荷量を評価した。彼らが報告したノルウェースプルースで得られた結果とスギ (Izuta *et al*., 1997) およびアカマツ (李ら，1997a) で得られた結果を比較すると，土壌溶液の (Ca+Mg+K)/Al モル濃度比の低下に対するスギおよびアカマツの乾物成長における感受性はノルウェースプルースのそれに比べて高い (図 2.2)。すなわち，(Ca+Mg+K)/Al モル濃度比＝1.0 の場合，ノルウェースプルースの乾物成長は約 20 % 低下したが，スギ苗やアカマツ苗の乾物成長は (Ca+Mg+K)/Al モル濃度比が 10 以下になると低下し始め，同モル濃度比＝1.0 の場合は約 40 % 低下した。これらの結果は，土壌酸性化に対する感受性に樹種間差異が存在することを示している。

Izuta *et al*. (2004) は，ブナの個体乾物成長に対する硫酸溶液と硝酸溶液による土壌酸性化の影響とその違いを調べた結果に基づいて，日本の森林生態系

における酸性降下物の臨界負荷量を評価する際には，酸性降下物による土壌への水素イオンの負荷量のみならず，その主成分を考慮する必要があることを指摘している。また，土壌溶液のpH，Al濃度，Ca/Alモル濃度比および(Ca+Mg+K)/Alモル濃度比に比べて，(Ca+Mg+K)/(Al+Mn)モル濃度比はブナの個体乾物成長と高い正の相関が得られたため，同モル濃度比は日本の森林生態系における酸性降下物の臨界負荷量を評価する際の土壌指標になり得ることを提案した。

2.3 森林生態系における窒素飽和現象

2.3.1 窒素降下量の増加

　産業革命以来，活発化し続ける人間活動に伴い，地球レベルでの窒素循環が大きく変わりつつある（Vitousek et al., 1997；Galloway, 1998）。特に陸域では，大気から地表面への窒素降下量は増加傾向にあり，このため，これまで窒素の供給量が限られていた森林生態において，外部からの窒素供給量が一部の森林で過剰傾向になる"窒素飽和現象"が懸念されている（Aber et al., 1989；Skeffington, 1990；大類，1997）。

　ここで問題となる窒素の形態は，大気成分の大部分を占める窒素ガス（N_2）ではなく，化学的反応性の高い二酸化窒素（NO_2）や一酸化窒素（NO）などの窒素酸化物（NO_x）や，アンモニアガス（NH_3），アンモニウムイオン（NH_4^+）などの還元態のアンモニウム性窒素（NH_y）である。地球全体の窒素循環におけるNO_xやNO_yの大気への放出は，その大部分は人間活動による（Vitousek et al., 1997）。そして，工業的窒素固定による窒素肥料の生産や化石燃料の燃焼，マメ科作物の栽培量の増加によって地球規模の窒素の利用量（循環量）は，この数十年に劇的に増加した。1970年では陸域全体で70 Tg/yearであった窒素利用量は，1990年代半ばには140 Tg/yearへと倍増した（Galloway, 1998）。この窒素利用量の増加に伴い，大気への窒素放出量も増加し（Penner et al., 2001），NOとNH$_3$の放出量は，1975年でそれ

ぞれ20 Tg/year, 23 Tg/yearであったが, 2000年には, それぞれ1.7倍, 2.2倍へと増加していることが報告されている (Galloway, 2001)。

図2.7は1992年と2015年における地球全体の窒素降下量をモデル計算した結果である (UNEP/RIVM, 1999)。それによると, 1992年における陸域全体の窒素降下量は平均4.4 kg/ha・yearであり, 平均窒素降下量が10 kg/ha・yearを超える地域は, 北米, 中央ヨーロッパ, 中央アフリカ, 南アジアおよび東アジアに認められる〔図(a)〕。そして, 緩やかな経済成長が進むと仮定した削減計画シナリオ (Current Reduction Plans scenario) をもとに2015年の窒素降下量をシミュレーションすると陸域全体の平均窒素降下量は, 5.0 kg/ha・yearに増加し, 日本においても10 kg/ha・yearを超える地域が認めら

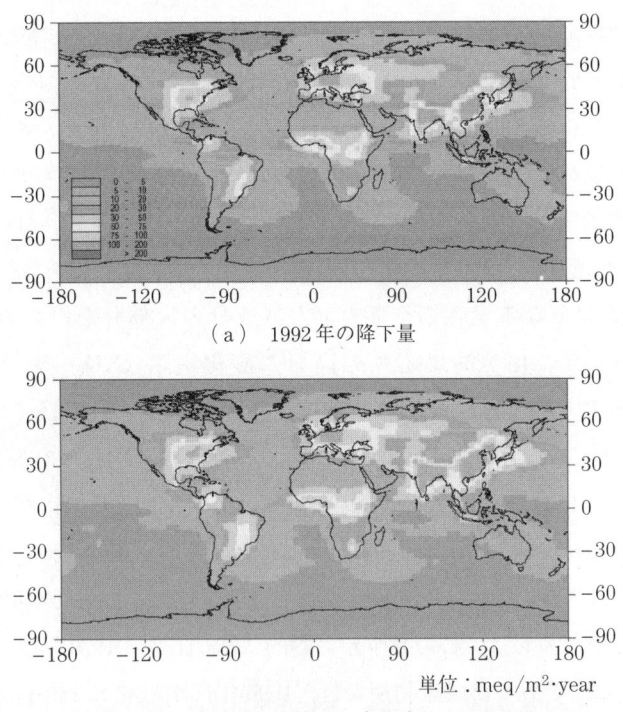

(a) 1992年の降下量

単位:meq/m²・year

(b) Current Reduction Plans (CRP) シナリオによる2015年の予想降下量

図2.7 全地球レベルでの窒素降下量の将来予測 (UNEP/RIVM, 1999)

2.3 森林生態系における窒素飽和現象

れるようになると予想された〔図(b)〕。

実際の日本における過去30年の大気汚染状況（**図2.8**）を見ると，1975年から2000年までの25年間，排出規制と対策技術の発達によって大気中の硫黄酸化物（SO_x）の濃度は低下した。一方で，これとは対照的に，大気中のNO_2濃度は依然としてほぼ一定のレベルを示している〔図(a)〕。さらに，全国の酸性降下物の調査結果によれば，長期モニタリングを行っている24～40地点の湿性沈着量（雨水に溶けて地表面に降下する硝酸イオンとアンモニウムイオン）の平均値は，過去12年間，ほぼ一定あるいは緩やかな増加傾向にある〔図(b)〕。

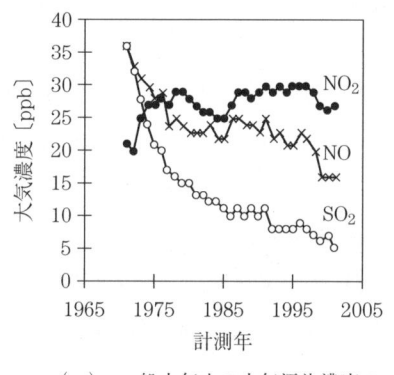

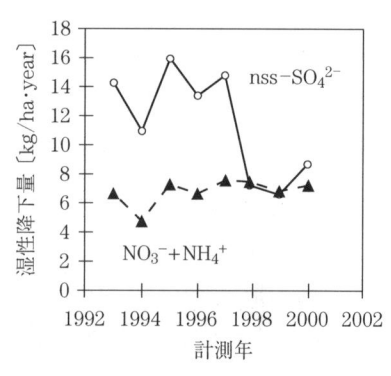

(a) 一般大気中の大気汚染濃度の経年変化

(b) 湿性沈着量の経時変化

図2.8 日本の過去30年の大気汚染状況〔長期間のモニタリングを行っている一般環境大気測定局（測定局数13～24）と酸性雨モニタリング調査（地点数24～41）のデータ（環境省，2001，2002）から作成〕

2.3.2 窒素飽和の定義

窒素は植物の生育にとって多量必須元素であるため，その供給量が限られている多くの森林では，窒素は施肥効果をもち，材木成長を律速する大きな要因の一つである（Vitousek and Howarth，1991；Crane and Banks，1992）。このため，一般的に，森林を含む多くの生態系の炭素貯蔵のポテンシャルは窒素降下量の増加に伴って増加することが予想されている。しかしながら，その一

方で，近年，一部の森林では大気からの窒素供給が森林にとっての要求量を超えてしまうことで，かえって窒素が樹木の生理機能や，生態系内の植生の種組成などに悪影響を及ぼす可能性も指摘されている（Nihlgård, 1985；Aber et al., 1989）。このような，森林生態系において窒素が過剰に供給されてしまった状態を"nitrogen saturation（窒素飽和）"と呼び，近年，その生態系への影響が研究されている。

森林における窒素飽和状態は，おもに生物化学的な窒素循環の観点から定義・研究されている。Nilsson (1986) は，窒素飽和の概念を「窒素の供給量が増加しても，生態系における一次生産量がもはや増加しない状態」と定義した。そして，このような状態を，窒素循環から論じたÅgren and Bosatta (1988) は，窒素飽和状態を「森林からの窒素の流出量が，降水や林内雨による沈着量にほぼ等しいか，それを超えた状態」と定義している。Tamm (1991) は，さらに，「植物に利用しきれない多量の NO_3^- が系外へ流出する状態」と加えている。Aber et al. (1989) は，森林における植物や微生物などの応答を時系列的に加えて，窒素飽和の段階を四つのステージに分類し，解説している（図 2.9）。それによれば，まず，森林生態系において窒素が制限された状態（ステージ 0）では，窒素は，植物による一次生産や微生物による有機物分解によって固定されるために，森林生態系の系外への窒素流出（余分）は非常に少ない。次いで，ステージ 1 では，外部からの窒素の供給は植物にとって施肥として働く範囲であり，窒素が増加した植物バイオマスの中に貯蓄され

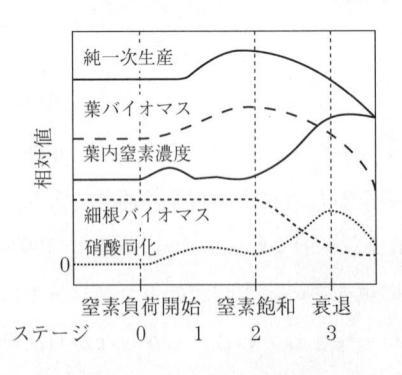

図 2.9 慢性的な窒素負荷に対する森林生態系の時系列応答の模式図 (Aber et al., 1989)

るため，系外への窒素流出量も比較的少ない。この段階までは，森林にとって比較的健全な状態といえる。しかし，窒素供給が続き，その量が飽和レベルに達したステージ2では，もはや森林は窒素の吸収源として機能せず，さらに，葉の窒素含量の増加に伴う樹木の耐寒性の低下や細根量の減少による乾燥ストレスの増加といった障害が起きる。このステージにおける森林土壌では，硝化細菌によるNH_4^+の酸化作用（硝化）に伴う土壌の酸性化や，渓流水を介した系外へのNO_3^-の流出が顕著になる。また，硝化過程では中間産物として温暖化効果ガスの一つである一酸化二窒素（N_2O）も生成される。そして最後に，窒素飽和がさらに進行したステージ3では，窒素飽和の悪影響が顕在化し，森林衰退が認められる。

Stoddard (1994) は，Aber *et al*. (1989)の分類した窒素飽和のステージごとに，渓流水中のNO_3^-濃度と窒素飽和との関連を調査した。そして，窒素が制限された森林や，飽和に達しない窒素供給のある森林では，渓流水中のNO_3^-濃度に季節変動が明確に認められるが，窒素飽和状態にある森林ではその変化が不明瞭になることを報告している。例えば，窒素飽和が起きていない森林では，夏季には微生物によるリターの無機化や外部供給からの窒素が植物によって十分に吸収されるため，流出水中のNO_3^-濃度は低く，休眠期にあたる冬場には植物の窒素吸収が少ないために，渓流水中の硝酸濃度が比較的高くなる。しかし，窒素飽和の森林では，大量のNO_3^-が供給され続けるために，生物吸収によるNO_3^-濃度の低下がマスキングされ，流出水中のNO_3^-濃度の季節変化が不明確になる。そして，このようなケースでは，NO_3^-濃度の季節変動の不明瞭さも窒素飽和の一つの指標となり得るとしている。

しかし，日本の森林では，窒素飽和とは関係なく渓流水中のNO_3^-濃度に季節変化がない，あるいは夏季に高い濃度を示すことも報告されており（徳地ら，1991；Ohte *et al*., 2001），必ずしもNO_3^-の季節性が窒素飽和を示す指標とはならない。これは，日本の森林におけるNO_3^-の流出が，生物化学的要因のほかに，降雨時期や地形，地層などの日本特有の水文的要因の影響を多分に受けることによる（大類，1997；Ohte *et al*., 2001）。つまり，森林から流

出する NO_3^- 濃度には，その流出速度や量を左右する降雨の時期が大きく影響するが，欧米と違って夏季に降雨量の多い日本では，窒素吸収の盛んな夏季にも降雨に伴う窒素の流出が認められるのである。さらに，地層の影響により，地下水帯を通って流出する硝酸濃度の変化が小さくなり，また，その流出時期にも時期的なズレが生じることも明らかにされている。したがって，欧米と気候や地理的特徴の大きく異なる日本の森林流域では，NO_3^- の季節性だけでなく，気候要因や水文学的要因にも考慮し，NO_3^- 濃度や窒素循環を手掛かりに窒素飽和の評価をする必要がある。また，Ohte et al. (2001) は，窒素飽和に伴う NO_3^- の流出が顕著な森林でも，欧米で報告されるような地表流去水の酸性化が認められなかったことも指摘している。日本の森林土壌は，その酸緩衝能が比較的高く，酸の流出速度も欧米と異なるため，窒素飽和がただちに土壌酸性化を引き起こさないのかもしれない。

このように，わが国における森林の窒素飽和の判定には考慮すべき要因が多いが，窒素飽和に至る閾値を考察したヨーロッパの研究例 (Wright et al., 1995) では，顕著な窒素流出と植生へのダメージが引き起こされる窒素降下量は，それぞれ 10 kg/ha・year，25 kg/ha・year と推測されている。日本の本州の森林では欧米とたいして変わらない窒素降下量 (5～10 kg/ha・year) が認められており，都市域からおよそ 100 km 圏内の都市近郊林では 15 kg/ha・year を超える窒素降下量も報告されている（岩坪ら，1997；Baba and Okazaki,

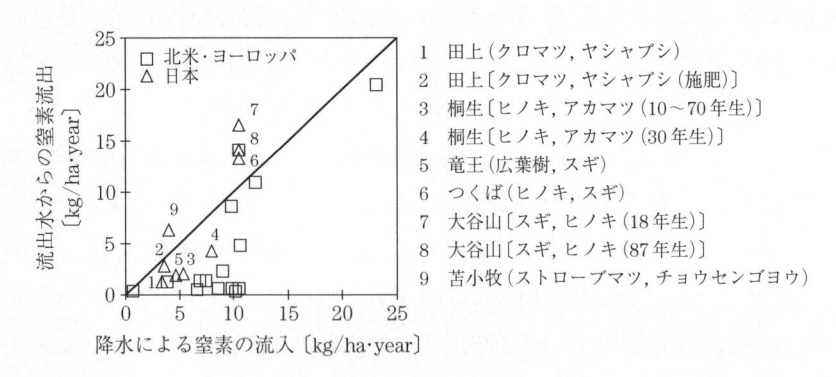

図 2.10 欧米と日本の森林流域における窒素収支の比較 (Mitchell et al., 1997)

1998；Ohte *et al*., 2001；新藤ら, 2003）。図 2.10 は，Mitchell *et al*. (1997) によって，欧米とわが国のいくつかの森林流域における窒素の収支バランスを比較した研究例である。それによると，わが国の森林でも，群馬県などの都市近郊林では窒素流入量と同等あるいはそれを超える窒素流出量が観測されており，窒素飽和現象がすでに顕在化していることが示唆されている。

2.4 樹木に対する窒素過剰の影響

本節では，はじめに，ガス状大気汚染物質である窒素酸化物（NO_x）とアンモニウム性窒素（NH_y）の直接的な植物影響について紹介し，つぎに，土壌を介した過剰な窒素供給の樹木への影響について概説する。

2.4.1 窒素酸化物の影響

おもに化石燃料の燃焼に伴って大気中に放出される窒素酸化物（NO_x）には，一酸化窒素（NO），二酸化窒素（NO_2），亜酸化窒素（N_2O），三酸化二窒素（N_2O_3）および五酸化二窒素（N_2O_5）があるが，このうち植物に対して最も毒性が高いのは NO_2 である。植物の成長や生理機能に対する NO_2 の影響は，1970 年代から草本植物を対象に広く研究され，感受性の高い草本では，高濃度（数 ppm レベル）の NO_2 に曝（さら）されると，数十分から数時間のうちに，光合成活性の低下や，葉の表面に褐色や白色の壊死斑が引き起こされることが明らかになっている（Wellburn, 1990）。例えば，NO_2 の感受性が比較的高いインゲンマメを，暗黒下で濃度 3.5 ppm の NO_2 に 1.5 時間曝すと，葉の半分以上で可視障害が生じ（Shimazaki *et al*., 1992），2〜4 ppm の高濃度の NO_2 ガスをヒマワリに暴露すると，その光合成活性は葉内の亜硝酸イオン（NO_2^-）の蓄積とともに低下した（古川, 1984）。葉面に存在する気孔から NO_2 が吸収されると，NO_2 は葉肉細胞内で硝酸還元酵素により代謝され，最終的にはタンパク質などの有機物として利用される（窒素代謝）。この代謝過程では，中間産物として毒性の高い NO_2^- も生成されるが，通常，この NO_2^-

はすみやかに亜硝酸還元酵素によってアンモニアに還元されることで無害化される（図2.11）。しかし，数ppmオーダーの高濃度のNO_2ガスを急激に吸収したときや，暗条件のようにNO_2^-の還元に必要なエネルギーが光合成（電子伝達系）から十分に供給されないときには，代謝しきれないNO_2^-が細胞組織の酸化や光合成酵素の活性阻害などを通して植物葉に障害を引き起こすと考えられている（Bamberger and Avron, 1975；Shimazaki et al., 1992）。しかしながら，不適切な施肥を行った農地などのごくわずかな例外を除けば，わが国の野外で観測されるNO_2濃度は，通常0.1ppm未満であるため（図2.8参照），現実問題として高濃度NO_2による生理障害が野外の草本植生で発生している可能性は低いと考えられる。

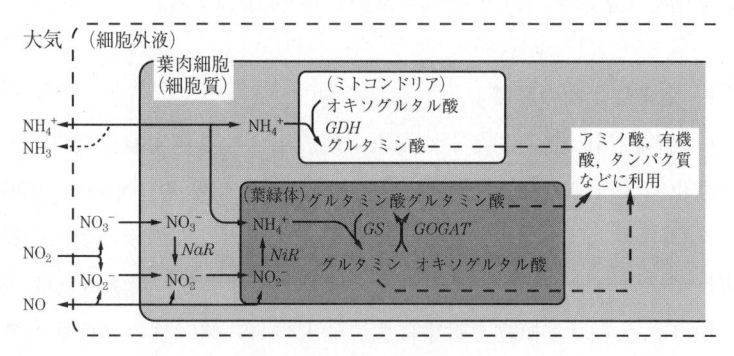

NaR：硝酸還元酵素，NiR：亜硝酸還元酵素，GS：グルタミン合成酵素，GOGAT：グルタミン酸合成酵素，GDH：グルタミンデヒドロゲナーゼ。

図2.11　大気から植物葉への窒素の吸収とその代謝経路

樹木においても，草本と同様に，数ppmを超えるNO_2は数時間で純光合成速度の低下や暗呼吸速度の増加を引き起こす（Saxe and Murali, 1989；Furukawa, 1991）。しかし，樹木に対する比較的低濃度（≦0.1ppm）のNO_2汚染の単独影響に関する知見は限られており，特に，わが国の樹木に対する現実的なNO_2濃度（汚染）の影響はほとんど調査されていない。また，欧米の研究例では，その多くは，オゾン（O_3）や硫黄酸化物（SO_x）と複合汚染になったときのNO_2の影響が多く研究されており，汚染地域における森林

2.4 樹木に対する窒素過剰の影響

衰退の原因仮説の検証や対策を背景にした研究が多いのが特徴である。

ヨーロッパの森林の主要造林樹種であるノルウェースプルースのNO_x抵抗性のスクリーニングを目的とした Saxe and Murali（1989）は，11種類の異なる系統・産地の幼木に高濃度（1〜9 ppm）のNO_2とNOの連続暴露を行い，その光合成速度の阻害程度が系統や産地によって異なることを明らかにした。さらに，産地ごとのNO_2耐性の強弱がデンマークにおける衰退地の被害度指標と関係があることも明らかにしている。比較的低濃度のNO_2の影響を調べた研究では，Kress and Skelly（1982）は，北米の森林を構成する8樹種（針葉樹4種，落葉広葉樹3種，常緑広葉樹1種）を対象に，実生から2〜4週間育成した稚樹に対して0.1 ppmのNO_2を1か月間，毎日6時間暴露した。そして，落葉広葉樹であるモミジバフウでは根の乾重量と個体乾重量が有意に低下したが，ほかの樹種には有意な影響は認められなかったことを報告している。ヨーロッパの広葉樹では，NO_2暴露の影響が樹種だけでなく暴露する時期によっても大きく変化することが報告されている（Freer-Smith，1984）。例えば，夏季5か月間のNO_2暴露（平均濃度0.06 ppm）は，ポプラやライムの幼木の成長には影響しないが，ハンノキやカンバの一種では，その地上部の成長がNO_2によって促進した。しかし，翌春に2か月間NO_2を暴露すると，ハンノキ以外の樹種ではNO_2の施肥効果は消失し，NO_2の汚染時期が樹木の生理応答に影響することが示された。野外に近い環境条件下でのNO_2影響をオープントップチャンバー（OTC）を用いて調査した研究では，大気レベルの6倍相当のNO_2濃度（0.08〜0.135 ppm）を4か月間，ポプラ幼木に暴露しても，葉の気孔密度や葉厚が変化するものの，その個体全体の成長量には影響がなかったことも報告されている（Günthardt-Goerg et al.，1996）。

欧米を中心としたこのような暴露実験は，地域の樹木種の感受性差異を明らかにし，樹木の衰退地域における植林樹種の選定や，汚染の影響評価のための閾値を決定するために役立っている。特に，ヨーロッパでは，さまざまな植生の植物を対象として実験を行い，樹木に悪影響の出ないNO_x濃度の限界濃度（クリティカルレベル）を，急性影響（4時間平均値）および慢性影響（年平

均値)に分けて、それぞれ95 μg/m³、30 μg/m³と定め、ヨーロッパ地域における汚染程度の評価を進めている (UN/ECE and EC, 2000；De Vries et al., 2000 a)。

2.4.2 還元態窒素化合物の影響

アンモニアガス (NH_3) やアンモニウムイオン (NH_4^+) の植物影響は、おもにオランダなどの中央ヨーロッパの国々で広く研究されてきた (Fangmeier et al., 1994)。これには、中央ヨーロッパでは、酪農地や農耕地を発生源としたNH_3、NH_4^+の沈着量が多い背景がある。例えば、酪農の盛んなオランダでは、ダグラスファーやヨーロッパアカマツの森林 (林外沈着量15〜17 kg/ha・year) において、樹冠に補足されたNH_yの沈着量が64〜77 kg/ha・yearに達することも報告されている (Van Breemen and Van Dijk, 1988)。

ガス状のNH_3の葉からの吸収は、葉肉細胞と大気間の濃度勾配に左右され、その濃度差によって、NH_3は気孔から出入りする。葉肉細胞中のNH_3濃度は、施肥をした場合や、老化時におけるアミノ酸やタンパク質の分解過程で生理的に増加するが、通常の代謝を行っている葉のNH_3濃度はおよそ0.25 mPaである (Farquhar et al., 1980)。この値は、およそ1.7 μg/m³に相当する。一方、葉の表面に沈着したNH_4^+は液相のまま、気孔を介して葉内に吸収されると考えられている (Rennenberg and Gessler, 1999)。高濃度のNH_4^+に接触した樹木の樹幹流にK^+、Ca^{2+}やMg^{2+}などの陽イオンの溶脱が認められることから、葉表面からのNH_4^+吸収にはほかの陽イオンとの交換が伴っている可能性も推測されるが、まだその吸収メカニズムには不明な点も多い。葉に吸収されたNH_3およびNH_4^+は、アミノ酸を経て、タンパク質などの有機化合物として利用される (図2.11)。しかし、その吸収速度が代謝速度を超えた場合や、慢性的に供給量が過剰になると、細胞膜における電子伝達の阻害、膜脂質の飽和による膜機能の低下 (Van der Eerden, 1982)、さらには腐食(エッチング)によって組織の壊死が引き起こされる (Fangmeier et al., 1994)。

樹木への NH_3 の直接影響は比較的感受性の高いヨーロッパアカマツにおいて多く研究されている。Van der Eerden (1982) は，$250\,\mu g/m^3$ を超える高濃度の NH_3 を数週間暴露すると，ヨーロッパアカマツの針葉の先端に可視障害が発現し，落葉も起きることを報告している。比較的低濃度（$53\,\mu g/m^3$）の NH_3 を10か月間，3年生のヨーロッパアカマツに暴露した Dueck et al. (1990) は，NH_3 によって針葉の耐凍性が弱まり，さらに，翌年の枝の伸張量が低下することを明らかにした。さらに，Steingröver et al. (1995) は，ヨーロッパブナとヨーロッパアカマツの3年生苗を OTC 内で育成，$40\,\mu g/m^3$ の NH_3 を15か月間暴露し，両者の成長量の感受性を比較した。それによると，ヨーロッパブナでは乾物成長量に NH_3 の影響は認められなかったが，ヨーロッパアカマツでは成長が低下することを報告している。ほかにも，ヨーロッパアカマツの実験結果では，個体乾物成長に影響のない濃度の NH_3 暴露でも，Shoot/root 比が増加し，細根における菌根菌の感染率が低下することが報告されている (Van der Eerden and Pérez-Soba, 1992；Pérez-Soba et al., 1995)。

ヨーロッパでは，NH_3 と NH_4^+ の非汚染地域のバックグラウンド濃度は，それぞれ，$1\,\mu g/m^3$ および $2\,\mu g/m^3$ とされているが，農地や畜産用地の近くでは，その数百から数万倍の高濃度の NH_3，NH_4^+ が観測されることもある (Fangmeier et al., 1994)。そして，多くの実験データをもとに，森林植生に対して悪影響の出ない NH_3 濃度のクリティカルレベルが，急性影響（1時間あるいは日平均値）と慢性影響（年間平均値）で，それぞれ $270\,\mu g/m^3$，$8\,\mu g/m^3$ と提案されている (De Vries et al., 2000 a)。近年，日本においても，全国レベルのアンモニア排出量の推計が進められているが，大気中 NH_3 濃度の観測や植生による NH_3 の吸収・沈着に関する研究はまだ少ない (Murano et al., 1998；神成ら，2001；林ら，2006)。東京都内の NH_3 を定点観測した石井・古明地 (1993) によれば，山間部である奥多摩では，1985年11月から27か月間の平均 NH_3 濃度は 2 ppb（約 $1.4\,\mu g/m^3$）であったが，最も高濃度の NH_3 が観測された都心部では，8.6 ppb（約 $6\,\mu g/m^3$）を記録した。しか

し，残念なことに，日本の樹木に対する大気中の NH_3 や NH_4^+ の影響はほとんど研究されておらず，森林に対する影響評価や基準の設定もまだ行われていないのが現状である。

2.4.3 土壌を介した樹木への窒素影響

大気から地表面に沈着する窒素は，樹木の地上部だけでなく，降雨や樹幹流などを通して土壌相に流入し，樹木に作用している。1980年代から，ノルウェースプルースやヨーロッパアカマツなどのヨーロッパの樹木や，日本においてもアカマツやスギなど対象にして，土壌-植物系への過剰な窒素供給の影響を明らかにしようとする研究が進められてきた。ここでは，近年の実験的研究の結果をもとに，土壌中の過剰な窒素が樹木の生理機能に害作用を与える際の作用メカニズムについて概説する。

図 2.12 に，窒素感受性の高い（抵抗力の低い）樹木に対する土壌窒素の過剰障害の作用スキームを示した。NO_3^-，NH_4^+ が土壌に供給されると，一部は樹木によって吸収利用されるが，特に植物の吸収能力を超える多量の NH_4^+ が供給されると，土壌中で硝化細菌による NH_4^+ の酸化反応（硝化）が劇的に促進される（Nilsson, 1986）。硝化作用では，NH_4^+ が NO_3^- にまで酸化される過程で，1 mol の NH_4^+ から，2 mol の H^+ が生成される。そして，この H^+ は土壌の酸性化を引き起こし，土壌からの植物必須元素の溶脱や，土壌溶液中への Mn や Al を溶出させるため，樹木の生理機能を低下させる一因となる（Ulrich et al., 1980）。さらに，土壌中における高濃度の NO_3^-，NH_4^+ や土壌の酸性化は植物と共生する土壌中の菌根菌にも強く影響し，菌根菌の種構成変化や感染率の低下，菌根（菌根菌が感染した根）の寿命の短縮などを引き起こす（Majdi and Nylund, 1996；Wallenda and Kettle, 1998；Wöllecke et al., 1999）。菌根菌は，植物から炭水化物の供給を受ける見返りに，その菌糸から吸収した水分や P や Mg などの養分を宿主に送る（Marschner and Dell, 1994）。このため，過剰な窒素負荷による菌根菌の減少は，樹木の水ストレス耐性の低下や，養分状態の悪化を引き起こす可能性がある（Nihlgård,

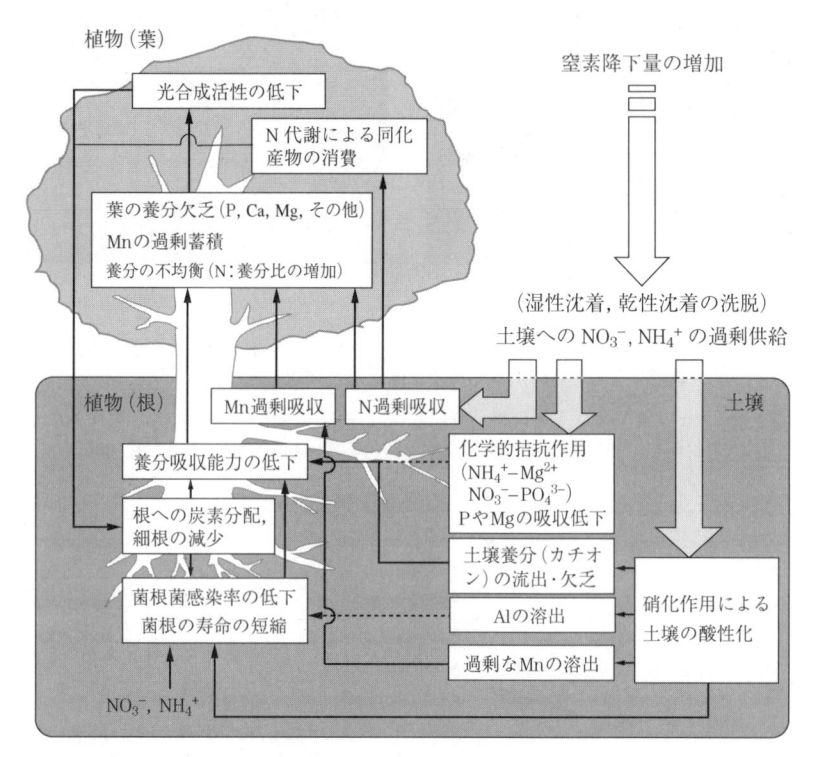

2.4 樹木に対する窒素過剰の影響

図 2.12 土壌窒素の過剰障害の作用スキーム

実線の矢印は極度の窒素負荷を行った際に実験的に認められた現象を示し、破線の矢印は予想される作用を示す。

1985；Skeffington and Wilson, 1988；Aber *et al.*, 1989)。さらに、葉における養分状態の悪化、特にPやMgの欠乏や過剰なMnの蓄積は、高感受性植物の光合成活性を低下させ、根や個体の乾物成長の低下を引き起こす場合もある (Nakaji *et al.*, 2001, 2005)。また、葉の窒素濃度の増加やP, K濃度の変化は、耐凍性を低下させ、さらに、被食防衛物質の生成といった葉の二次代謝にも影響することで、病虫害に対する抵抗性を弱める可能性も指摘されている (Flückiger and Braun, 1998, 1999)。

図 2.13 に土壌 1 l 当り 25～300 mg の窒素を硝酸アンモニウム (NH_4NO_3) によって負荷した褐色森林土で2年間育成したアカマツ苗の細根の写真を、図

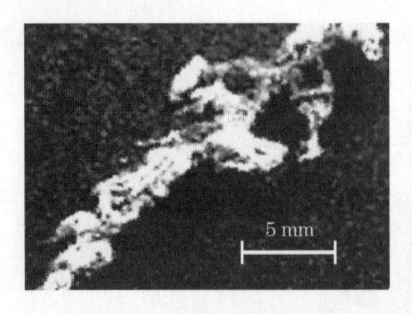

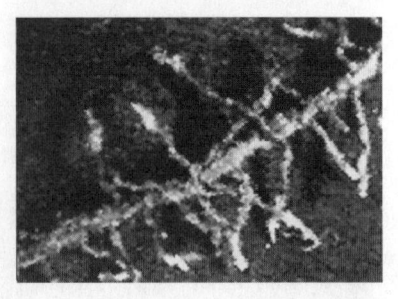

(a) 褐色森林土　　　　　　(b) 褐色森林土 +340 kg/ha

対照土壌で育成したアカマツでは，細根に共生している外生菌根菌の白い菌糸が確認できるが，過剰な窒素を負荷すると菌糸はほとんど確認できない。

図 2.13　(a) 褐色森林土（対照土壌）と(b) 土壌へ 340 kg/ha 相当の NH_4NO_3 を負荷して 2 年間育成したアカマツ苗の細根（Izuta and Nakaji, 2003）

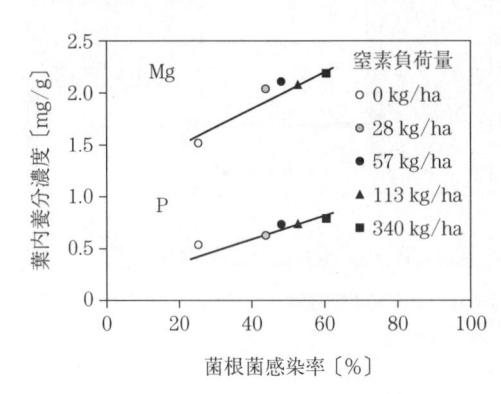

図 2.14　アカマツの針葉中の P，Mg 濃度と細根の菌根菌感染率の関係〔Nakaji et al. (2002) をもとに作図〕

2.14 に外生菌根菌の感染率と針葉の養分濃度の関係を示した。100 mg/l（113 kg/ha に相当）以上の過剰な窒素負荷は，アカマツ苗の外生菌根菌の感染率を有意に低下させ，葉中の P 濃度と Mg 濃度も低下させた。このとき，葉内の N 濃度と Mn 濃度は，土壌への窒素負荷に伴って増加し，葉の養分濃度比である N/P 比と N/Mg 比は土壌への窒素負荷によって著しく増加した（Nakaji et al., 2002）。なお，過剰な窒素負荷を行ったアカマツの葉には，Mn の過剰蓄積，Mg 欠乏，P 欠乏が原因と思われる葉先端の褐変や，葉身の黄化，茶紫色の変色も観察された。さらに，土壌への過剰な窒素負荷は，アカマツ苗の純光合成速度を低下させ，個体の乾物成長量や細根の成長を抑制する

ことも実験的に観察されている（図2.15）。しかし，このような光合成や成長の低下は，同様の実験を行ったスギでは認められず，かえってスギの純光合成速度と乾物成長は窒素負荷によって増加したことから（図2.15），窒素が過剰害として働く閾値は植物種によって異なることも示唆されている（Nakaji et al., 2001）。

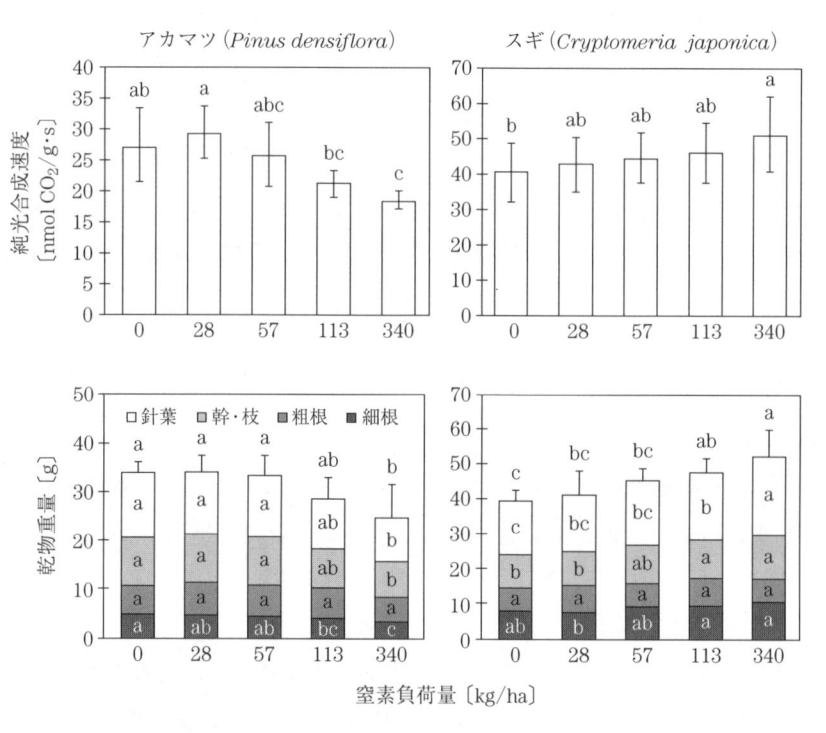

図2.15 異なる窒素負荷量で2年間育成したアカマツとスギの純光合成速度および乾物重量〔Nakaji et al. (2002, 2005)，中路（未公表）より作図〕

純光合成速度は，葉乾重量当りの値で示した。異なるアルファベットは，土壌処理区間で，有意水準5％で有意差があることを示す。

ヨーロッパの樹木における実験においても，過剰な土壌窒素の負荷によって，葉中のPやMgなどの栄養バランスの不均衡や，根の成長低下などが起きることが数多く報告されている。Seith et al. (1996) は，土壌1kg当り150 mgまたは，300 mgの窒素をNH_4NO_3で添加した土壌でノルウェースプ

ルース苗を育成すると，針葉中の N, Ca, Mg および Mn の濃度は増加するが，P と K の濃度が低下し，その結果，N/P 比と N/K 比が著しく増加することを報告している。また，土壌への窒素負荷は，ノルウェースプルース苗の根を太く短くし，さらに根の乾物成長量も低下させた（Seith et al., 1996；George et al., 1999）。また，Wilson and Skeffington (1994) は，NH_4NO_3 による窒素負荷を行うと，ノルウェースプルースの針葉の K 濃度が低下するが，NO_3^- で窒素を負荷した場合は，特に P 濃度が低下し，NH_4^+ を負荷すると Mg 濃度が低下することを報告した。与える窒素の形態によって影響を受ける栄養元素が異なった原因として，彼らは，土壌中で同じ極性のイオン間（NO_3^- と PO_4^{3-}，NH_4^+ と Mg^{2+}）に競合が起きることで，負荷された窒素の形態により，異なる養分の吸収阻害が起きた可能性を示唆している（図 2.12）。Sogn and Abrahamsen (1998) は，ヨーロッパアカマツ苗に 30, 90 kg/ha・year の窒素負荷を行い，5 年間にわたって育成した。その結果，土壌への窒素添加によって，樹高は増加したが，針葉の養分（Mg, K および P）濃度は低下した。

このような窒素負荷実験から明らかになった知見は，実際の森林においても，窒素汚染の影響評価に活用されつつある。一例を挙げると，Flückiger and Braun (1998) は，スイスのアルプス山脈に立地する 65〜175 年生のヨーロッパブナと 85〜310 年生のノルウェースプルースにおいて葉の養分状態を 1984 年から 1995 年の 12 年間にわたって定期的に観測し，幼木を用いた窒素負荷実験で得られた両樹種の窒素応答と比較した。野外の成木では，いずれの樹種でも 12 年間の間に葉の窒素濃度は増加したが，P 濃度は低下し，N/P 比は増加した。同様の葉内養分バランスの変化は 5 年間，25〜400 kg/ha/year の窒素を土壌に負荷して育成した両樹種の幼木においても観察された。また，窒素負荷実験では，窒素負荷に伴う土壌の酸性化によって，ヨーロッパブナの葉内 Mn 濃度が増加していたが，野外観測においてもヨーロッパブナの葉内における Mn 濃度の増加と土壌 pH の低下に相関が認められ，大気から森林への過剰な窒素沈着が土壌酸性化の一因となっていることが示唆された。

以上のように，土壌への過剰な窒素負荷は，おもに樹木の栄養状態に大きく作用し，場合によっては光合成などの生理活性にも悪影響を与えることが実験的研究から明らかにされてきており，いくつかの代表的な樹種では野外における窒素降下量の増加を説明する成果も示されている。しかし，その一方で，過剰な窒素に対する植物応答には，樹木を含めた植物種間で感受性差異が存在することも明らかになっている。図2.15に示したように，成長阻害の起きやすいアカマツのような感受性樹種に対して，多量の窒素負荷にも適応してその成長量を増加させるスギのような比較的耐性の高い樹種も存在する（Nakaji et al., 2001；Nakaji et al., 2005）。Izuta et al. (2005) は，日本の常緑広葉樹4種に対する土壌への窒素負荷の影響を調べた結果，窒素感受性には樹種間差異があり，例えば，土壌への窒素負荷によってスダジイの個体乾物成長は低下するが，アカガシのそれは促進することを報告している。このような植物種間の感受性の違いは，森林における植物種間の競争にも影響すると予想され，窒素飽和に伴う森林生態系の植物種構成への影響も懸念されている（Schulze et al., 1996；Vitousek et al., 1997）。実際に，窒素散布などの実験的研究や窒素降下量と比較した野外調査研究では，窒素量の増加が草地植生の構成種数を減少させることも報告されており（Bobbink, 1991；Stevens et al., 2004），すでに感受性の高い植物種に対して窒素降下量の増加が悪影響を与えている危険性も示されている。

2.5　ま　と　め

　これまでに欧米やわが国で行われた実験的研究の結果に基づくと，感受性の高い樹種に可視障害発現や成長阻害を引き起こす酸性雨の閾値pHは4.0～3.0である。わが国における現状の降雨のpHは年平均で4.4～4.8の範囲にあり，4.0以下のpHの降雨頻度はきわめて少ない。したがって，わが国に生育する樹木におよぼす現状の酸性雨の直接的影響はきわめて小さいと考えられる。また，東アジア地域の大気汚染物質排出量シナリオと長距離輸送モデルに

基づいて，2030年のわが国における降雨pHを予測すると，現計画規制シナリオで4.3～4.8，悲観的シナリオでは3.7～4.2に低下する（電力中央研究所，2002）。現計画規制シナリオで排出量が推移しても，現状と同様に樹木への酸性雨の影響はきわめて小さいと考えられる。しかし，悲観的シナリオで東アジアの排出量が推移し，pHが4.0以下のpHの降雨が頻繁に降るようになる地点では，わが国に生育する感受性の高い樹種に酸性雨の直接的影響が発現する可能性がある。

酸性降下物によって土壌が酸性化すると，土壌溶液中にAlやMnが溶出し，樹木の成長や光合成などの生理機能が低下する。酸性土壌で育成した樹木の乾物成長や栄養状態は，土壌溶液中のAlやMnとCa, Mg, Kなどの植物必須元素の存在バランスによって決まる。したがって，森林保護のための酸性降下物の臨界負荷量を評価する際に土壌溶液の$(Ca+Mg+K)/Al$モル濃度比や$(Ca+Mg+K)/(Al+Mn)$モル濃度比は土壌指標になり得る。

窒素は動植物にとって非常に重要な栄養元素であるが，人間活動によって大気から地表面への窒素供給量とその影響は増加傾向にある。植物をはじめ土壌や微生物にとって必要な量を超えた窒素の供給は，森林飽和現象として，生態系に悪影響を及ぼしかねない。窒素飽和現象のメカニズムの解明や現状把握とともに，将来影響の評価やその対策のための研究を行っていく必要がある。

この1世紀の間に，窒素降下量の増大だけでなく，大気CO_2濃度の増加や気温上昇など，森林をとりまく大気環境は大きく変動している。窒素は高濃度CO_2環境下における森林の炭素吸収能力にも強く影響するため，将来の森林環境を予測する上で重要な制限要因の一つとして位置付けられている。しかし，窒素降下量が増え続けてしまうと，樹木にとってストレス要因になる可能性もある。

ヨーロッパなどでは，森林生態系を含む自然植生に対する窒素の臨界負荷量（表2.2）や葉の養分バランスの評価基準（De Vries *et al.*, 2000 b）を設定して，広域越境汚染の影響評価と対策などに活用している。日本では，樹木の養分バランスと施肥手法に関する多くの貴重な研究が進められてきたが（堤，

表2.2 ヨーロッパの陸域生態系(草地・森林)における窒素の臨界負荷量
〔WHO Regional Office for Europe (2000)より抜粋〕

生態系	臨界負荷量〔kg/ha/year〕	応答の指標
草地(石灰質土壌の植物種が優占)	14〜25[a]	長草種の増加,構成種数の減少
草地(天然酸性土壌の植物種が優占)	20〜30[b]	長草種の増加,構成種数の減少
草地(低山地-亜高山)	10〜15[c]	長草(イネ科植物)種の増加,構成種数の減少
ヒース(低地,乾燥)	15〜20[a]	ヒース植生から草本植生への遷移の進行
ヒース(低地,湿潤)	17〜22[a]	ヒース植生から草本植生への遷移の進行
ヒース(多構成種)/酸性草地	7〜15/20[b]	草本植生への遷移の進行,高感受性種の衰退
ヒース(極地,亜高山)	5〜15[c]	構成種(地衣類,蘚類,常緑矮生低木)の減少,草本種の増加
針葉樹林(酸性土壌,管理)	10〜15[b]	樹木の健全度低下,土壌養分の不均衡(若干の硝化速度)
針葉樹林(酸性土壌,管理)	20〜50[b]	樹木の健全度低下,土壌養分の不均衡(中程度〜重度の硝化速度)
針葉樹林(酸性土壌,管理)	15〜20[a]	地上植物相の変化
広葉樹林(酸性土壌,管理)	15〜20[b]	樹木の健全度低下,土壌養分の不均衡,地上部-地下部バランスの変化
広葉樹林(酸性土壌,管理)	15〜20[b]	地上植物相の変化
天然林(酸性土壌)	不明	不明
天然林(石灰質土壌)	15〜20[c]	地上植物相の変化

信頼性:a>b>c (a 多数の比較可能な研究報告に基づく,b いくつかの研究で比較可能,c 比較データのない推測)

1962;河田,1968;Akama,1986),窒素系大気汚染に着目した研究はさほど多くない。今後は,大気の複合汚染や気候変動も踏まえつつ,窒素増加の影響評価とその予測や対策に関する研究を進めていく必要がある。

文 献

Aber, J. D., Nadelhoffer, K. J., Steudler, P. and Melillo, J. M. (1989) Nitrogen saturation in northern forest ecosystems. Bioscience, 39, pp. 378〜386.

Ågren, G. I. and Bosatta, E. (1988) Nitrogen saturation of terrestrial ecosystems. Environ. Pollut., 54, pp. 185〜197.

Akama, A. (1986) Balance sheet of nitrogen applied to Japanese red pine (*Pinus densiflora* Sieb. *et* Zucc.) seedlings - A pot experiment. J. Jpn. For. Soc., 68, pp. 150〜154.

Ashenden, T.W. and Bell, S. A. (1988) Growth response of birch and Sitka spruce exposed to acidified rain. Environ. Pollut., 51, pp. 153～162.

Baba, M. and Okazaki, M. (1998) Acidification in nitrogen-saturated forested catchment. Soil Sci. Plant Nut., 44, pp. 513～525.

Bamberger, E. S. and Avron, M. (1975) Site of action of inhibitors of carbon dioxide assimilation by whole lettuce chloroplasts. Plant Physiol., 56, pp. 481～485.

Bobbink, R. (1991) Effects of nutrient enrichment in Dutch chalk grassland. J. Appl. Ecol., 28, pp. 28～41.

Byres, D. P., Johnson, J. D. and Dean, T. J. (1992) Seasonal response of slash pine (*Pinus elliotti* var. *elliotti* Engelm.) photosynthesis to long-term exposure to ozone and acidic precipitation. New Phytol., 122, pp. 91～96.

Crane, W. J. B. and Banks, J. C. G. (1992) Accumulation and retranslocation of foliar nitrogen in fertilized and irrigated *Pinus radiata*. For. Ecol. Manage., 52, pp. 201～223.

Cronan, C. S. and Grigal, D. F. (1995) Use of calcium/aluminum ratios as indicators of stress in forest ecosystems. J. Environ. Qual., 24, pp. 209～226.

電力中央研究所 (2002) 酸性雨の環境影響の総合評価，研究年報 2002 年度，pp. 24～25.

De Vries, W., Reinds, G. J., Klap, J. M., Van Leeuwen, E. P. and Erisman, J. W. (2000a) Effects of environmental stress on forest crown condition in Europe. Part III : Estimation of critical deposition and concentration levels and their exceedances. Water Air Soil Pollut., 119, pp. 363～386.

De Vries, W., Reinds, G. J., Van Kerkvoorde, M. S., Hendriks, C. M. A., Leeters, E. E. J. M., Gross, C. P., Voogd, J. C. H. and Vel, E. M. (2000b) Intensive Monitoring of Forest Ecosystems in Europe : Technical Report 2000. Convention on Long-range Transboundary Air Pollution International Co-operative Programme on Assessment and Monitoring of Air Pollution Effects on Forests and European Union Scheme on the Protection of Forests against Atmospheric Pollution. EC-UN/ECE, Geneva and Brussels, p. 193.

Dueck, T. A., Dorèl, F. G., Ter Horst R. and Van der Eerden, L. J. (1990) Effect of ammonia, ammonium sulphate and sulphur dioxide on the frost sensitivity of Scots pine (*Pinus sylvestris* L.). Water Air Soil Pollut., 54, pp. 35～49.

Esch, A. and Mengel, K. (1998) Combined effect of acid mist and frost drought on the water status of young spruce trees (*Picea abies* L. Karst). Environ. Exp. Bot., 39, pp. 57～65.

Fangmeier, A., Hadwiger-Fangmeier, A., Van der Eerden, L. and Jäger, H.-J. (1994) Effects of atmospheric ammonia on vegetation-a review. Environ.

Pollut., 86, pp. 43〜82.
Farquhar, G. D., Firth, P. M., Wetselaar, R. and Weir, B. (1980) On the gaseous exchange of ammonia between leaves and the environment : determination of the ammonia compensation point. Plant Physiol., 66, pp. 710〜714.
Flückiger, W. and Braun, S. (1998) Nitrogen deposition in Swiss forests and its possible relevance for leaf nutrient status, parasite attacks and soil acidification. Environ. Pollut., 102, pp. 69〜76.
Flückiger, W. and Braun, S. (1999) Nitrogen and its effect on growth, nutrient status and parasite attacks in beech and Norway spruce. Water, Air, Soil Pollut., 116, pp. 99〜110.
Fowler, D., Cape, J. N., Deans, J. D., Leith, I. D., Murray, M. B., Smith, R. I., Sheppard, L. J. and Unsworth, M. H. (1989) Effects of acid mist on the frost hardiness of red spruce seedlings. New Phytol., 113, pp. 321〜335.
Freer-Smith, P. H. (1984) The responses of six broadleaved trees during long-term exposure to SO_2 and NO_2. New Phytol., 97, pp. 49〜61.
Furukawa, A. (1991) Inhibition of photosynthesis of *Populus euramericana* and *Helianthus annuus* by SO_2, NO_2 and O_3. Ecol. Res., 6, pp. 79〜86.
古川昭雄 (1984) 種々の大気汚染物質による高等植物の光合成阻害, 国立公害研究所研究報告, 64, pp. 131〜139.
Galloway, J. N. (1998) The global nitrogen cycle : changes and consequences. Environ. Pollut., 102, pp. 15〜24.
Galloway, J. N. (2001) Acidification of the world : natural and anthropogenic. Water Air Soil Pollut., 130, pp. 17〜24.
George, E., Kircher, S., Schwarz, P., Tesar, A. and Seith, B. (1999) Effect of varied soil nitrogen supply on growth and nutrient uptake of young Norway spruce plants grown in a shaded environment. J. Plant Nut. Soil Sci., 162, pp. 301〜307.
Gobran, G. R., Fenn, L. B., Persson, H. and Windi, I. Al. (1993) Nutrition response of Norway spruce and willow to varying levels of calcium and aluminium. Fertilizer Research, 34, pp. 181〜189.
Göransson, A. and Eldhuset, T. D. (1991) Effects of aluminium on growth and nutrient uptake of small *Picea abies* and *Pinus sylvestris* plants. Trees, 5, pp. 136〜142.
Günthardt-Goerg, M. S., Schmutz, P., Matyssek, R. and Bucher, J. B. (1996) Leaf and stem structure of poplar (*Populus euramericana*) as influenced by O_3, NO_2, their combination, and different soil N supplies. Can. J. For. Res., 26, pp. 649〜657.
Hains, B, Stefani, M., and Hendrix, F. (1980) Acid rain : threshold of leaf damage

in eight plant species from a southern Appalachian forest succession. Water Air Soil Pollut., 14, pp. 403〜407.

Hanson, P. J., McLaugline, S. B. and Edwards, N. T. (1988) Net CO_2 exchange of *Pinus taeda* shoots exposed to variable ozone levels and rain chemistries in field and laboratory settings. Physiol. Plant., 74, pp. 635〜642.

林　健太郎，駒田充生，宮田　明（2006）インファレンシャル法によるアンモニア性窒素の乾性沈着量の推計―気孔からのアンモニア揮散および地表のぬれの沈着速度の影響―，大気環境学会誌，41，pp. 78〜90.

Hirano, Y. and Hijii, N. (1998) Effects of low pH and alminum on root morphology of Japanese red cedar sapling. Environ. Pollut., 101, pp. 339〜347.

石井康一郎，古明地哲人（1993）東京地区における環境大気中ガス状アンモニア濃度と気温との相関，大気環境学会誌，28，pp. 175〜179.

岩坪五郎，徳地直子，仲川泰則（1997）降水と森林流出水の水質-降雨溶存元素量の30年間の変動，降水と流出水にともなう溶存元素収支と森林流出水質の広域的変動，森林立地，39，pp. 63〜71.

伊豆田　猛，三輪　誠，三宅　博，戸塚　績（1990a）スギ苗の生長に対する人工酸性雨の影響，人間と環境，16，pp. 44〜53.

伊豆田　猛，横田　太，三宅　博，戸塚　績（1990b）スギ苗の生長に対する土壌酸性化の影響，人間と環境，16，pp. 55〜61.

伊豆田　猛，大谷知子，横山政昭，堀江勝年，戸塚　績（1993）モミ苗の成長に対する人工酸性雨の影響，大気汚染学会誌，28，pp. 29〜37.

Izuta, T., Noguchi, K., Aoki, M. and Totsuka, T. (1995) Effects of excess manganese on growth, water content and nutrient status of Japanese cedar seedlings. Environmental Sciences, 3, pp. 209〜220.

Izuta, T., Seki, T. and Totsuka, T. (1996a) Growth and nutrient status of *Betula platyphylla* seedlings grown in andosol and brown forest soil acidified by H_2SO_4 solution. Environmental Sciences, 4, pp. 233〜247.

Izuta, T., Yamada, A., Miwa, M., Aoki, M. and Totsuka, T. (1996b) Effects of low pH and excess Al on growth, water content and nutrient status of Japanese cedar seedlings. Environmental Sciences, 4, pp. 113〜125.

Izuta, T., Ohtani, T. and Totsuka, T. (1997) Growth and nutrient status of *Cryptomeria japonica* seedlings grown in brown forest soil acidified with H_2SO_4 solution. Environmental Sciences, 5, pp. 177〜189.

Izuta, T., Kobayashi, T., Matsumura, H., Kohno, Y. and Koike, T. (1998) Visible injuries induced by simulated acid rain in several Japanese forest tree species. Forest Resources and Environment, 36, pp. 12〜18.

Izuta, T., Yamaoka, T., Nakaji, T., Yonekura, T., Yokoyama, M., Matsumura, H., Ishida, S., Yazaki, K., Funada, R. and Koike, T. (2001) Growth, net photosynthetic rate, nutrient status and secondary xylem anatomical characteristics of *Fagus crenata* seedlings grown in brown forest soil acidified with H_2SO_4 solution. Water Air Soil Pollut., 130, pp. 1007〜1012.

Izuta, T. and Nakaji, T. (2003) Effects of high nitrogen load and ozone on forest tree species. Eurasian J. For. Res., 6, pp. 155〜170.

Izuta, T., Yamaoka, T., Nakaji, T., Yonekura, T., Yokoyama, M., Funada, R., Koike, T and Totsuka, T. (2004) Growth, net photosynthesis and leaf nutrient status of *Fagus crenata* seedlings grown in brown forest soil acidified with H_2SO_4 or HNO_3 solution. Trees, 18, pp. 677〜685.

Izuta, T., Tominaga, K., Watanabe, M., Matsumura, H. and Kohno, Y. (2005) Effects of N load on growth and leaf nutrient status of Japanese evergreen broad-leaved tree species. J. Agr. Met., 60, pp. 1125〜1128.

Jacobson, J. S., Heller, L. I., L'Hirondelle, S. J. and Lassoie, J. P. (1992) Phenology and cold tolerance of *Picea rubens* Sarg. seedlings exposed to sulfuric and nitric acid mist. Scand. J. For. Res., 7, pp. 331〜344.

Jacobson, J. S., Heller, L. I., Yamada, K. E., Osmeloski, J. F., Bethard, T. and Lassoie, J. P. (1990) Foliar injury and growth response of red spruce to sulfate and nitrate acidic mist. Can. J. For. Res., 20, pp. 58〜65.

Jensen, K. F. and Dochinger, L. S. (1989) Response of Eastern hardwood species to ozone, sulfur dioxide and acid precipitation. J. Air Pollut. Control Assoc., 39, pp. 852〜855.

Jensen, K. F., Patton, R. L., Schier, G. A. and Loats, K. V. (1988) Effects of simulated acid rain and ozone on red spruce seedling：An interim report. PB Rep. PB-90-107160, pp. 413〜415.

神成陽容, 馬場　剛, 速水　洋（2001）日本におけるアンモニア排出の推計, 大気環境学会誌, 36, pp. 29〜38.

環境省環境管理局大気汚染状況報告書（2001）．

環境省酸性雨対策検討会第4次酸性雨対策調査取りまとめ（2002）．

河田　弘（1968）アカマツ1-1苗の成長および養分組成におよぼす窒素・リン酸およびカリの施用量の影響, 林業試験場研究報告, 212, pp. 59〜88.

Kitao, M., Lei, T. T. and Koike, T. (1997) Comparison of photosynthetic responses to manganese toxicity of deciduous broad-leaved trees in northern Japan. Environ. Pollut., 97, pp. 113〜118.

河野吉久, 松村秀幸, 小林卓也（1994）樹木の可視障害発現に及ぼす人工酸性雨の影響, 大気汚染学会誌, 29, pp. 206〜219.

河野吉久, 松村秀幸, 小林卓也（1995 a）スギ, ヒノキ, サワラの生育におよぼす人工酸性雨の影響, 大気環境学会誌, 30, pp. 191〜207.

河野吉久, 松村秀幸, 小林卓也（1995 b）スギおよびヒノキの生育と養分吸収におよ

ぼすアルミニウムの影響，大気環境学会誌，30, pp. 316～326.
河野吉久，松村秀幸，小林卓也 (1997) スギとヒノキの生育におよぼす培養液pHの影響，大気環境学会誌，32, pp. 29～37.
河野吉久，梅沢　武，村越　満 (1998) 水耕栽培条件下におけるスギ，ヒノキ，サワラの生育に及ぼす Ca/Al の影響とクリティカルポイント，大気環境学会誌，33, pp. 335～343.
Kress, L. W. and Skelly, J. M. (1982) Response of several Eastern forest tree species to chronic doses of ozone and nitrogen dioxide. Plant Disease, 66, pp. 1149～1152.
Lee, W. S., Chevone, B. I. and Seiler, J. R. (1990) Growth response and drought susceptibility of red spruce seedlings exposed to simulated acidic rain and ozone. Forest Sci., 36, pp. 265～275.
李　忠和，伊豆田　猛，青木正敏，戸塚　績 (1997 a) 硫酸添加により酸性化させた褐色森林土で育成したアカマツ苗の成長および体内元素含有量，大気環境学会誌，32, pp. 46～57.
李　忠和，伊豆田　猛，青木正敏，戸塚　績 (1997 b) 水耕栽培したアカマツ苗の成長および栄養状態に対する Al と Mn の単独および複合影響，大気環境学会誌，32, pp. 380～391.
李　忠和，伊豆田　猛，青木正敏，戸塚　績，加藤秀正 (1998) 硫酸添加により酸性化させた褐色森林土で育成したアカマツ苗の成長および光合成活性，日本土壌肥料学雑誌，69, pp. 54～62.
Lee, C. H., Jin, H. O. and Izuta, T. (1999) Growth, nutrient status and net photosynthetic rate of *Pinus densiflora* seedlings in various levels of aluminum concentrations. Journal of Korean Forestry Society, 88, pp. 249～254.
Leith, I. D., Sheppard, L. J. and Murray, M. B. (1995) Potential mechanisms of acid mist injury to red spruce. Environ. Exp. Bot., 35, pp. 125～137.
MacDonald, N. W., Hart, J. B., Jr., and Nguyen, P. V. (1986) Simulated acid rain effects on jack pine seedling establishment nutrition. Soil Sci. Soc. Am. J., 50, pp. 219～225.
Majdi, H. and Nylund, J. -N. (1996) Does liquid fertilization affect fine root dynamics and lifespan of mycorrhizal short roots? Plant Soil, 185, pp. 305～309.
Marschner, H. and Dell, B. (1994) Nutrient uptake in mycorrhizal symbiosis. Plant Soil, 159, pp. 89～102.
Matsumura, H. (2001) Impacts of ambient ozone and/or acid mist on the growth of 14 tree species : an open-top chamber study conducted in Japan. Water Air Soil Pollut., 130, pp. 959～964.
松村秀幸，小林卓也，河野吉久，伊豆田　猛，戸塚　績 (1995) スギ，ウラジロモミ

文　献

およびシラカンバ苗の乾物成長とガス交換速度におよぼす人工酸性雨の影響，大気環境学会誌，30，pp. 180～190.

松村秀幸，小林卓也，河野吉久（1998）スギ，ウラジロモミ，シラカンバ，ケヤキ苗の乾物成長とガス交換速度に対するオゾンと人工酸性雨の単独および複合影響，大気環境学会誌，33，pp. 16～35.

McCormic, L. H. and Steiner, K. C. (1978) Variation in aluminum tolerance among six genera of trees. Forest Sci., 24, pp. 565～568.

Mengel, K., Hogrebe, A. and Esch, A. (1989) Effect of acidic fog on needle surface and water relations of *Picea abies*. Physiol. Plant., 75, pp. 201～207.

Mitchell, M. J., Iwatsubo, G., Ohrui, K. and Nakagawa, Y. (1997) Nitrogen saturation in Japanese forests : an evaluation. For. Ecol. Manage., 97, pp. 39～51.

三輪　誠，伊豆田　猛，戸塚　績（1993）スギ苗の生長に対する人工酸性雨とオゾンの単独および複合影響，大気汚染学会誌，28，pp. 279～287.

三輪　誠，伊豆田　猛，戸塚　績（1994）母材が異なる3種類の土壌の酸性化がスギ苗の生長に及ぼす影響，大気汚染学会誌，29，pp. 254～263.

三輪　誠，伊豆田　猛，戸塚　績（1998）人為的に酸性化させた褐色森林土で育成したスギ苗の乾物成長，大気環境学会誌，33，pp. 81～92.

三宅　博，亀井信一，伊豆田　猛，戸塚　績（1991）水耕栽培におけるスギ苗の生長に対するアルミニウムの影響，人間と環境，16，pp. 10～16.

Murano, K., Mukai, H., Hatakeyama, S., Oishi, O., Utsunomiya, A. and Shimohara, T. (1998) Wet deposition of ammonium and atmospheric distribution of ammonia and particulate ammonium in Japan. Environ. Pollut., 102, pp. 321～326.

Nakaji, T., Fukami, M., Dokiya, Y. and Izuta, T. (2001) Effects of high nitrogen load on growth, photosynthesis and nutrient status of *Cryptomeria japonica* and *Pinus densiflora* seedlings. Trees, 15, pp. 453～461.

Nakaji, T., Takenaga, S., Kuroha, M. and Izuta, T. (2002) Photosynthetic response of *Pinus densiflora* seedlings to high nitrogen load. Environmental Sciences, 9, pp. 269～282.

Nakaji, T., Yonekura, T., Kuroha, M., Takenaga, S. and Izuta, T. (2005) Growth, annual ring structure and nutrient status of Japanese red pine and Japanese cedar seedlings after three years of excessive N load. Phyton, 45, pp. 457～464.

Neufeld, H. S., Jernstedt, J. A. and Haines, B. L. (1985) Direct foliar effects of simulated acid rain. I. Damage, growth and gas exchange. New Phytol., 99, pp. 389～405.

Nihlgård, B. (1985) The ammonium hypothesis – an additional Explanation to the forest dieback in Europe. Ambio, 14, pp. 2～8.

Nilsson, J. (1986) Critical Loads for Nitrogen and Sulfur. The Nordic Council of Ministers, Rep. 11, Copenhagen.

大類清和 (1997) 森林生態系での"Nitrogen Saturation",日本での現状,森林立地, 39, pp. 1～9.
太田垣貴啓,三輪 誠,伊豆田 猛,戸塚 績 (1996) 硫酸添加により酸性化させた褐色森林土で育成したスギ苗の光合成活性,大気環境学会誌, 31, pp. 11～19.
Ohte, N., Mitchell, M. J., Shibata, H., Tokuchi, N., Toda, H. and Iwatsubo, G. (2001) Comparative evaluation on nitrogen saturation of forest catchments in Japan and Northeastern United States. Water Air Soil Pollut., 130, pp. 649～654.
Penner, J. E., Andreae, M., Annegarn, H., Barrie, L., Feichter, J., Hegg, D., Jayaraman, A., Leaitch, R., Murphy, D., Nganga, J. and Pitari, G. (2001) Aerosols, Their Direct and Indirect Effects. Climate change 2001：The Scientific Basis. (eds. by J. T. Houghton, Y. Ding, D. J. Griggs, M. Noguer, P. J. Van der Linden, X. Dai, K. Maskell and C. A. Johnson). pp. 290～348, Cambridge University Press, Cambridge, UK and New York.
Percy, K. (1986) The effects of simulated acid rain on germinative capacity, growth and morphology of forest tree seedlings. New Phytol., 104, pp. 473～484.
Perez-Soba, M., Dueck, T. A., Puppi. G. and Kuiper, P. J. C. (1995) Interactions of elevated CO_2, NH_3 and O_3 on mycorrhizal infection, gas exchange and N metabolism in saplings of Scots pine. Plant Soil, 176, pp. 107～116.
Reich, P. B., Schoettle, A. W. and Amundson, R. G. (1986) Effects of O_3 and acid rain on photosynthesis and growth in sugar maple and northern red oak seedlings. Environ. Pollut. (Ser. A), 40, pp. 1～15.
Reich, P. B., Schoettle, A. W., Stroo, H. F., Troiano, J. and Amundson, R. G. (1987) Effects of ozone and acid rain on white pine (*Pinus strobus*) seedlings grown in five soils. I. Net photosynthesis and growth. Can. J. Bot., 65, pp. 977～987.
Reich, P. B., Schoettle, A. W., Stroo, H. F., Troiano, J. and Amundson, R. G. (1988) Effects of ozone and acid rain on white pine (*Pinus strobus*) seedlings grown in five soils. III. Nutrient relations. Can. J. Bot., 66, pp. 1517～1531.
Rennenberg, H. and Gessler, A. (1999) Consequences of N deposition to forest ecosystems, recent results and future research needs. Water, Air, Soil Pollut., 116, pp. 47～64.
Roberts, B. R. (1990) Physiological response of yellow-poplar seedlings to simulated acid rain, ozone fumigation, and drought. For. Ecol Manage., 31, pp. 215～224.
Sasek, T. W., Richardson, C. J., Fendick, E. A., Bevington, S. R. and Kress, L. W. (1991) Carryover effects of acid rain and ozone on the physiology of multiple flushes of loblolly pine seedlings. Forest Sci., 37, pp. 1078～1098.
Saxe, H. and Murali, N. S. (1989) Diagnostic parameters for selecting against novel

spruce (*Picea abies*) decline : II. Response of photosynthesis and transpiration to acute NO$_x$ exposures. Physiol. Plant., 76, pp. 362〜367.

Schier, G. A. and McQuattie, C. J. (1998) Effects of carbon dioxide enrichment on response of mycorrhizal pitch pine (*Pinus rigida*) to aluminum : growth and mineral nutrition. Trees, 12, pp. 340〜346.

Schulze, E. -D., Bazzaz, F. A., Nadelhoffer, K. J., Koike, T. and Takatsuki, S. (1996) Biodiversity and ecosystem function of temperate deciduous broad-leaved forests. Functional Roles of Biodiversity : A Global Perspective (Eds. by H. A. Mooney, J. H. Cushman, E. Medina, O. E. Sala and E. -D. Schulze), pp. 71〜98, John Wiley & Sons.

Seiler, J. R., Tseng, E. C., Chevone, B. I., and Paganelli, D. J. (1988) The impact of acid rain on Fraser fir seedling growth and physiology. PB Rep. PB-90-107160, pp. 417〜419.

Seith, B., George, E., Marschner, H., Wallenda, T., Schaeffer, C., Einig, W., Wingler, A. and Hampp, R. (1996) Effects of varied soil nitrogen supply on Norway spruce (*Picea abies* [L.] Karst.) I. Shoot and root growth and nutrient uptake. Plant Soil, 184, pp. 291〜298.

Shimazaki, K., Yu, S. -W., Sasaki, T. and Tanaka, K. (1992) Differences between spinach and kidney bean plants in terms of sensitivity to fumigation with NO$_2$. Plant Cell Physiol., 33, pp. 267〜273.

新藤純子, 小倉紀雄, 戸田任重, 楊　宗興 (2003) 流域の物質循環に基づいた酸性雨による生態系の酸性化および富栄養化の評価指標に関する研究, 地球環境研究総合推進費 平成14年度研究成果 中間成果報告集, 環境省, pp. 129〜168.

Skeffington, R. A. and Wilson, E. J. (1988) Excess nitrogen deposition : Issues for consideration. Environ. Pollut., 54, pp. 159〜184.

Skeffington, R. A. (1990) Accelerated nitrogen inputs, a new problem or a new perspective? Plant Soil, 128, pp. 1〜11.

Sogn, T.A. and Abrahamsen, G. (1998) Effects of N and S deposition on leaching from an acid forest soil and growth of Scots pine (*Pinus sylvestris* L.) after 5 years of treatment. For. Ecol. Manage., 103, pp. 177〜190.

Steingröver, E., Dueck, T. and Van der Eerden, L. (1995) Assessment and evaluation of critical levels for O$_3$ and NH$_3$. Acid Rain Research : Do we have enough answers? (eds. by G.J. Heij and J.W. Erisman), pp. 213〜222, Elsevier Science.

Stevens, C. J., Dise, N. B., Mountford, J. O., Gowing, D. J. (2004) Impact of nitrogen deposition on the species richness of grasslands. Science, 303, pp. 1876〜1879.

Stoddard, J. L. (1994) Long-term Changes in Watershed Retention of Nitrogen. Environmental Chemistry of Lakes and Reservoirs. (eds. by L. A. Baker),

pp. 223〜284, American Chemical Society, Washington D.C.
Sverdrup, H. and de Vries, W. (1994) Calculating critical loads for acidity with the simple mass balance method. Water, Air Soil Pollut. 72, pp. 143〜162.
Tamm, C. O. (1991) Consequences of Increased Nitrogen Supply to Forests and Other Natural and Seminatural Terrestrial Ecosystems. Nitrogen in Terrestrial Ecosystems (eds. by C. O. Tamm), pp. 75〜97, Springer-Verlag, Berlin.
Thornton, F. C., Schaedle, M. and Raynal, D. J. (1987) Effects of aluminum on red spruce seedlings in solution culture. Environ. Exp. Bot., 27, pp. 489〜498.
Thornton, F. C., Joslin, J. D., Pier, P. A., Neufeld, H., Seller, J. R. and Hutcherson, J. D. (1994) Cloudwater and ozone effects upon high elevation red spruce：s summary of study results from Whitetop Mountains, Virginia. J. Environ. Qual., 23, pp. 1158〜1167.
徳地直子, 辻　明子, 岩坪五郎 (1991) 山地小流域における降水と流出水の水質, 京大演報, 63, pp. 60〜67.
堤　隆男 (1962) わが国主要造林樹種の栄養および施肥に関する基礎的研究, 林業試験場研究報告, 137.
Turner, D. P., Tingey, D. T. and Hogsett, W. E. (1989) Acid fog effects on conifer seedlings. Air pollution and forest decline, Proc. 14th Int. Meeting for Specialists in Air pollution Effects on Forest Ecosystems, IUFRO P2.05 (Interlaken, Switzerland, Oct. 2-8, 1988), (eds. by J. B. Bucher and I. Bucher-Wallin), EAFV, Birmensdorf, Switzerland, pp. 125〜129.
Ulrich, B., Mayer, R. and Khanna, P. K. (1980) Chemical changes due to acid precipitation in a loess-drived soil in Central Europe. Soil Sci., 130, pp. 193〜199.
UNEP/RIVM (1999) Global Assessment of Acidification and Eutrophication of Natural Ecosystems (eds. by L. Bouwman and D. Van Vuuren), p. 52, UNEP/DEIA&EW/TR. 99-6 and RIVM 402001012.
UN/ECE and EC (2000) Forest condition in Europe 2000 Executive report：Convention on long-range transboundary air pollution international co-operative programme on assessment and monitoring of air pollution effects on forests and European Union scheme on the protection of forests against atmospheric pollution, Geneva and Brussels.
Van Breemen, N. and Van Dijk, H. F. G. (1988) Ecosystem effects of atmospheric deposition of nitrogen in the Netherlands. Environ. Pollut., 54, pp. 249〜274.
Van der Eerden, L. J. M. (1982) Toxicity of ammonia to plants. Agric. Environ., 7, pp. 23〜35.
Van der Eerden, L. J. M. and Perez-Soba, M. G. F. J. (1992) Physiological responses of *Pinus sylvestris* to atmospheric ammonia. Trees, 6, pp. 48〜53.

Vitousek, P. M. and Howarth, R. W. (1991) Nitrogen limitation on land and in the sea : How can it occur? Biogeochemistry, 13, pp. 87〜115.

Vitousek, P. M., Aber, J. A., Howarth, R. W., Likens, G. E., Matson, P. A., Schindler, D. W., Schlesinger, W. H. and Tilman, D. G. (1997) Human alteration of the global nitrogen cycle : sources and consequence. Ecol. Appl., 7, pp. 737〜750.

Wallenda, T. and Kottke, I. (1998) Nitrogen deposition and ectomycorrhizas. New Phytol., 139, pp. 169〜187.

渡邊 司, 伊豆田 猛, 横山政昭, 戸塚 績 (1999) シラビソ苗の成長, ガス交換速度および栄養状態に及ぼす人工酸性雨の影響, 大気環境学会誌, 34, pp. 407〜421.

Wellburn, A. R. (1990) Why are atmospheric oxides of nitrogen usually phytotoxic and not alternative fertilizers? New Phytol., 115, pp. 395〜429.

WHO Regional Office for Europe (2000) Air Quality Guidelines for Europe. Second edition. Copenhagen, pp. 248〜249. Table 36. Guidelines for nitrogen deposition to natural and seminatural freshwater and terrestrial ecosystems.

Wilson, E. J. and Skeffington, R. A. (1994) The effects of excess nitrogen deposition on young Norway spruce trees. Part II The vegetation. Environ. Pollut., 86, pp. 153〜160.

Wöllecke, J., Munzenberger, B. and Huttl, R. F. (1999) Some effects of N on ectomycorrhizal diversity of Scots pine (*Pinus sylvestris* L.) in Northeastern Germany. Water, Air, Soil Pollut., 116, pp. 135〜140.

Wood, T., and Bormann, F. H. (1977) Short-term effect of simulated acid rain upon the growth and nutrient relations of *Pinus strobus* L. Water Air Soil Pollut., 7, pp. 479〜488.

Wright, R. F., Roelofs, J. G. M., Bredemeier, M., Blanck, K., Boxman, A. W., Emmett, B. A., Gundersen, P., Hultberg, H., Kjonaas, O. J., Moldan, F., Tietema, A., Van Breemen, N. and Van Dijk, H. F. G. (1995) NITREX : responses of coniferous forest ecosystems to experimentally changed deposition of nitrogen. For. Ecol. Manage., 71, pp. 163〜169.

吉田 稔・川畑洋子 (1988) 酸性雨の土壌による中和機構, 日本土壌肥料学雑誌, 59, pp. 413〜415.

3. 地球温暖化と植物

　半年近く，雪と氷に閉ざされる北海道でも真冬に新鮮な野菜が食卓に上がる。施設園芸の発達の賜（たまもの）であり，「CO_2施肥」が技術として定着して久しい。北国での植物生産にとっては，気温が上昇し，生育期間が延びて光合成作用の基質である大気中CO_2濃度が上昇するので，進行する温暖化現象は好ましい現象と思われる。しかし，手放しで歓迎はできない。アラスカでは氷河が後退し，将来，北極海には氷がなくなることも予測されている。太平洋の群島国家，オランダやバングラデシュの低地帯では水没する恐れも出てきた。
　一方，森林や農耕地など，大気環境と植物-動物-微生物などを一くくりにしたシステム（複数の要素が有機的に関係しあい，全体としてまとまった機能を発揮する集合体）を生態系と呼ぶ。この中では，食葉性昆虫などの植食者やマメ科のゲンゲソウで有名な根粒菌やマツ属との共生関係の明瞭なコツブタケで代表される外生菌根菌などの共生菌類など，ほかの生物との密接なかかわりによって植物も生育している。しかし，温暖化や酸性沈着量などの増加し続ける変動環境のもとで，その生産活動が大きく変化する可能性が，さまざまな実験から示唆されている。
　1997年12月京都で開催された「気候変動枠組み条約第3回会議」（COP 3；通称，京都会議）では，全CO_2排出量から森林のCO_2固定能力を差し引いた量を各国の排出可能量とするネット（net：純）方式が採択された（田中ら，2003）。2005年2月16日にロシア共和国が批准したことから，植林によるCO_2低減効果には限界があるが，京都会議での決定事項の一つである森林のCO_2固定機能の強化に大きな期待が寄せられている。

3.1 植物に対する気温上昇の影響

地球温暖化現象は初めに述べたように，温室効果ガスの増加と気温上昇の影響を通じて一次生産者である植物の成長を左右すると考えられる．そこで，本章では，肥大成長を特徴とし，数百～千年の寿命を持つ樹木を中心に，植物種のCO_2増加に伴う温暖化環境への応答を紹介する．

3.1 植物に対する気温上昇の影響

3.1.1 温暖化の現状

地史的レベルで見ると，じつは大気中CO_2濃度は減少中である（Sage and Pearcy, 2000）〔図3.1(a)〕．したがって，大気中のCO_2増加による温暖化との因果関係を疑問視する動きもある．一方，南極の氷柱コア中のCO_2濃度からは西暦1000年ごろから産業革命までの約800年間は約28 Pa付近で推移していたという（例えば，Gracedel and Crutzen, 1993）．緑色植物が地上に進出し，CO_2を固定して幹や枝のような部位に蓄え，それが地史的時間の中で石炭や石油へと変化した．これらの化石燃料の大量消費と熱帯林を中心とした急激な森林の改変（＝伐採），最近では，ユーラシア大陸北東部の永久凍土地帯の森林伐採や山火事が，温暖化傾向を加速化している（IPCC, 2001）．最近のシミュレーションの結果，森林などの土地利用の変化によるCO_2放出の影

(a) 地史レベルでのCO_2濃度の変化

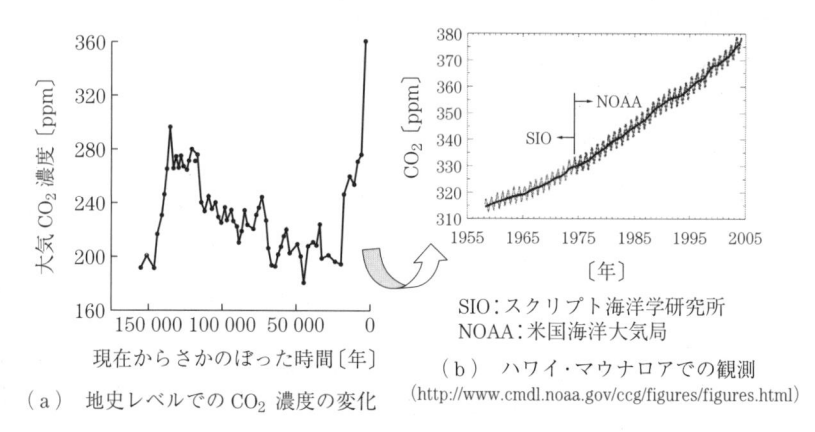

(b) ハワイ・マウナロアでの観測
(http://www.cmdl.noaa.gov/ccg/figures/figures.html)

SIO：スクリプト海洋学研究所
NOAA：米国海洋大気局

図3.1 大気中のCO_2濃度の変遷

響は低下し，化石燃料の放出による大気 CO_2 濃度増加がより深刻さを増してきた（IPCC, 2001; Brovkin et al., 2004）。

有名なハワイ・マウナロアでの観測が始まった 1958 年当時では，大気中 CO_2 濃度は約 31.5 Pa であったが，現在，38 Pa に迫る勢いで毎年 0.15 Pa 程度上昇し続けている〔図（b）〕。温暖化を加速する物質として，CO_2 のほかにはメタン，フロン類，亜酸化窒素などがある。この中で，温室効果への寄与率は CO_2 とメタンがそれぞれ 61％，22％と推定されている。しかし，2006 年 1 月になって嫌気的条件で生成するメタンが，地球上のメタン収支からは，植物体から好気的に放出されるであろうメタンを考慮すべきであるという指摘がなされた（Keppler et al., 2006）。好気的メタン生成が植物によって行われているならば，植林地を増やすことで温室効果を加速することになる。メタンの新しい生成経路と放出量の研究が待たれる。温室効果ガスの増加と気温上昇の植物への影響は不可分であると考えられるが，植物の応答を整理して紹介するために，本節では，まず気温上昇に対する植物の応答を述べ，次いで光合成作用の基質としても重要な CO_2 への反応を植物生理学に基礎を置いて紹介する（3.2 節，3.3 節）。そして，生態系レベルでの炭素収支と複合影響（3.4 節）と，それに依存して生活する生物間の相互作用を紹介する（3.5 節）。

3.1.2 植物の分布に対する気温上昇の影響

1965 年から 30 年間の全球レベルでの気温の解析からは，北半球の高緯度地帯に位置するアラスカやロシア北部の永久凍土地帯での気温上昇は 1.8℃に達していた（Stocks and Kasischeke, 2000）。気象庁の予測では，これから 100 年間は冬期間の変化が大きく，東北以北では 4〜5℃の気温上昇とオホーツク海沿岸での流氷が途絶え，降水量の増加が見込まれている。東北以南では 3〜4℃の気温上昇が予測されている。この影響は植物の成長にどのように現れるのであろうか。

過去の植生変化を推定できる花粉分析の結果，1 万 8000 年前では北極の氷床は最も南下して北緯 50 度以北の欧米の陸地は氷床に覆われ，グリーンラン

3.1 植物に対する気温上昇の影響

ドと北米は氷床でつながっていたという（例えば，Graedel and Crutzen, 1997）。植生に目を向けると，トウヒ・ナラ類はヨーロッパにはほとんど生育せず，地中海周辺の低地には森林が存在しなかった。北米中西部にはトウヒ類の森があり，南西部はナラ・カシ類の森林で覆われていた。このような植生型から中西部は冷涼な気候で南西部は乾燥気候であったことが推定された。9 000年前になると欧米両大陸の氷床は大幅に後退し，特に，ヨーロッパから氷床が姿を消し，北極海の海氷もかなり縮小していたらしい。ヨーロッパの西側と地中海周辺はナラなどの森林が多く気候は乾燥化していたという。米国南西部の湿潤帯は縮小し，フロリダを含め南東部はナラ類などの森林で覆われ，高緯度地帯のトウヒ類は北へ拡大していたという（Robert, 1989）。

6 000年前になると氷床は北極海に面した一部地域とグリーンランドのみ大幅に後退した。北米東部・西部の乾燥地帯は拡大し，地中海を含めたヨーロッパも乾燥帯が広がった。この植生分布は中緯度に乾燥地帯が現れたことに関連する。また，欧米北部はトウヒ類で占められ冷涼湿性になったと推定される。ただし，火災など，かく乱が多いとマツ類（ジャックパイン）やカバノキ属が優占する（高原，1996）。ウルム最盛期からウルム氷期後期（約2.5～1.2万年前）に，北海道では，いまは化石でしか見ることのないカラマツ属グイマツが繁茂していたという（五十嵐・熊野，1981）。この樹種は，現在，サハリンや中国東北部から永久凍土地帯に位置するロシア・サハ共和国に分布する北方林構成種である。このように，指標植物の花粉から当時の気候復元がなされる。例えば，マツ・ナラは乾燥化，あるいはかく乱の指標，トウヒ類は冷涼湿性の指標であるが，植物の環境適応能力が現生の種と同じかどうかは，検討の余地がある。

ここで植物の代謝に注目すると，温暖化が進行すると地球レベルでは高温に適応したC_4植物や，乾燥地が増加すると予測される中低緯度にはCAM植物（ベンケイソウ科に代表されるサボテン類など多肉植物）が分布域を拡大できるであろう（小泉ら，2000）。高緯度では，降雨量が増加し，冠水地が増えて耐湿性の高いハンノキ類，ヤチダモ，アカエゾマツは分布を拡大できるかもし

れない。一方，スギの移動速度は40 m/年，ドングリ類によって繁殖するナラ・シイ・カシ類では12 m/年と推定され（中堀，1986），2℃の気温上昇によって，シイ・カシ類を中心とした暖温帯林とブナを代表とする冷温帯が分布域を拡大し，東北地方からはトウヒ類の分布が大きく減少し，北海道ではわずかに日高・大雪山系の高標高地帯にのみ分布するという（Uchijima and Seino, 1988）。しかし，植物の分布域は単純に温度にのみ依存するのではない。自らは移動できない植物にとっては繁殖が「移動」の機会である。虫媒花では，温暖化に伴う訪花性昆虫の活動が結実の鍵を握る。一方，分散・移動にはカンバ・ヤナギ類に代表される風散布型やミズナラ・ブナに代表されるドングリ類のような動物散布型があって，単純に植物の温度反応だけでは，分布拡大を推定できない。さらに種レベルでも多様性の高い東アジアでは，定着には種間関係の競争なども加わり，分布域の変化の予測は困難を極める。

　一方，生物多様性保全の視点からも，外来種など侵入種の挙動は在来種との関係から解明せねばならない緊急課題である（Myers and Bazely, 2003）。北海道では，詩に詠われるまでになじみ深くなったニセアカシア（ハリエンジュ）は，北米原産の外来種であるが，早生樹であり密源植物としてもすっかり定着した感がある。しかし，その寿命は比較的短く，道路法面などかく乱の影響の大きな場所にのみ生育地が制限されている（真坂ら，2005）。広範囲に植栽された落葉針葉樹カラマツは北海道自生種ではなく，本州の長野県からの移入種である。これらの環境適応機能も今後の植生を左右する。

3.1.3 植物の生育に対する気温上昇の影響

　作物では温度変化に対する品種間差がきわめて大きい。温暖化による気温の上昇の影響は地上部のみ生じるわけではなく，地温の上昇とも連動しており，その影響評価の研究は作物種に関して，さまざまなモデルによる予測が行われた（Reddy and Hodges, 2000）。例えば，冬コムギでは冬期間の気温2℃の上昇によって収量が激減する。遺伝的にも改良された作物の生育は積算温度（℃×日：日平均気温と限界生育温度との差を一定期間積算した値）によって

比較的高精度で評価される．種によってその値は大きく異なるが，高温であるほど成長は加速される．しかし，閾値を超えると高温傷害が生じ，例えば，イネでは不稔が生じる．冬季の高温が顕在化するとコムギの品種をフユコムギへ転換する必要があるという（清野，2001）．

冷温帯に位置する北海道大学苫小牧研究林のカラマツ壮齢林に形成されたギャップ下に更新した落葉広葉樹稚樹の光合成速度の季節変化と年次変化を調べたところ，開葉時期に気温の高い年のこれらの樹種の個葉の光合成速度は高く，窒素利用効率（光合成速度/窒素含量）もやや高い傾向があった（Kitaoka and Koike, 2005）．開葉時期の高温による飽差の増大に伴い乾燥し，葉が小型化することで，単位面積当りの窒素含量が高くなり，光合成速度が上昇すると考えられる（図3.2）．

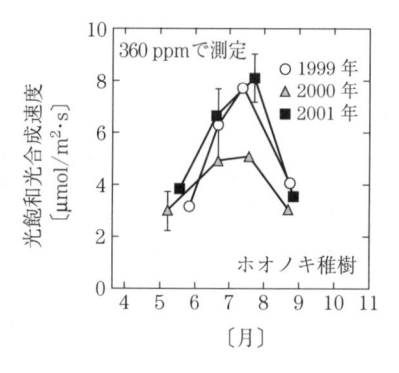

1999年と2001年は春先の開葉時期の気温が高かったが，2000年は気温が低かった．

図3.2　ホオノキ稚樹の光飽和での光合成速度の季節・年次変化（Kitaoka and Koike, 2005より作成）

北米東部のハーバード大学演習林では地面に電熱線を敷き詰め，その影響を調べた（Fransworth et al., 1995）．この結果，冷温帯の落葉広葉樹混交林の高木種，低木種ともに開葉時期が早まった．個体当りで見るとペンシルバニアカエデとアメリカブナでは生産される葉面積と葉の生産速度が加速されたが，スノキの仲間では葉が小型化した．このように気温・地温の上昇は葉の形態を通して光合成機能に影響を与えると考えられる．

樹木では，マツ，ポプラ，カンバ類などのように冬芽を形成して越冬する多くの樹種とヒノキ，スギ，ユリノキなど，いわゆる裸芽で越冬する樹種では，

温度に対する応答が異なる。これらの樹種では開葉期（春）に向かう際に，冬芽の開葉には低温の必要な休眠打破が遺伝的に組み込まれているので，一定期間の低温が満たされない場合，針葉の異常成長など形態形成に障害が生じる（永田，2001）。ヒノキでは，特に頂部優勢が失われることがある。

地球規模での影響評価に目を向けると，最も気温上昇の影響の大きいユーラシア大陸北部では，この30年間で1.8℃以上と推定される（Stocks and Kasischeke, 2000）。この地域では開葉時期が温暖化によって早まり，成長が促進されるという大方の予想に反して，成長が1960年代以前に比べて抑制される傾向が検出された（Vaganov *et al*., 1999）。この研究ではシベリア地域全域の森林限界（timberline）の13か所からサンプルを得てヨーロッパアカマツ類の樹木年代学的研究によって年輪解析を行い，融雪時期に注目した温暖化の影響が解明された。この結果，高緯度地帯での降雪量の増加によって積雪量が増え，雪解け時期が遅れるため生育期間が減少して年輪幅が小さくなっていた。この現象は，木部の年輪の中でも夏材の密度が雪解け時期と夏の気温とに相関を持つことに起因する。

樹木の成長に関する明瞭な現象として，この30数年間では冬期間の降水量が増加し，雪解け時期が永久凍土地帯では遅れる傾向が検出された。これは大気大循環モデルの予測にあるように（IPCC，2001），温暖化が進行すると高緯度地帯では降水量が増加するという予測を裏付ける内容であった。

3.2 植物に対するCO_2の影響

温暖化現象は施設園芸と同様に，大気中のCO_2濃度増加によって引き起こされる。したがって，温度上昇の影響だけではなく，CO_2への順化過程も調べることによって植物の成長の応答機構が初めて解明できる。身近なイネとトウモロコシではCO_2固定経路が異なるように，生育地や生活型によってCO_2固定機能も多様であるので，まず，CO_2固定経路を概説し，その応答の結果として認識される成長反応を紹介する。

3.2.1 光合成の多様性

緑色植物の CO_2 固定経路には，現在わかっているだけで C_3，C_4，CAM の3種類ある。主要な作物であるイネ，コムギ，ダイズや樹木の大部分は，還元的ペントース燐酸（カルビン）回路のみによって光合成的炭酸固定を行う。これらの植物は，最初の光合成産物の炭素骨格が3であるフォスホグリセリンであることから C_3 植物という。光合成作用の初期 CO_2 固定をつかさどる酵素は，ルビスコ（Rubisco, ribulose-1, 5-bisphosphate carboxylase/oxygenase）という。この酵素はリブロース-1, 5-二燐酸（RuBP）と CO_2 から2分子のグリセリン酸-3-燐酸（PGA）を生成する反応と，RuBP と O_2 から PGA とグリコール酸燐酸を生成する反応の両方を触媒する酵素である。CO_2 と O_2 は同一の基質部位で反応するため競合関係にある。なお，ルビスコは緑葉の可溶性タンパク質のほぼ半分を占める（Evans, 1989）。

これに対してサトウキビでその代謝経路が発見されたが，最初の産物が炭素4個の C_4 ジカルボン酸（リンゴ酸やアスパラギン酸）として合成されることから，この炭酸固定代謝回路は C_4 回路と呼ばれる。熱帯原産のイネ科やススキをはじめとする植物が含まれる。これを反映するように酵素の適温は C_3 植物の 15〜25 °C より高くて 30〜40 °C に存在する（佐藤，2001）。CO_2 がホスホエノールピルビン酸（PEP, phosphoenol pyruvate）カルボキシラーゼによって PEP に固定されてオキサロ酢酸となり，これから C_4 ジカルボン酸が合成される。さらにこれらが脱炭酸されて CO_2 とピルビン酸ができる。このピルビン酸から，ピルビン酸オルトリン酸二キナーゼの作用によってホスホエノールピルビン酸が再生される。

この C_4 植物を特徴付けるのは葉の構造にあり，葉肉細胞と維管束鞘細胞（クランツ，"花冠"構造）の両方に葉緑体を持つ。C_4 植物は C_3 植物に比べて光呼吸能が低く，光合成速度は空気中の酸素によって阻害されず，光合成の CO_2 補償点は0に近い。また，C_4 植物の面積当りの光飽和での最大光合成速度は，通常，C_3 植物における速度の約2倍である（Sage and Monson, 1999）。

一方，高温乾燥に耐性があることから，従来，屋上緑化に用いられてきたベンケイソウ科セダム属植物は，日中，乾燥を回避するため気孔を閉じて蒸散しないことから，ヒートアイランド緩和機能が期待できないとして，東京都では使用を控えるように指導している。セダム属植物では，夜間に取り込んだCO_2を有機酸（主としてリンゴ酸）に変えて液胞内に蓄積し，昼間は気孔を閉じてこれを脱炭酸し，通常の光合成炭酸固定回路へCO_2を供給する。このようなタイプの光合成作用を示す植物は，上記のように代表的に研究されたベンケイソウ科の酸代謝（Crassulacean acid metabolism）にちなんでCAM植物と呼ばれる。ベンケイソウ科，サボテン科，ラン科，パイナップル科，スベリヒユ科などの被子植物や，シダおよび裸子植物の一部にも見られる。水利用効率の上昇程度はC_3植物より高い。なお，C_4とCAM植物はともにRuBPカルボキシラーゼを備えている。

3.2.2　CO_2濃度と成長

北海道は中緯度に位置し，温暖化の影響が顕著に表れると予測される。そこでよく見られるトウモロコシとドロノキ苗木（山地系ポプラ；落葉広葉樹の中で最も成長が速い）の成長に及ぼす温度上昇と大気中CO_2濃度と複合影響を北海道の土壌をまねた未成熟火山灰土壌（貧栄養）条件で調べた（図3.3）。トウモロコシの成長に対するCO_2濃度の影響はなく，生育温度4℃上昇を仮定した生育環境では出穂が8〜10日早くなった。一方，ドロノキでは高温・高CO_2での成長が最も速く，現在の気温・通常CO_2条件での成長が最も遅い傾向があった（小池ら，1991）。この原因はCO_2固定にかかわる酵素の働きと，C_4植物に見られるように維管束鞘にも葉緑体を持つCO_2濃縮機構によって，CO_2を効率よく固定するためであり，CO_2付加の効果はC_4植物では明瞭には見られない。高温域での成長が良かったのは，CO_2固定にかかわる酵素PEPカルボキシラーゼの適温が30〜40℃であるため，高温処理での成長が促進されたためと考えられる（Sage and Monson, 1999）。

ところで，CO_2濃度の上昇が続くとC_3植物では栄養が十分であれば成長が

3.2 植物に対する CO_2 の影響

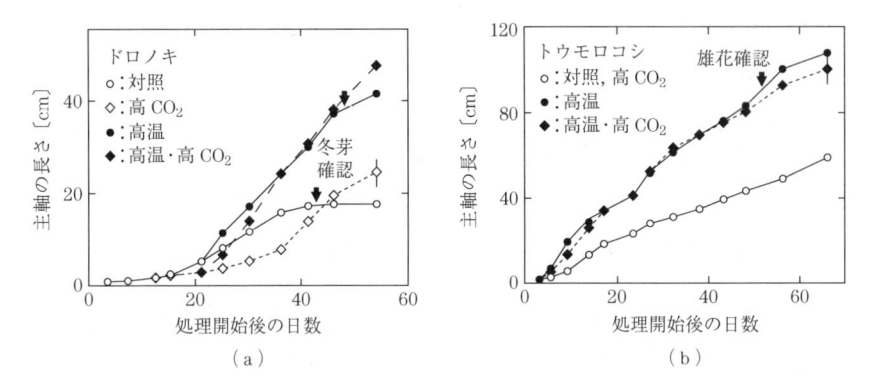

温度は，札幌の夏期の平均気温（26/16°C：昼/夜）と 4°C 上昇（高温）で処理した。ドロノキは，北海道産落葉広葉樹では最も高い光合成速度を示す。C_4 植物としてトウモロコシ（ロングフェロー純系）を対象とした。

図 3.3 ドロノキとトウモロコシの成長に及ぼす温度と CO_2 の影響 〔小池ら（1991）より許可を得て改作〕

促進されるが，C_4 植物では上記のように CO_2 の濃縮機構が備わっており，CO_2 濃度の増加に伴って現状以上の成長増加は期待できないので，この 2 種の混交する群落では C_4 植物が C_3 植物との成長の競争に負ける可能性がある（Poorter and Navas, 2003）。また，成長の遅い CAM 植物や木本の C_3 でも初期成長の速い草本植物によって，それらの成長が抑制される可能性がある。2003 年までの実験結果から，C_3 植物では 1.5〜1.6 倍程度のバイオマス増加量を示すのに対して，C_4 では 1.1 倍程度，CAM 植物では 1.2 倍程度と報告されている（**図 3.4**）。

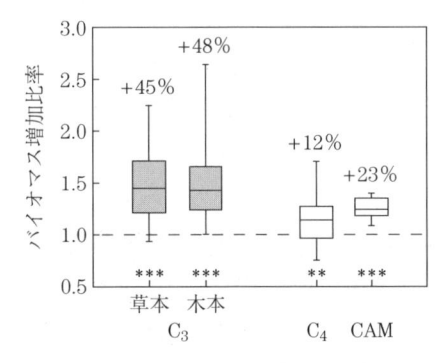

C_3 草本種 144 例，C_3 木本種 160 例，C_4 植物種 41 例，CAM 植物種 9 例の結果。図中の縦棒はバイオマス（現存量）の平均値と反応の比率。**：$P<0.05$，***：$P<0.01$

図 3.4 C_3，C_4，CAM 植物における高 CO_2 の影響〔Poorter and Navas (2003) より許可を得て改作〕

稚樹（ケヤマハンノキ，シラカンバ，イタヤカエデ）を用いた温度，CO_2，栄養塩の組み合わせ実験では，最終的な個体サイズや分枝数は高 CO_2 と富栄養条件で促進された。一方，温度の効果は積算値として認められ，分枝開始時期や落葉時期が 4 ℃ 上昇したと仮定したやや高い温度によって促進された (Koike, 1995)。ヤナギ (*Salix*) 属 2 種を用いた実験では，LAI（単位面積当りの葉面積；m^2/m^2）は高 CO_2 では明らかに増加した。両樹種は開葉後，約 30 日で新しく側枝が伸長し，その後 40 日ごろになると葉の展開は続いていたが，下方から老化が進み落葉した。しかし，1 週間以内には新しくシュートが生産され始め，一時的に低下した LAI が再び増加した (Koike *et al*., 1995)。CO_2 付加によって枝の生産速度に幹の肥大成長が追い付かず，これらの均衡が乱れることも一因と考えられる。葉の老化に伴うと考えられる早期落葉は，貧栄養で早く始まり富栄養で約 1 週間遅れた。

3.2.3 高 CO_2 における光合成反応

高 CO_2 条件で植物を生育させると経時的に葉の色が黄味を帯び成長が低下する現象が 1960 年代後半から施設園芸では指摘され，これを克服してきた高度な栽培技術が，現在の「植物工場」へと発展した。その過程では「CO_2 施肥」技術の研究として，CO_2 上昇に伴う温暖化現象の植物影響に関する研究成果が数々公開されていた。しかし，これらの成果はメロンのように巨大な果実を着ける植物や大根のような大きな根系を持つ種など，品種改良によって光合成産物を受け取る大きな器官（シンク器官）を発達させた植物を対象に得られた内容であった。このため，陸域生態系の主要構成要素である樹木をはじめとして野生植物の応答に注目した研究成果が必要になった。

1983 年には当時までの CO_2 付加実験をまとめた研究成果が出版された (Lemon, 1983)。その中で指摘されたように，高 CO_2 で生育させた材料の成長と通常大気条件下での光合成速度は，経時的に低下することが指摘された。また，アラスカ・ツンドラに生育するスゲ属植物を高 CO_2 で生育させたところ，CO_2 付加開始直後には増加した光合成速度は，その後 3 週間のうちに低下

し始め，生育時のCO_2濃度で測定した光合成速度は，差がほとんどなくなり，いわば光合成の恒常性維持機能（photosynthetic adjustment）が認められた（Tissue et al., 1987）。同様の現象がカンバ類やポプラ・イヌエンジュなどでも認められた（図3.5）。

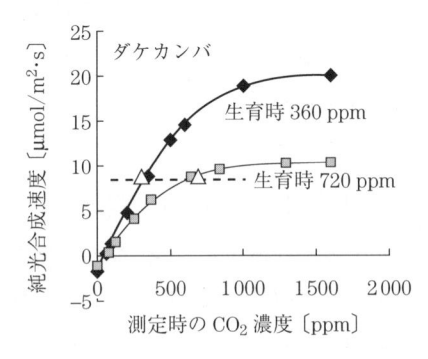

図3.5 通常CO_2濃度と高CO_2濃度で生育した樹木の光合成速度（小池，未発表）

生育時のCO_2濃度で測定するとほぼ同じ値を示し，順化が見られる。図中の破線は，生育時CO_2濃度で測定した光合成速度（△）を結んだ。

さらに，高CO_2で生育させた一年生草本では，相対成長速度（RGR, relative growth rate）が栽培時間の経過とともに低下した。この現象は，成長初期には差のなかった個体の各器官内の窒素濃度が，速い成長速度によって希釈されて生育が最大値に達した後に低下したことによると推定された（Coleman et al., 1993）。

3.2.4 光合成の負の制御

これまで紹介してきたように，高CO_2付加の影響は，経時的な光合成速度や成長の低下現象として認識されてきた。古くは施設園芸でも指摘され，見かけの光合成速度の低下に対して，CO_2飽和での測定値を潜在的光合成速度（potential photosynthesis）と呼び，光合成速度の「負の制御（down regulation）」の存在が指摘された（矢吹, 1986）。ここで，CO_2濃度が高く光合成作用に都合良い条件であっても生じる光合成速度の低下や成育時のCO_2環境に見合った光合成速度の順化（homeostatic adjustment）現象について以下にまとめる。

〔1〕 **負の制御の誘導原因** 高CO_2処理によって，初期成長が促進され

たため葉内の窒素濃度が相対的に低下すること（Colemans et al., 1993；Oren et al., 2001），それに伴うルビスコの量と活性の低下がまず原因として考えられる．窒素当りの光合成速度には差はないが，葉の中にデンプンなどが蓄積して窒素濃度が薄まって，結果として窒素濃度の低い葉が形成されて葉面積・乾重当りの光合成速度が低下する．また，「リービッヒの要素樽」で説明されるように，成長は不足する養分によって制限される．すなわち，CO_2濃度だけが増加しても，植物体の生理活性を維持する各種の養分不足になると成長が抑制される．

また，光合成産物が転流先のシンク能に制限され，葉緑体中に過剰なデンプンなどの光合成産物が蓄積することによって，葉緑体が変形し，能力が低下することが指摘される．事実，施設園芸での光合成速度が低い理由として，葉のデンプン量と光合成速度との間には負の相関のあることが指摘されている（図 3.6）．ただし，禾本科（イネ科）の多くは光合成初期産物がデンプンではなくショ糖なので，それ以外の植物で見られるデンプン粒蓄積による葉緑体の変形は生じにくい（Nakamura et al., 1997）．

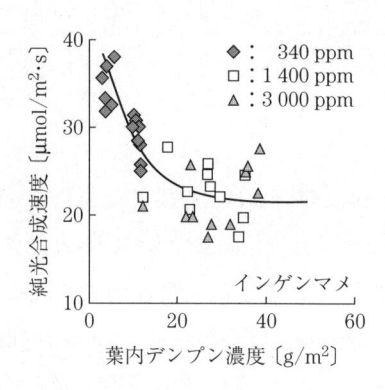

各シンボルは，生育時のCO_2濃度を意味する．

図 3.6　光合成速度と葉内デンプン量との関係〔Ehret et al., 1985〕

樹木はさまざまなフェノール物質など酸化作用を持つ物質が多く含まれるため，磨細して酵素の活性を調べることが難しい樹種が多い．このため，非破壊で葉の光合成活性を推定できる手法が求められる．そこで，これらの生理的現象を解析できる個葉レベルの研究方法を以下に紹介する．

〔2〕 **個葉の CO_2 固定機能** 光合成速度（A）と葉内 CO_2 濃度関係の解析（A/Ci 曲線）が有効な手法となる。1980年にオーストラリアの生物物理学者 G. Farquhar と生化学者 von S. Caemmrer によって，葉内 CO_2（＝葉緑体周辺の CO_2）濃度と光合成生理を詳細に解明して，生化学過程の非破壊による解析（A/Ci 曲線）法を開発した（Farquhar *et al*., 1980）。

A/Ci 曲線（図3.7）は三つの生化学過程から構成されている。初期勾配はルビスコ活性を代表し，CO_2 固定効率（カルボキシレーション効率；CE）と呼ぶ。つぎに，Ci が 40〜60 Pa 付近までは電子伝達活性を，そして CO_2 が飽和する領域では RuBP 再生産速度が光合成速度を律速することを表している。特に，CO_2 飽和での光合成速度は葉緑体内部に蓄積するデンプンなどの光合成産物が，チラコイドなどを変形することで機能が低下することがある。光合成産物の葉緑体から幹や根などの貯蔵器官への転流は，葉緑体内の無機リン（Pi）量と光合成産物の転流にかかわる酵素（SPS：sucrose-phosphate synthetase）活性が光合成産物の転流速度を律速することによって光合成速度を制限する。

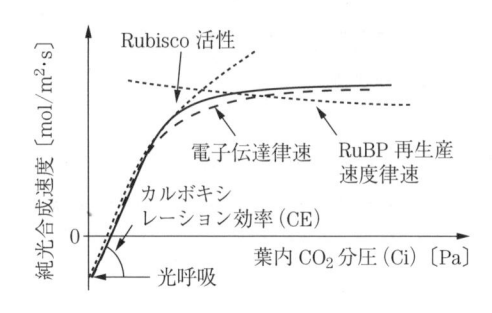

CO_2 濃度は，ppm，μmol/mol，Pa で表示することがある。Pa は，ppm や μmol/mol の 1/10 の値で表す。

図3.7 A/Ci 曲線の例と見方〔小池（2004）より許可を得て改作〕

さて，A/Ci 曲線測定の基礎になるのは，葉内の CO_2 濃度（Ci：intercellular CO_2 concentration）の測定である。葉内 CO_2 濃度は広葉で両面に気孔を持つ葉の向軸面（葉表）を開放系（通気式），背軸面（葉裏）を閉鎖系（循環型）の同化箱を用いて，光合成活性測定することで実測できる。ここで Ci の測定には，CO_2 拡散が葉内部で均質に行われることが前提になる。気孔が一様に開いていない場合，面積当りの光合成速度を計算するときに，気孔の開い

ていない部分を含めると光合成速度は過小評価につながる．双子葉類草本や広葉樹葉に見られるが，葉の構造は大きく分けて維管束鞘延長部（bundle sheath extension）が葉肉を分割する異圧葉（heterobaric leaf）（図 3.8）と均質な等圧葉（homobaric leaf）がある．この維管束鞘延長部により囲まれた葉肉の区画をコンパートメントと呼ぶ．前者では CO_2 の葉内水平方向の拡散が制限されるため，A/Ci 曲線から推定されるカルボキシレーション効率が過小に評価されることがある（Terashima *et al*., 1988；Terashima, 1992）．

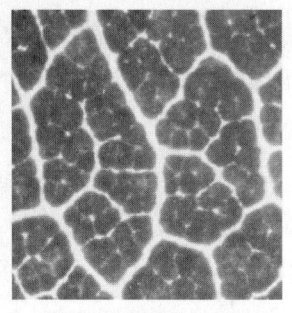

(a) ブナの陽葉の光学顕微鏡写真（渡邊陽子 原図）
白く見える部分は維管束鞘延長部

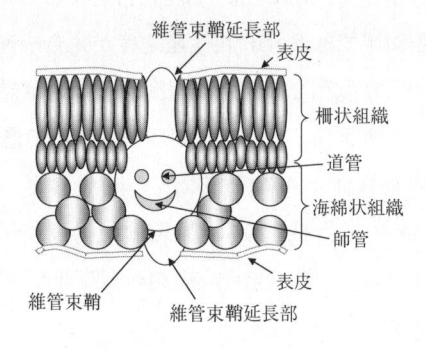

(b) 葉の横断面の模式図（小池 原図）

図 3.8 異圧葉の模式図

一方，常緑のマツ針葉内部は見かけ上は等圧葉であるが，テーダマツ（*Pinus teada*）で観察された例では，地下部が低温に遭遇すると針葉に帯状の

黒く斑点のように見える部分は，簡易浸潤法による気孔反応の例．

図 3.9 不均質な気孔の応答の例（シラカンバ）（小池，原図）

パッチが生じる（Day et al., 1991）。ここで述べたように A/Ci 曲線の測定には葉の構造が大きくかかわり，異圧葉や針葉樹の測定時には，気孔のパッチ（気孔が葉面で一様に反応するのではなく，不均質な応答をする；図3.9）が誘導される乾燥や低温ストレスが生じないように保つことが重要である。

3.2.5 ソース・シンク活性

〔1〕 **酵素活性**　葉のデンプン量が高いと光合成速度が低下することから，3.2.4項で述べた SPS 活性を上げることで光合成活性の低下，「負の制御」を軽減できる可能性を遺伝子組換え体植物で調べられてきた。

古くは，トウモロコシの SPS を過剰発現させた組換えトマトでは，光・CO_2 飽和での光合成速度は野生型に比べて高いこと（Galtier et al., 1995）が示された。さらに，組換えトマトでは，デンプン（starch）とシュクロース（sucrose）の分配比に影響があり，シュクロース/デンプン比が上がっていた。通常の二酸化炭素濃度で生育した場合は光合成や全体の乾燥重量に差はないものの，果実の数や果実の乾燥重量が増加した。しかし，高二酸化炭素濃度下では，果実の収量に差が見られなかった（Micallef et al., 1995）。SPS を過剰発現させた組換えイネでは，SPS の量の増加によってシュクロース/デンプン比はトマトほどではないが増加した（Ono et al., 1999）。また，SPS 活性を 12.5 倍に高めた組換えイネでは，100 Pa の高 CO_2 でも葉のデンプン濃度は対照の野生型の半分以下で，シュクロース量には変化がないことが確認され，高 CO_2 での光合成速度の低下は見られなかった（Ono et al., 2003）。

SPS はリン酸化によって制御される部位を複数持ち（Winter and Huber, 2000），過剰発現させた場合には活性化率の低下や基質に対する親和性の低下が見られる（Ono et al., 1999）。また，SPP（sucrose-phosphate phosphatase）と複合体を形成して機能すること（Salerno et al., 1996；Echeverria et al., 1997）などから，SPS のみを増やしても必ずしも光合成系の「負の制御」を打ち消す効果が見られるわけではないことが指摘されている。

光合成初期産物の化学構造の違いからイネの仲間の葉は「糖葉」と呼ばれる

が，ジャガイモ，トマトのように「デンプン葉」と呼ばれるものも多い。高CO_2での「負の制御」は，イネの仲間であるクマイザサでは見られなかった (Koike et al., 1994)。イネでは，窒素供給量が少ない生育条件では高CO_2処理で葉身にデンプンが蓄積したが，窒素供給量が多い生育条件では，高CO_2処理では葉身のシュクロースが増加したものの，デンプンの蓄積は少なかった (Nakano et al., 1997)。窒素が豊富であると成長が促され新しい器官の成長部位がシンクになるため，葉身への光合成産物（デンプン）の集積が少ないと考えられる。また，ハツカダイコンは大きなシンク器官である貯蔵根を持ち，高CO_2で生育させても明確な負の制御は見られなかった (Usuda and Shimogawara, 1998)。以上の結果から，葉の内部の代謝系だけでなく，ソース・シンクのように個体全体の機能や構造が光合成機能調節にとって重要であることが明らかになった。

以下に，植物の形態・構造が機能発現に大きく関与することを紹介する。

〔2〕 **形態と機能** タバコにトウモロコシ由来のPEPカルボキシラーゼ (PEP-C) 遺伝子を入れた組換体タバコを温度・CO_2を組み合わせた4処理で生育させたところ，最大光合成速度や曲線のコンベキシティー（光-光合成曲線の曲がり方。葉が薄く葉緑体が均質に葉の中に存在するときには，鋭角に曲がる）など，おもな光合成パラメーターには変化がなかった。しかし，C_3植物（炭素固定を担うのはRuBP-C）に見られる光量子収率 (QY) の温度依存性は，組換体のタバコで見られず，PEP-C特性が発現したと判断された（図3.10）。さらに，組換体ではトウモロコシなどC_4植物と同様にCO_2処理間での成長差のないことを期待したが，対照タバコと同じく高CO_2でやや増加傾向であった。成長に関与するCO_2固定機能には，酵素の働きだけではなくCO_2濃縮機構であるクランツ構造などの形態的な構造が大きく関与することが示唆された (Kogami et al., 1993)。

根系の制御をまったく受けない水耕栽培のイネ（水稲）に対するCO_2付加実験では，葉中の窒素含有量は低下して個葉の大きさはやや小型化した。さらに，葉鞘部分が肥大する反応を示した。これらの結果は，ソース（光合成活性

図3.10 光量子収率（QY）の温度依存性（Kogami *et al.*, 1993）

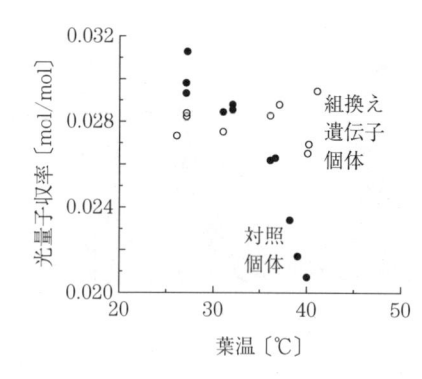

量子収率（QY）の温度依存性は，組換体のタバコでは見られずPEP-C特性が発現したと考えた。

部分）とシンク（光合成産物の消費や利用活性）のバランスや蒸散能力が，高CO_2環境では酵素レベルだけでなく個体レベルで大きく変化することを意味している（Nakano *et al.*, 1997）。

〔3〕 **シンク器官としての共生微生物** 一般的に，高CO_2で生育すると葉の窒素含量が低下し，葉は黄味を帯びることが多い。しかし，ハンノキ類など窒素固定菌（放線菌の *Frankia* sp.）を共生する樹木の葉色は緑色を保つ。根粒菌と共生するマメ科イヌエンジュでは，高CO_2条件では下方に位置する加齢葉のみ黄化する（根粒菌；*Rizobium* sp., *Bradyrhizobium* sp.）。このように共生する菌類により成長や葉色の変化は異なるが，高CO_2条件では土壌の窒素養分が少ない場合に，根系の根粒数の増加やアセチレン還元能の上昇などが見られ，宿主の光合成能力が上昇し，共生菌類の活動が促進されて，結果として大気からの窒素固定が促進されることになる。

そこで，根粒菌（*Rizobium* sp.）のシンクの働きを実験的に解明するために，ダイズの同質遺伝系統の根粒着生系統と非着生系統を利用して，窒素肥料濃度を変えた処理を加えて実験を実施した（**図3.11**）。酸性沈着を想定し，肥効が良いため多用されている硫安（NH_4)$_2SO_4$を30 g・N/m^2施用した処理では，根粒の形成は両系統に認められなかった。高CO_2処理で根粒着生系統の根粒は数量ともに，通常大気で生育した個体の約2倍であった。高窒素処理区では光合成速度に系統間の差はなかったが，高CO_2・低窒素処理では着生系統の葉の窒素含量と光合成速度は非着生系統に比べると高く，葉中のデンプン量

(a) ダイズ根粒菌着生個体　　(b) 非着生ミュータントの根の一部

図3.11　ダイズ根粒菌のシンクの働き〔材料は中村卓司博士（独立行政法人作物研究所）の提供，写真は曲来葉博士撮影〕

も低かった。これは根粒菌によって光合成産物が利用され，その結果，「負の制御」が生じなかったと考えられる（Nakamura, 1999）。

多くのマツ科樹木にとって生育には外生菌根菌の共生は不可欠であるが，外生菌根菌は光合成産物のシンクとして機能する。従来の研究からは光合成産物の最大30％近くが，共生菌類の成長に利用されるという（Read and Smith, 1997）。実際，カラマツ類稚樹では外生菌根菌の一種イグチ類（*Sellus gevilini*）の感染した根系へ約16％の光合成産物が転流していた（Qu *et al.*, 2004）。なお，微生物を介した植生や虫害などの生物間相互作用の視点は3.5節で述べる。

本節の一部にご助言いただいた小野清美博士（北海道大学低温科学研究所），根粒非着生系統ダイズを提供いただいた中村卓司博士（独立行政法人作物研究所）に感謝する。

3.3　CO_2増加への森林樹木などの応答

これまでに紹介してきた多くの事例は，制御環境下での研究に基礎を置く。すなわち，多くはガラス室やオープントップチェンバーを用いた実験のため，紫外線が遮断されて葉の構造が屋外で生育した植物と大きく異なることや風の影響が異なるために，成長が屋外で栽培した場合と比べて大きく異なること，

3.3 CO₂増加への森林樹木などの応答

病虫害の管理下にあるため，生物ストレスの影響がない状態での成長など，制御環境を用いたことによる人為影響が避けられなかった．このため，実験結果を野外現象の説明には直接適用できないという問題点を克服する試みを以下に紹介する．

3.3.1 FACE

FACEとは「free air CO_2 enrichment」の略称で「開放系大気 CO_2 増加」と訳される（小林，2001）．これは現在実施されている高 CO_2 実験の中では，自然に最も近い条件で CO_2 付加を行うことができるシステムである（小池ら，1995）．この研究手法が一般化してきたのは，1991年のPlant, Cell and Environment誌上に紹介されたオーストラリアの研究者 W. J. Arp の指摘による．それまでの多くの研究は，ポット植えの植物を制御環境（人工気象室やオープントップチェンバーなど）に持ち込んで CO_2 を初めとした環境を制御してきた．このため，これまでの研究で見られた大部分の「負の制御」や「光合成順化」現象は，植物の根端がポットに触れて成長が妨げられることで生じる「ポットサイズ効果」であるという（図3.12）．その後，ハーバード大学のグループによって，少なくても生殖成長には，ポットサイズは影響せず，与えた栄養レベルが問題であることが指摘された（McConnaughy et al., 1993）．

この論文が刺激となり，世界中で根系の制限を受けない CO_2 付加システムであるFACEが，温暖化予測実験の主流になった（小林，2001；江口ら，

図3.12 ポットサイズ効果を意味する図（Arp, 1991）

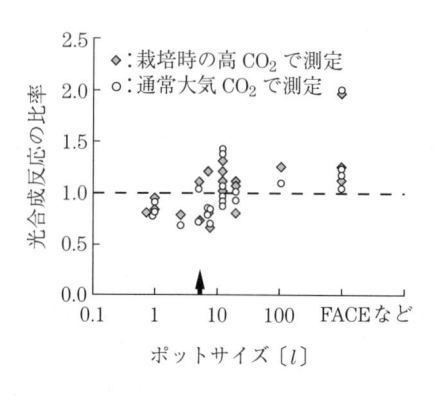

FACEは開放系 CO_2 増加を意味する（根系の制限なし）．光合成反応の比とは，高 CO_2/通常大気 CO_2 での光合成速度の比を意味する．矢印は 5 l を意味する．

2004)。このシステムはつねに風上から CO_2 を「垂れ流す」ので，維持費が研究の制限になる。わが国では主要作物であるイネを対象にした RiceFACE 研究が岩手県雫石で実施された。現在，アジアでは岩手県雫石町（イネ，1998～2000，2003～2004），中国・江蘇省無錫市近郊（イネ-コムギ，2001～2003），江蘇省江都市近郊（イネ-コムギ，2004～2006）がある（Nösberger，2006）。一方，野生植物である樹木を対象とした研究は，現時点（2005 年）では北海道大学の mini-FACE が唯一であり，未成熟火山灰土壌に成立する多樹種を対象とする点が特徴であり，2003 年から稼働中である（**図 3.13**）。

CO_2 サンプリング用端子　風向・風速計

北海道大学札幌研究林に 3 基設置した（高さ 5 m，直径 6.5 m）。

図 3.13 mini-FACE の概観
（小池，原図）（口絵 5 参照）

北海道大学 mini-FACE では，森林遷移の更新過程を想定して 11 樹種を対象とした。2 年間の CO_2 付加（50 Pa）処理では，LAI（葉面積指数，m^2/m^2）が土壌条件にかかわらず増加した。しかし，高 CO_2 処理では特に貧栄養の未成熟火山灰土壌処理において強度の虫害が 7～8 月に発生し，LAI の低下を招いた。さらに，高 CO_2 では気孔コンダクタンスが低下し，その結果，個葉レベルでの蒸散が抑制されるため，土壌含水率が対象に比べると高い傾向が見られた（Eguchi *et al.*，2005）。さらに，カンバ類では葉にデンプンが集積した結果，窒素とルビスコ量が低下し，若干の「負の制御」が見られたが，ケヤマハンノキでは葉中のデンプン量の集積はなく「負の制御」も見られなかった。これは共生する窒素固定菌の *Frankia* sp. が，シンクの役割をした結果と考えられる（江口ら，2005）。

　FACE を用いて高 CO_2 濃度のさまざまな植物種と生態系への影響が調べられているが，スイス連邦理工科大学（ETH）ではドクムギ（*Lolium peren-*

ne) とマメ科のクローバ群落を対象に 10 年間に渡って 60 Pa の CO_2 付加を行い，140 vs. 560 kgN/ha の 2 段階の窒素沈着を想定した研究を継続した。その結果，CO_2 付加開始年は窒素処理レベルにかかわりなく 7％の成長量増加が見られた。その後，10 年目では高窒素処理区のみ収量の 32％増を確認したが，低窒素処理では CO_2 施肥効果は認められなかった（Schneider *et al.*, 2004）。この間，窒素付加区では 3 年目から SLA（比葉面積；m^2/kg）の低下が高 CO_2 処理でも見られず，光合成産物の転流がすみやかに行われていたことが示唆された。安定同位体 ^{15}N を用いて植物体へ移行する窒素源を調べたところ，毎年収穫した植物体の窒素は CO_2 施肥区では土壌有機物の分解が促進され，7～9 年目には大部分の窒素が土壌由来であることがわかった。

米国カリフォルニアの Jasper Ridge で行われた実験では，5 年間の CO_2 処理によって，一年生草本群落における微生物による分解が抑制された（Hu *et al.*, 2001）。CO_2 濃度の増加は，植物による窒素の取込み，微生物のバイオマス（炭素），微生物の利用可能な炭素を増加させた。しかし，微生物の利用できる窒素量は低下し，単位重量当りの微生物の呼吸も低下した。このことから，高 CO_2 環境下では，植物の窒素要求度が小さくなると予測されるが，植物と微生物との相互関係も大きく変化するだろう。微生物によるリターの分解が低下し，生態系としての炭素の貯留量が増加することが予測された。

CO_2 付加量を抑制するために web-FACE がスイスのバーゼル大学で考案された。このシステムは，樹冠の枝先に CO_2 付加用のチューブを巡らせて付加し，拡散によって CO_2 を森林全体に行き渡らせる。フランス・ドイツ・スイス国境のバーゼルの近郊林では，16 種の落葉広葉樹高木（樹高約 35 m）を対象に研究が進展中で（図 3.14），すべての樹種で水利用効率が上昇していた。同様の結果は，スイス・アルプスの約 2 200 m に植栽されたヨーロッパカラマツ（*Larix decidua*）やヨーロッパトウヒ（*Picea abies*）でも確認された。これらの試験結果からは，高 CO_2 下では瞬時的な水利用効率（P/T 比；光合成/蒸散比）の上昇が確認された（Körner *et al.*, 2005）。

北半球の温帯に設けられた 16 基の FACE の成果から，草本群落では負の制

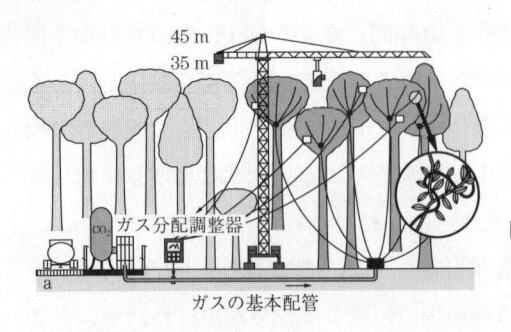

図3.14 スイス・バーゼル大学のweb-FACEの模式図〔Pepin and Körner (2002) より許可を得て改作〕

御が見られ，葉の窒素濃度の低下が見られたが，木本群落では葉の窒素濃度の減少が明瞭でなく，光合成速度が上昇したことが指摘された。結局，栄養など資源の有効性が生態系を左右すると結論付けられた（Nowak *et al.*, 2004）。しかし，土壌条件などの細かな解析は不十分で，今後，火山灰に成立した植生への高CO_2効果など，将来予測にはより広範な解析が必要である。

米国北央部はパルプ生産の原料としてアスペン（ヤマナラシ）が利用されている。この樹種は，無性繁殖（root sucker）で増殖し，全山を被うこともあって，ナラタケの仲間と並んで世界最大の生き物とされる。品種が選抜されてきたが，その成長差や大気環境変化に対する応答能力にも差がある。もちろん，樹木は成長に長期間を要するので，その生産環境への応答の仕方が重要になる。工場地帯の近くに位置するミシガン理工科大学では，アスペンとカンバ類を中心とした模擬群落を作製して成長に及ぼす高CO_2とオゾンの複合影響を調べている（図3.15）。高CO_2にすると成長が30％くらい増加，オゾン単独暴露では30％程度成長低下，混合暴露ではコントロールと大差ない。成長

背後に見えるのがCO_2とO_3を付加するための支柱である。

図3.15 ミシガン理工科大学のアスペンFACE（江口則和氏提供）

減退には，O_3 処理によって植物体の防御能力が低下し，病虫害が増加していることが明らかになった（Percy et al., 2002）。この点が新しい発見であった。もちろん，高 CO_2 環境への植物の応答の進化，解毒能力を獲得するであろう植食者の応答などは考慮されていない。これまでの研究データの多くは完全な病虫害防除を行ってきた結果であったので，野外条件での反応と「制御実験」の違いを浮き彫りにした内容であった。この点は，3.5 節で詳しく紹介する。

3.3.2 CO_2 スプリング

火山国日本では，至る所に炭酸泉（CO_2 スプリング）がある（Cook et al., 2000）。純粋に CO_2 のみ噴出している場所では，いわば自然条件下で長期間にわたる CO_2 暴露が行われてきたことになる。例えば，八甲田山麓にいくつか CO_2 噴気孔が存在する。周辺はブナ・ミズナラ林が広がるが，危険防止のため，噴気孔周辺の樹木は伐採され，サンプル木は限られている。CO_2 噴出口周辺では，CO_2 濃度は 50 Pa〜1 200 Pa ときわめて高濃度である。窪地には鳥の死骸があって，高 CO_2 の毒性が理解できる。CO_2 噴出口付近に個体数の多いブナでは，成長初期にのみやや年輪幅が広い傾向が観察された。しかし，アテ材が多く，高 CO_2 の影響を明確に支持するデータは得られなかった。なお，アテ材とは，木の幹が偏心的肥大成長する場合において，肥大成長の速い側に異常な組織構造をもった材をいう。偏心肥大する側は広葉樹では上側，針葉樹では下側となり，上側では幹の重さで引張り力が，下側では圧縮力が加えられているので，それぞれ引張りあて材（tension wood）および圧縮あて材（compression wood）と呼ぶ。この地域では，草本植物の高 CO_2 の順化に関する研究が進展中である（Onoda et al., 2005 a, b）。

イタリアのヒイラギカシ（*Quercus* sp.）の研究結果では（Hättenschwiler et al., 1997），高 CO_2 環境で成育した個体の年輪幅は生育初期は広かったが，材密度には CO_2 の影響が見られず，加齢とともに CO_2 の影響が消失した。これは，土壌中の栄養塩類の欠乏や立木密度が上昇し，生育空間が経年的に狭められた結果と考えられる。また，Bettarini et al.（1998）が，CO_2 噴気孔近く

に生育している植物種を調べた結果，気孔数には高 CO_2 濃度の明瞭な影響が見られなかった。一般に，CO_2 スプリングでは厳密な意味で対照区を得にくく解析が困難である。しかし，全国各地に広がる CO_2 スプリングでの研究から長期間の CO_2 影響評価は可能と思われるので，その成果が期待される。

3.4　温暖化現象と森林の応答

1997年12月に京都で気候変動枠組条約第3回締約国会議（COP 3，通称，京都会議）が開催された。この会議では京都議定書（Kyoto protocol）が発行され（IGBP，1998），2005年4月には京都議定書目標達成計画も示された（閣議，2005）。米国は経済最優先の立場から，これを離脱したが，初めに紹介したように2005年2月16日にロシア共和国の批准があって，ようやく実行段階に移った。

吸収源の取扱いについては，限定的な活動（1990年以降の新規の植林，再植林および森林減少）と ADR 方式（afforestation；造林；deforestation，改変，土地利用に伴う変化；reforestation 再植林）を考慮に入れた温室効果ガス吸収量を加味することとなった（田中ら，2003）。そこで，森林の CO_2 固定機能に注目が集まった。ここでは，CO_2 固定機能の推定法とその問題点を概説する。

3.4.1　CO_2 収支

18世紀イギリスに端を発した産業革命以降の CO_2 の排出量は 270 GtC（ギガトン炭素＝10億トン炭素）と推定されている（IPCC，2003）。その約半分量の 133 GtC は化石燃料の消費等により，残りの約 136 GtC の CO_2 は熱帯林伐採等に起因するという。森林減少は，各種資源の宝庫である貴重な森林生態系を破壊し，温暖化を促進することになる。これまでの調査から森林全体は CO_2 のシンク（吸収源）とされ，年間約 1〜2 GtC 程度の CO_2 吸収量が推定されている。ここで，炭素の吸収と放出収支の合わない部分を missing sink と

呼ぶ（IPCC, 1995）。IPCC (intergovernmental panel on climate change；気候変動に関する政府間パネル）の特別報告書（土地利用，土地利用変化，林業）に示されたデータによって，地球規模の炭素収支が推定された。これによると，1990年代の陸域生態系における地球規模の炭素収支としては，土地利用変化（熱帯林の伐採等）による1.6 GtC/yearの排出，CO_2施肥効果等による陸域の吸収量増大が2.3 GtC/year，差し引き陸域全体では0.7 GtC/yearが吸収量とされている。この炭素収支の変動量の背後には，60 GtC/yearに達する森林をはじめとする植生による純一次生産力による吸収と，土壌呼吸・火災等による排出のフラックスが含まれる。ここで，CO_2量から炭素量への換算は，原子量から12（C）/44（CO_2）で行う。以下では森林のCO_2固定と貯留機能を紹介し，生態系としての応答について見てみよう。

3.4.2 森林のCO_2固定機能

樹木の成長量は積み上げ法によって推定できる（佐藤，1973；小池，2004）。この方法は，一定時間内での生産量（＝CO_2固定量）は，総生産量（gross production, Pg）から呼吸消費量を除いた値になり，純一次生産量（NPP；net primary production, Pn）は，$Pn = Pg - R = \Delta y + \Delta L + \Delta G$ で推定できる。ここで，Pn：純生産量，Pg：総生産量，R：呼吸量，Δy：成長量，ΔL：リター量（落葉落枝），ΔG：被食量。ΔLは，全葉量の約10％として概算する。森林のCO_2固定速度は，この値から土壌呼吸速度を除いた値になる。

積み上げ法で推定された地上部の現存量を1947～1995年にわたって比較したところ，日本の森林の炭素蓄積速度（0.77 MgC/ha・year）は，北半球の諸国の値（0.14～0.19 MgC/ha・year）に比べて明らかに炭素のシンクとして機能している。この日本の炭素蓄積速度のうち人工林が占める割合は80％程度であることが指摘された（Fang *et al.*, 2005）。

土壌呼吸速度は植物の根の呼吸速度，共生菌類，土壌生物（エコロジカルエンジニアと呼び，ミミズやトビムシなどのマクロファウナをいう。微生物を含む）の呼吸速度を合わせた値として評価される。この土壌呼吸速度は地下約5

cm の地温に対して指数関数的増加を示す（**図3.16**；Qu, 2003），また，降水量の少ない中国東北部のグイマツ人工林では，土壌含水量が土壌呼吸速度の制限要因となる（Jiang *et al*., 2005）。

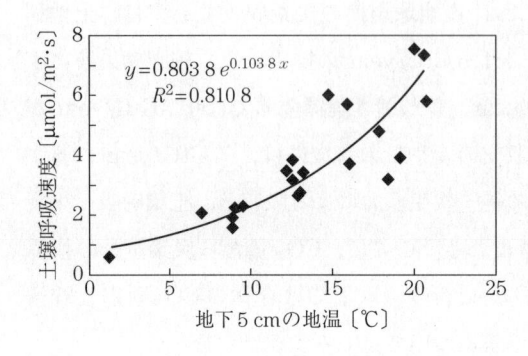

図3.16 土壌呼吸速度の温度依存性（苫小牧研究林約48年生カラマツ人工林の測定例）〔Qu Laiye, 2003〕

グラフ：$y = 0.8038\, e^{0.1038\,x}$，$R^2 = 0.8108$，横軸：地下5 cmの地温〔℃〕，縦軸：土壌呼吸速度〔$\mu mol/m^2 \cdot s$〕

　広く行われている森林の CO_2 収支に関する調査法は，森林を一枚の大きな葉と見立てて異なる高度に CO_2 分析器を設置し，CO_2 の濃度勾配から森林の CO_2 収支を推定する方法で，空気力学的方法（傾度法）と呼ばれている。このように，フラックス（単位面積当り，時間当りの物質の移動量）を観測し，広域に渡る森林の CO_2 収支を算出する方法である（純生態系交換量，NEE；net ecosystem exchange）。この研究方法には渦相関法（大気境界層では風や気温，湿度などはさまざまな大きさ・時間スケールの乱流渦が重なり合い時間的に変動している。この大気乱流により上層と下層の混合が盛んになり，ここに温度勾配や物質の濃度勾配があれば，その勾配をなくす向きに熱や物質が輸送される。風速と物質量の平均値と変動量の相関を調べる方法）がよく用いられる（例えば，Valentini, 2003；Takagi *et al*., 2005 a, b）。フラックス観測によると，日中の CO_2 吸収量は日射にほぼ比例して増加し，夜間の CO_2 放出量は気温の上昇とともに増大する（Takagi *et al*., 2005 a）。

　以上の結果は，**図3.17** に示すように，炭素のフラックスの流れはまとめられ，上述の炭素循環にかかわる個々の「生産力」の用語は以下のように定義される（Valentini, 2003；Schulze *et al*., 2000, 2005）。

　炭素収支における同化と異化（呼吸）の合計値は純生態系生産力（NEP；

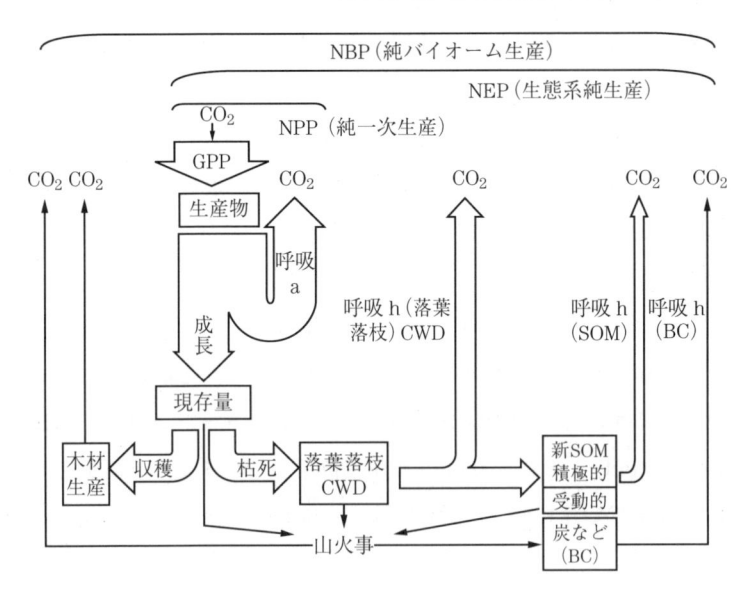

図 3.17 GPP, NPP, NEP, NBP に見られる炭素の流れ〔Schulze et al.（2005）より許可を得て改作〕

net ecosystem productivity) と呼ぶ (Schulze et al., 2000, 2005)。

$$NEP = GPP - Ra - Rh = NPP - Rh \tag{3.1}$$

ここで，GPP (growth primary productivity または gross assimilation flux)，Ra は独立栄養生物（＝植物）の呼吸 (respiration of autotroph)，Rh は従属栄養生物（＝従属栄養の微生物など）の呼吸 (respiration of heterotroph)，NPP は純一次生産力 (net primary productivity) を表す．ここで，NEP が正の値を取るなら，その生態系は炭素のシンクに，負の値であればソースとなることを意味する．

ここで，NEP は同化された炭素がどこに沈積するかは不明である．この理由としては，現存量 (biomass；森林では幹などの増加とともに心材化が進行する）における Ra 値は低く，土壌中で腐食 (humus) として存在する部分の Rh は制限されることで説明される．したがって，NEP は腐食の形成とは一致しない (Schulze et al., 2005)．この NEP の値がどのような流れになるかは地域レベルでの長期モニタリングを行わなければ推定は難しい．この中で土壌

呼吸の測定の困難なことに加え，炭素動態がNEPを推定する重要な鍵といえる（伊藤，2002）。

土壌呼吸の計測は，チェンバー法（化学反応を利用した方法，通気法，密閉法など），濃度勾配法，微気象学的方法などがある。最近では安定同位体を利用した計測も炭素の起源を追跡することが可能なことから一般的になってきた（莫・関川，2005）。

さらに，従属栄養的な劣化（人為・自然起源の運び去り），これは収穫（農業では作物生産，林業では木部を中心とした収穫など）と山火事による炭素の移動を意味するが，非呼吸消費を考慮すると，純バイオーム生産（NBP, net biome productivity；ここでbiomeは生物群系を意味する）の概念を導入することで，これまで紹介してきた炭素の流れを加味すると，以下のように理解される。

$$NBP = NEP - (非呼吸的炭素消費) \qquad (3.2)$$

ここで，NEPは渦相関法（eddy covariance）を用いて炭素収支を評価するが，個々の炭素の由来や貯留を考慮せず，測定値は出されてきた。すなわち，NEEを測定することになる。ここで，NEEの定義は，渦相関法によって測定され，総同化フラックス（GPP；総生産量）と生態系としての呼吸（R_{eco}：respiration of ecosystem；空中と土壌の呼吸の和）の代数的な和として評価される値である（Granier *et al*., 2003）。非呼吸的炭素消費とは収穫や山火事などによる炭素消費を意味する。NEEは葉のフェノロジーと密接な関係を示す。また，R_{eco}は夜間の呼吸速度から外挿して推定するが，日中の葉の呼吸速度を考慮すると，この値自体には疑問を含む。それは，ミトコンドリアの呼吸は，日中は40～90％抑制されると考えられているからである（Brooks and Farquhar, 1985）。したがって，従来の観測では，R_{eco}は過大評価されている可能性がある。

3.4.3　木部構造の変化

森林のCO_2固定量機能が期待されるが，これには単位面積当りのバイオマ

ス量を増加させることが求められる.従来は単位面積当りの成立本数を増やし,その現存量を高めることが森林のCO_2固定量を高めることとされた.ここで炭素固定・貯留量に注目すると,最大の貯蔵場所である木部が対象になる.炭素固定量を算出する際に,従来,樹種にかかわらず,針葉樹は$0.4\,g/m^3$,広葉樹は$0.6\,g/m^3$として統計資料が作成されている.しかし,冷温帯広葉樹だけを見ても,ドロノキやホオノキでは$0.4\,g/m^3$,カンバ類では$0.6\sim0.8\,g/m^3$とばらつきが大きい(小池,1991).木部では道管の割合が比重に影響する.この通道を担う道管の構造が,高CO_2条件では変化するかもしれない.以下にそのメカニズムを考察する.

英国博物館の植物標本を利用し,産業革命前に採取された樹木の葉の気孔密度と最近の葉の値を比較したところ,明らかに最近の葉の気孔密度の低下が確認された(Woodward,1987).この関係を利用して,化石標本も利用しながら,過去4億年にわたる植物進化と環境応答についてシミュレートも試みられている(Beerling and Woodward, 2001).この結果,過去にCO_2濃度が2 000 ppm に達した時代が存在したことも植物の気孔密度から再現している.いずれにしても,高CO_2環境では形態・機能的にも気孔コンダクタンスが低下することは明らかといえる.ただし,実験的に気孔密度とCO_2濃度との因果関係を再現できた研究は限られている(Woodward and Bazzaz, 1996, Knapp et al., 1994).

温暖化環境で気温が上昇し,蒸散速度が上昇しても,水利用効率(蒸散速度当りの光合成速度)が上り,樹種によっては細胞内腔の増加や道管直径が小さくなる傾向が予想された.これは,水分通道を担う仮道管や道管のサイズに影響が出て,材密度が変化することを意味し,林分レベルの炭素固定・貯留量推定値にも影響が出る.ここで水分通道は針葉樹では仮道管,広葉樹では大別すると木部の道管が行うが,木部全体に細い道管が分布する散孔材と太い直径を持つ道管が年輪の近くに存在する環孔材がある(図3.18).

水流量は道管の半径の4乗に比例するので,道管径が太いほど効率よく水を運ぶことができる(池田,2001).これをハーゲン・ポワズイユ(Hagen-

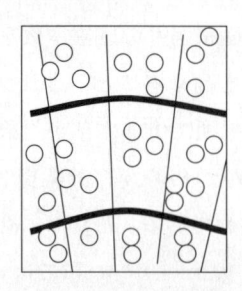

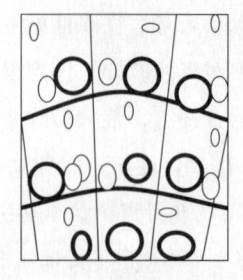

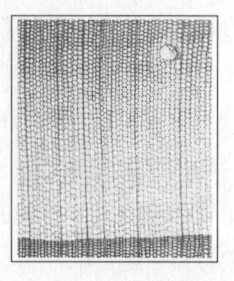

（a）広葉樹（散孔材）　（b）広葉樹（環孔材）　（c）針葉樹（仮道管）

図 3.18 木部（木口面）の模式図〔小池（2004）より許可を得て改作〕

Poiseulle）の法則という。そこで，高 CO_2 条件では水利用効率が上昇することから道管径が小さくなることが期待される。ただし，高 CO_2 下では葉の生産も増加するため，個葉レベルと個体レベルの関係を解明する必要がある。

Yazaki *et al.* (2005) によると高 CO_2 濃度環境では，気孔コンダクタンス（通道性）が低下し，水利用効率（蒸散速度当りの光合成速度）は上昇する傾向が認められた（**図 3.19**）。道管径の大きな環孔材のヤチダモ（*Fraxinus mandshurica* var. *japonica*）苗木では，高 CO_2 富栄養条件では道管径が小さくなった。一方，道管径の小さい散孔材のシラカンバを異なるサイズのポットに植え込んだ実験では，大きな道管が形成されたのは大きなポットに植え込まれた場合のみであった。

一方，高 CO_2 の木部形成に及ぼす効果は研究例が限られている。針葉樹で

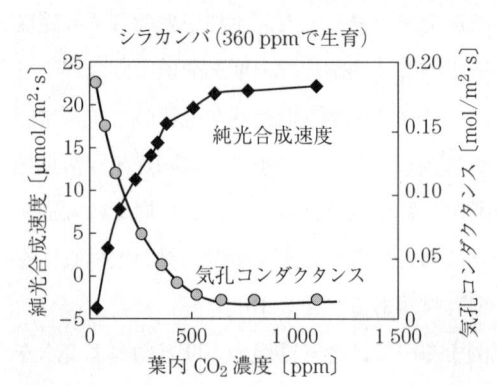

図 3.19 CO_2 濃度と気孔コンダクタンス，純光合成速度の関係の模式図（小池，原図）

の観測結果，カラマツ類2樹種では肥大成長は富栄養条件のみで決まり，細胞壁などの変化は解剖学的には認められず，細胞内腔の肥大のみ観察された。この木部への環境条件の傾向は，これまでの針葉樹を対象に行われた CO_2 付加実験を基礎にした数理モデルから，仮道管を通過する低水温の流水は肥大成長を抑制し，高 CO_2 と富栄養条件は細胞内腔の肥厚と肥大成長を増加することが予測された（Roderick and Berry, 2001）。木部形成に対する CO_2 濃度の影響は，栄養条件だけではなく樹体形成を通じて光強度の影響も受ける。暗い環境では，地上部の発達が優先し，木部の割合が増加するので，木部の通道性が増加し，葉への水供給能力が改善されるので，気孔コンダクタンスは大きく維持される（Kubiske and Pregitzer, 1997）。

一方，常緑針葉樹ヨーロッパトウヒ（*Picea abies*）の研究では，ヨーロッパ最大の窒素付加量 30 kg/ha に 2050 年ごろを想定した 560 ppmv CO_2 の処理を行ったところ，年輪幅と材密度の上昇が明瞭になった（Hättenschwiler *et al.*, 1996）。これは上述のように高 CO_2 条件では気孔コンダクタンス（通道性）が低下気味になり，水揚げが抑制された結果と考えられる。

これまでの数少ない研究からは，年輪幅と材密度の増加が CO_2 処理開始直後には見られる樹種が多いが，細胞壁の肥厚や道管形態への影響に関しては依然として不明瞭なことが多い。高 CO_2 条件で生育するとリグニンあるいはリグニン/窒素の増加傾向があるとされるが，すべての樹種には見られるわけではない（Yazaki *et al.*, 2005）。今後，分解系と関連して早急に解明せねばならない。

3.5　森林生態系の応答

これまでに紹介したように，森林の CO_2 固定機能については炭素収支にのみ焦点をおいて説明してきた。しかし，巨大なバイオマス（現存量）を持ち，複雑な階層構造を持つ森林は，単に樹木の集団というだけではなく，さまざまな生物間の相互作用によって，その機能が発揮されているシステムである。本

節ではこの点に焦点を当てて考察を行う。

3.5.1 生物多様性と CO_2 固定機能

高 CO_2 環境での植物群落の応答を予測するために，Oikawa（1986）は熱帯林のバイオマス量データを用いたシミュレーション研究を行った。この結果，大気中 CO_2 濃度が約 560 ppmv に達すると，上層木のシュート生産がより増加して葉が繁茂し，下層に届く相対光量が約 4 ％にまで低下する結果を得た（**図 3.20**）。一般的に，相対光量が 5 ％を下回ると大部分の更新稚樹も生存できなくなるが（**表 3.1**），その結果，生物の種多様性が低下することが予測された。同様の傾向は温室を利用した熱帯植物群落でのモデル試験（Körner and Arnone, 1992）や高 CO_2 で生育させたヤナギやカンバ類でも確認された（Koike *et al.*, 1995, 1996）。

上層木の繁茂に伴い下層稚樹の生存ができなくなって稚樹数が減少すること

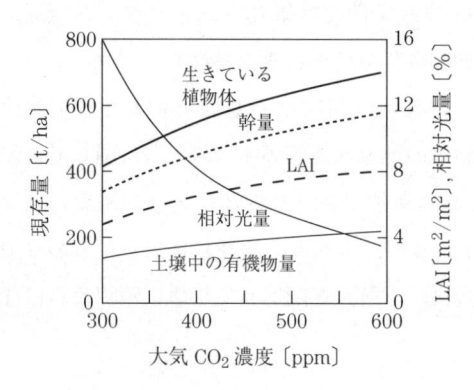

図 3.20 高 CO_2 環境とバイオマス，葉量，透過光量の関係〔Oikawa (1986) より許可を得て改作〕

表 3.1 林内光環境と更新稚樹の成長と生存〔原田（1954）を基礎に作成〕

相対光量〔％〕	更新と成長の程度
0～5	大部分の樹種の更新は期待できない
5～10	陰樹（耐陰性の高い種）の更新が始まる
10～20	陽樹（先駆種）の更新も始まる
20～30	大部分の樹種の成長が始まる
30～50	更新した稚樹が繁茂する
50～	更新した稚樹が良好な成長を継続する

は，種レベルだけではなく遺伝子や景観レベルでの多様性も損なわれることになる．しかし，FACEによる高 CO_2 環境では，カエデ類（比較的耐陰性のある種）やユリノキ（比較的陽樹）などの更新稚樹の光補償点は低下し，光合成誘導反応の低下は小さく，多くの広葉樹葉の炭素固定効率（CE）は増加していることから，更新稚樹の成長は極端に低下せず，むしろ高 CO_2 のもとで木漏れ日を効率よく利用し，成長も増加する結果が報告されている（Leakey et al., 2002）．光補償点は暗呼吸速度に依存するので，高 CO_2 下での暗呼吸速度に変化ついて詳細な研究が必要になる（飛驒ら，2006）．

オノエヤナギとエゾノカワヤナギの混植群落では気温に関係せず，高 CO_2 条件でシュートの生産量が増加し，一時的に LAI（m^2/m^2，葉面積指数，単位面積当りの葉面積）は増加したが，生育密度 8 000 本/ha での結果では LAI が 4.0 を超えると急激に下層の葉が落葉し，最終的には LAI は 4.4 を超えなかった（Koike et al., 1995）．生育密度 4 000 本/ha のシラカンバ稚樹群落では，高 CO_2 では分枝が進み，個葉の寿命が対照に比べて約 2 週間短くなった．しかし，生産された総葉数は約 1.6 倍に達し，Oikawa（1986）の予測を裏付けた．

一方，ヨーロッパトウヒ稚樹を用いて CO_2 濃度を産業革命当初から 2050 年ごろを想定し，それぞれ 280，420，560 ppmv に設定して栽培したところ，CO_2 濃度が増加するほど LAI 増加の程度は小さく，処理開始後 820 日には，LAI 値は 5.2，4.1，3.7〔m^2/m^2〕となった．これは，低 CO_2 では葉が薄く大きくなったことに関係している（Hättenschwiler and Körner, 1996）．

さらに，オープントップチェンバーによって高 CO_2 処理を行い，草本植物シロザ群落の1個体ずつを追跡した結果からは，大きなサイズの個体がさらに優勢になるという結果を得た（Nagashima et al., 2003）．この傾向が樹木にも適用できるかどうか，今後の課題である．種間競争の視点から，さらに，樹種による分枝，葉，そしてタネの生産特性にも注目すべきであろう．

繁殖にかかわる調査例は限られているが，フロリダのカシ類を優占種とする灌木林では，優占種でカシの仲間の *Quercus myrtifolia* と *Q. chamanii* は堅果

の生産量を 720 ppmv 処理では増加させた．しかし，発芽率やネズミなどによる食害量には変化がなかった（Stiling et al., 2004）．一方，タネの生産を促進させる目的で実用的な試験が行われているフィンランド種苗センターでの結果では，ヨーロッパシラカンバを寡雨，富栄養，1 000 ppmv，気温 5〜7℃上昇環境で育成した結果，タネの生産量は著しく増加し，発芽率にも変化がなかったこと，トウヒ類では高 CO_2 の効果がなかったことを報告している（小池，1990）．研究例はきわめて少ないが，生殖成長に及ぼす温暖化の影響によって自然植生が大きく変化する可能性があるので，成果を積み重ね，予測する必要がある．

1995 年以来，生物多様性保全は国策になっているが，単位面積当りの植物種数が増加すると，頭打ちはあるが純一次生産力も増加することが草本群落で指摘されたが（Tilman et al., 2001），落葉広葉樹林でも明らかになった（日浦，2001；図 3.21）．したがって，森林の CO_2（炭素）固定能力を最大にするには，つねに樹冠が光合成作用を行うのに対して有利な広がりを維持し，木部比重の高い樹種が多く生育できるような種多様性の高い森林群落へ誘導するために適度な伐採等（間伐など）を施すことが有効である．なお，2001 年 11 月のマラケッシュ合意でも指摘されたが，窒素沈着（nitrogen deposition）の窒素肥料としての役割が指摘され，これによる成長量増加も考慮する必要がある（Schulze et al., 2002）．事実，この約 30 年のユーラシア大陸東側の森林では，西方からの窒素沈着が肥料の役割をして成長量がそれ以前より大きいこと

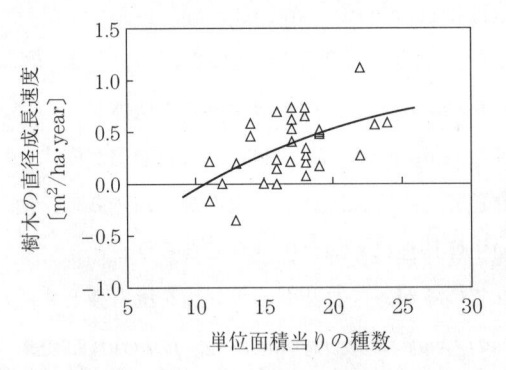

種数が増加するほど，ヘクタール当りの直径成長はやや増加傾向を示す．

図 3.21 苫小牧研究林の 2 次林に見られる種数と直径成長速度〔日浦（2000）より許可を得て改作〕

が指摘された (Schulze et al., 1995, 1999)。

3.5.2 共生菌類の活動

栄養塩類が成長の制限になりやすい高 CO_2 環境では，窒素固定菌を共生する樹木が植生や林分構造に及ぼす影響は大きいと考えられる。共生菌の活動は富栄養環境では低下する傾向があるので (Choi et al., 2005)，土壌の栄養環境の動態を知る必要がある。一般に落葉の窒素濃度が低いと，土壌中での分解が遅れる傾向がある。落葉前の養分回収能力は種によって大きく異なるが，高 CO_2 環境で生産された落葉広葉樹の落葉の C/N は通常の CO_2 濃度で生産された落葉の 2〜4 倍の値を示す (Norby et al., 2001)。事実，高 CO_2 環境で生育した樹木の落葉では，明らかに分解は遅れる傾向があった。温暖化環境では，分解にかかわるエコロジカルエンジニアとしてのミミズやトビムシ等の土壌動物の活動と微生物活性の変化，さらに落葉の性質との関連を解明する必要がある。

また，高 CO_2 では蒸散速度が抑制される傾向があり，葉量が同じ程度であれば，土壌水分は高くなることも実測されている (Eguchi et al., 2005)。これに伴い栄養塩の供給を中心として物質循環が現状と大きく異なると予想される。とりわけ，これまで紹介したように高 CO_2 条件でも落葉中の窒素含量の高いハンノキ類やマメ科樹木の植生遷移における役割が注目される。

外生菌根菌は宿主の光合成産物を利用するが，有機酸を分泌して植物の根系では吸収できないリンや水分を宿主に供給し，ニッケルなど重金属の過剰吸収を抑制するので外生菌根菌の導入を考慮する必要がある (小池ら，2002；Kayama et al., 2005)。事実，やせ地造林に多用されるアカマツにコツブタケ (Pisolithus tinctorius) を感染させると水利用効率が著しく上昇し，無機リンの供給が十分に行われ，高 CO_2 条件での光合成の負の制御は見られなかった (図 3.22；Choi et al., 2005)。菌糸が細根の入り込めない場所にも入り込んでクロマツへ水分や栄養塩類を供給していることが推察される。

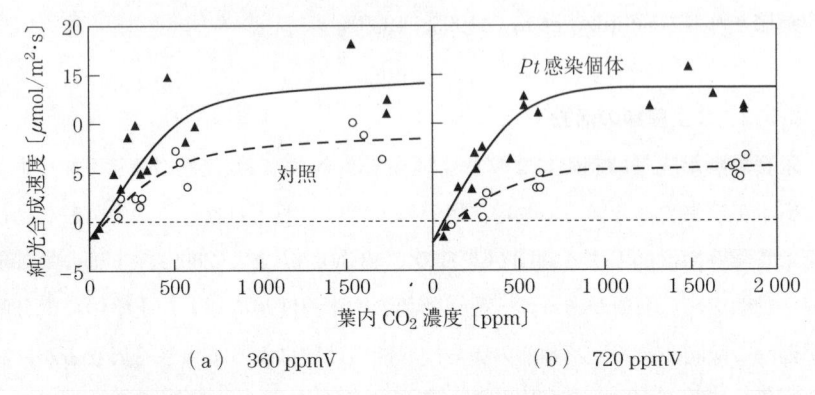

[図: A/Ci曲線 (a) 360 ppmV と (b) 720 ppmV, Pt感染個体と対照]

外生菌根に感染したアカマツのメバエでは「負の制御」は見られない。感染個体針葉中のリン濃度は高く，光合成産物の転流もすみやかに行われている。

図 3.22 外生菌根菌感染個体の A/Ci 曲線〔Choi *et al.* (2005) より許可を得て改作〕

3.5.3 植食者の活動と被食防衛

温暖化すると低温で抑制されていた昆虫（おもに鱗翅目の幼虫）の活動が活発になって北上し，植物の食害量が増加するのであろうか。この問いは環境変化と生物間の相互作用関係にかかわる難問である。温帯の昆虫の成長周期は，日長と温度の組合せによって少なからず制御されている。イネに深刻な被害をもたらすニカメイガ（*Chilo suppressakis*）は，名前のとおり本州の大部分の地域では年2化する。現在，高知・鹿児島の一部では3化，北海道では1化であるが，これが温暖化によって，北海道にも2化が出現する可能性がある（井村，1999）。一方，この虫は，幼虫発育期の日長に反応して秋には終齢幼虫の状態になって休眠する（正木，1999）。生活環を制御する限界日長は緯度との相関を持ち，これらは生育温度ともある程度連携しているので，温暖化影響だけを分離してその発育過程を予測することは難しい。しかし，街路樹のプラタナスの重要害虫であるアメリカシロヒトリでは，温暖化に伴う積算温度増加によって3化の出現する可能性がある。そこで，生態系レベルにおける温暖化影響を示唆する事実をつぎに紹介しよう。

〔1〕 **増加し続ける食害量** 爆発的な人口増加を賄う食料生産力を中心に植物の一次生産量の測定が，1960年代には世界規模で実施された（IBPプロジェクト）。この調査から森林の二次生産量（＝食害量；消費量）は，1970年代初めには新葉の葉量の3〜4％（常緑マツ林では全葉量の約1％）と推定されたが，1990年代後半の調査では10〜20％とされ，最大23％という数値も見られるようになった（Crawly, 1999）。これらの数値には，対象樹種，地域，推定方法などに多少違いはあるが，この数十年間の食害量は増加したように見える（Koike *et al.*, 2003）。この食害量の増加はなにによってもたらされたのか，環境条件を中心に考察しよう。

植物の成長は光，温度，水，栄養条件などの無機環境に左右される。この30〜40年間に大きく変化した無機環境の一つが，大気中のCO_2濃度であり，1960年代には約300 ppmvであったが，毎年約1.5 ppmvずつ増加しており，最近では約380 ppmvに達してきた。植物はこのCO_2増加に反応し，C/N比の大きな葉を生産しているのであろう。一般に貧栄養で生育すると植物葉のC/Nは大きくなり，ヤチダモなど数種を除くと被食防衛物質濃度が増加する種が多いが，この傾向は高CO_2条件でさらに促進される。増加する大気中CO_2濃度と温暖化現象の中で，樹木の葉の被食防衛能力はどのように変化するのであろうか。

このような視点からは，北欧のカンバ類を対象にした研究が先行している（Riipi *et al.*, 2002）。われわれもカバノキ科を中心にシラカンバをはじめ，ブナ，ニホンカラマツを対象に研究を進めてきた（Koike *et al.*, 2003；Matsuki *et al.*, 2004）。

細かな成分は未同定であるが，葉の寿命が短く，光合成速度と窒素利用効率の高い樹種では，高CO_2で生育すると総フェノールと縮合タンニンの両方が増加した。しかし，葉の寿命の長い樹種であるブナやミズナラでは，縮合タンニン量の増加はわずかであるが，総フェノール量が増加していた。このように種により高CO_2への応答が異なるので，将来の森林域の種組成が変化する恐れがある。このため，植物の防御について，もう少し詳しく見てみよう。

〔2〕 **植物の防御の仕組み**　数年に一度激害が観察される冷温帯の落葉広葉樹種を対象に実験を進めている。ここで，シラカンバやケヤマハンノキは森林域では遷移前期種とされ，遷移中後期種のミズナラやカエデ類に比べると，光合成速度は高いが個葉の寿命は短くて C/N 比の低い葉を持つ。予想ではミズナラとカエデ類は防御能力が高い。この予想を検証するために，まず，葉の被食防衛に関する一般的な傾向を述べよう。

多くの草本種に比べると，樹木葉では着葉時間が長く，葉の硬さ，トリコーム（毛状体），リグニンやワックスなど消化されにくい物質による量的防御を行っている。草本ではアブラナ科に典型であるが，カラシ油に代表されるように合成コストの比較的小さいアルカロイドなどによる質的防御を行うことが多い（Schoonhoven et al., 1998）。しかし，質的防御は解毒能力を獲得したスペシャリストとされる植食者に集中的な食害を受ける。

防御物質は種によって異なり，針葉樹の代表的な被食防衛物質はアセチル CoA からメバロン酸合成系を経て生産されるテルペン類であり，広葉樹類ではフェノール類や縮合タンニンが重要な働きを示すことが知られている（鎌田，1999）。もちろんテルペンを合成するにも光合成産物由来の炭素や吸収した窒素を消費する。防御物質の中でも，特に，縮合タンニンはタンパク質と結合し，消化不良を起こす（Crawly, 1999）。シキミ酸合成系から生成されるフェニールアラニンは，タンパク合成と広葉樹の主要防衛物質であるフェノール物質合成に利用されるので，成長と防御の間には大まかには生化学レベルでのトレードオフが成り立つ（Schoonhoven et al., 1998）。ただ，二次代謝産物は進化の産物であり，種間の遺伝的な背景（系統間の制約）などを考慮する必要があって，異種間での成長と防御のトレードオフ関係を種内と同様に比較することは難しい。

〔3〕 **微生物を介する応答**　同じ栄養条件であれば，高 CO_2 で生育した個体の防衛物質の量は通常の CO_2 濃度で生育した個体に比べ高い傾向があった。生産された多量の光合成産物が防御物質に分配されたと考えられる。さらに，CO_2 濃度が同じであれば貧栄養の個体の防御物質の量は高かった（Koike *et al.*, 2003)。

　高CO_2環境では，栄養分が十分あると光合成速度は加速され，葉の窒素含量も高く保たれる傾向がある。そこで，異なる栄養条件で生育した落葉広葉樹4樹種を対象に，食草をあまり限定しないジェネラリスト（広食者）を用いた実験を行った。用いたのは実験用に開発された広食者でヤママユガの一種のエリサン（*Samia cynthia ricini*）で，生物検体に用いて防衛能力を比較した（Koike *et al.*, 2006）。生物検定を行っているのは化学分析だけでは微妙な化学成分の組成による効果や種ごとの相対的な防御能力がわからないからである。

　この実験の結果，通常大気条件で生育させた遷移前期種のシラカンバとケヤマハンノキでは，遷移中後期種のミズナラやイタヤカエデよりエリサンの生存日数は長く，成長量も大きかった。この傾向は，土壌が富栄養であればより促進された（Koike *et al.*, 2006）。事実，遷移前期種に比べ中後期種では，総フェノール・縮合タンニン量の濃度の増加が著しい。これまでの研究からは，高CO_2ではカンバ類の縮合タンニンとflavonol glycosideが，カエデ類ではellagitanninが増加し，flavone aglyconesが温度上昇で増加したことが欧米産樹種では明らかにされた（Lindroth, 1996）。

　一方，材料に用いた4樹種の中で，ケヤマハンノキのみエリサンの生存日数と成長量が貧栄養条件で最大になった（**図3.23**）。ケヤマハンノキは窒素固定菌 *Frankia* sp.と共生するため貧栄養条件で旺盛な成長をする。そのため富栄養条件では宿主にケヤマハンノキの葉の窒素含量が高くなり，結果として栄養の良い葉が生産されたと考えられる（Koike *et al.*, 2006）。

　このように種によって，高CO_2環境では栄養価や防御物質の合成が変化することが明らかになった。事実，米国南東部のデュークFACEのロブロリーパイン植栽木の列間に植え込んだ広葉樹12種の被食防衛能力を比較したところ，葉をかじり食う昆虫の食害は高CO_2でやや低い傾向を示した。SLA（比葉面積：単位葉重当りの葉面積。数字が大きいほど葉は柔らかくなる）の低下は高CO_2環境でも明瞭ではなかったことから葉の強度には大きな変化がないことが指摘された。しかし，C/Nが増加し，縮合型タンニンのタンパク消化

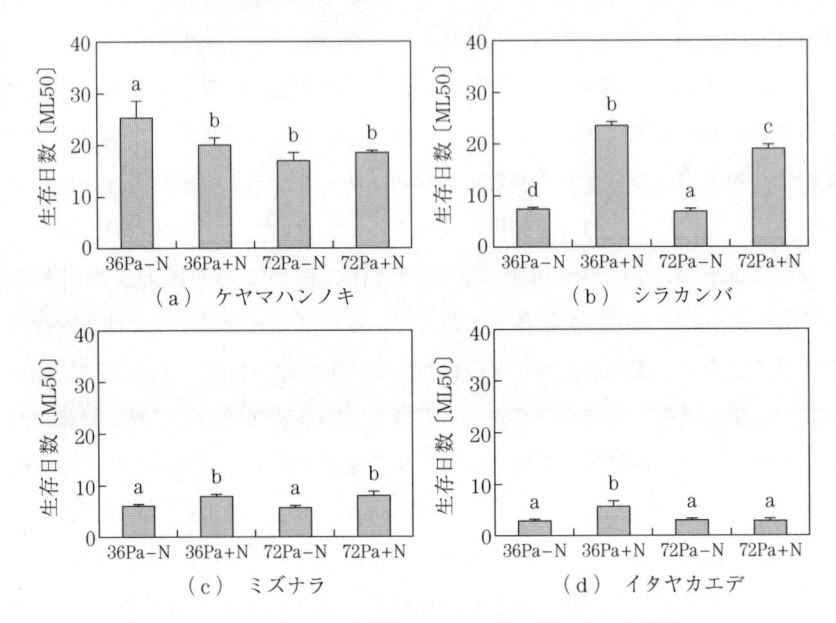

36 Pa−N：大気 CO_2 貧栄養，36 Pa＋N：大気 CO_2 富栄養，
72 Pa−N：高 CO_2 貧栄養，72 Pa＋N：高 CO_2 富栄養。

図 3.23 異なる CO_2 と栄養条件で生育した落葉広葉樹 4 樹種を餌として与えたエリサンの寿命〔Koike et al. (2006) より作成〕

阻害能も半数では増加していたことから，全体としては防衛能力が向上すると予測された（Knepp et al., 2005）。しかし，屋外では誘導防御（植食者の食害にあって初めて防御物質が誘導される現象）が生じる種が多いが，その影響評価も今後の課題である。これは従来の実験では制御環境で病虫害の管理が行き届いた材料で実験を進めてきたため，屋外での研究例が限られているためである。

温暖化環境が進行すれば植食者と植物の関係が大きく異なり，さらに常緑葉では貯蔵器官の働きもあるので，食害を受けると枯死に至る場合も多い（Wright and Canno, 2001）。このため，森林を構成する種組成にも影響が出ることも予想される。また，植食者の行動からは，葉の C/N が増加し，幼虫の成長が抑制されて世代交代が進まないとの考えと，温暖化によって幼虫の発育が促進され，成虫になるため一定量の窒素養分を摂取するので，食害量が増

3.5.4 生態系の環境応答

地球規模の温暖化など変動環境の影響評価は，世界に広がる土壌条件の異なる類似の森林植生の比較が有効と考えている（**図 3.24**）。図に示すように周極域 3 か所には，亜寒帯針葉樹と広葉樹の混交した「汎針広混交林」が存在し(Tatewaki, 1958)，この森林は温帯林と北方針葉樹林帯の移行帯として認識されている。この 3 か所の移行帯森林では，構成樹種は属（genus）レベルではほぼ共通する。ただし，日本では下層植生としてササ（*Sasa*）属植物を伴う点が特徴といえる。

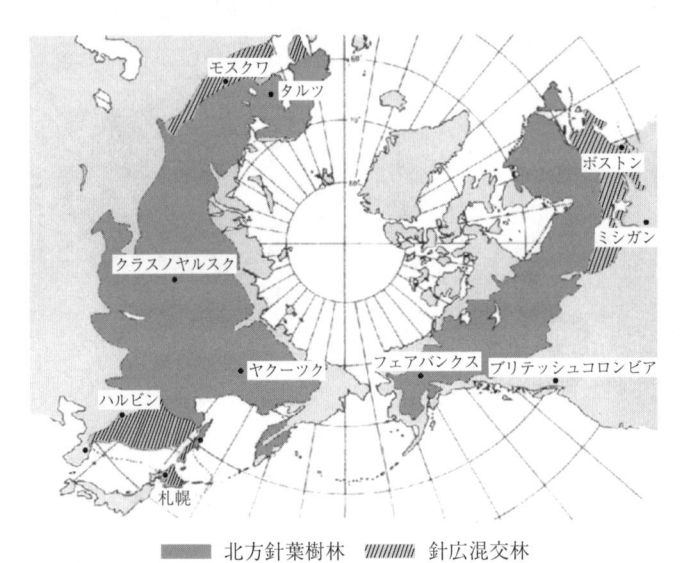

図 3.24 周極域に広がる針広混交林〔Koike *et al.* (2002) より改作〕

一方，これまで述べてきたように高 CO_2 に伴う温暖化条件では，栄養環境が成長を制限する。そこで，土壌条件を世界各 3 か所について概観すると，中央ヨーロッパでは富栄養の黒褐色土壌，北米は氷河が削り取った貧栄養のカナディアンシールド，北海道はリンの欠乏症状の生じやすい未成熟火山灰土壌で

ある。幸いなことにこの3地域に生育する樹木は属レベルでは共通する。したがって，この3地域の栄養生理や林分構造を過去から将来に渡って比較する国際共同研究を進めることにより，将来の植生変化を地球レベルでより精度高く予測できるであろう。

2000年のScience誌に紹介された「中国の21世紀の森林政策」は，少なからず世界を震撼させた（Zhang et al., 2000）。世界全人口の約1/5を占める中国の動静は世界の環境問題を左右する。この中で，傾斜25度以上の急傾斜地に設けた畑を再植林するという「退耕還林」政策がある。さらに，今後，自国の樹木の伐採を制限するという。この場合，中国の木材資源の供給元は，当然，隣国に向かう。現実に，日本からも西日本からスギなどの間伐材を輸出し始めている。ただ，驚異になることは，ロシア共和国の沿海州に広がる針広混交林や明るいタイガと呼ぶカラマツ属森林の森林伐採が進んできたことである。この地域は季節凍土地帯とさらに北には永久凍土地帯が広がる。特に永久凍土地帯は降水量が年500 mm以下という通常では草原かステップになる場所に，延々とカラマツ類の優占する森林が広がる。これは凍土が融解し，水分が供給されるとともに降雨が浸透しない特殊な環境に成立する脆弱な森林といえる。この地域の乱開発が問題になってきた（小池，2006）。

最近，頻発する山火事後や伐採跡にはアラスと呼ぶ沼地が形成されるが，伐採面積が大きいと陸化が遅れ，その間に凍土の中に含まれるCO_2の21〜23倍以上の温室効果を持つメタン（CH_4）の放出源になる。アラス周辺は草地として利用されるが，時には地表面にアルカリ性の塩類が析出することがあり，森林更新が損なわれる。

ユーラシア大陸東部の森林は，アマゾンと並んで「地球の肺」といわれる。この地域の森林植生に大きな変化が生じている（Kolchugina and Vinson, 1995）。これは山火事の頻度が高まるだけではなく，環境変化は中高緯度地帯で大きいためである（Schulze et al., 2001）。特に，東アジア各国は経済発展を急いでいるため，地域限定的といわれているが，大気環境の悪化に伴う緑地の衰退現象が認められている。韓国工業団地では，土壌酸性化だけではなく，

フッ素の接触被害も確認された。フッ素障害は，マツ属の針葉の先端部分から枯死が始まり，赤褐変化する現象として確認され，光合成作用をはじめ各種生理機能が著しく低下していた（Choi *et al.*, 2006）。これに伴い，新しい根が形成されず，マツ属の成長に不可欠である共生微生物の活動もきわめて低い水準にあった。

脱硫装置の発達によって硫黄酸化物の生態系への流入量は制限されているが，窒素沈着量は増加の一途をたどっており（Dalton and Drand-Hardy, 2003），ヨーロッパではオランダ周辺で約 30 kg/ha・year とされている。2003年での集計では，北海道では平均 3.5 kg/ha・year，特に苫小牧地域では 5.5 kg/ha・year とされ，本州中央の群馬県での観測では，約 25.0 kg/ha・year と推定された（柴田，2004）。窒素沈着量は工業地帯からの放出に加え，農耕地からの窒素肥料からの影響も多い。これらが森林域に供給され，植物が吸収できなくなると，窒素飽和現象として河川湖沼の富栄養化を引き起こす。

偏西風の風下に位置する北日本では窒素沈着の影響下に置かれ，その影響も懸念される。事実，北海道産の樹種の多くは外生菌根菌など，さまざまな菌類との共生が成長に不可欠であるが，急激な環境変動により共生関係の変化も示唆される。以上，概観したように，温暖化低減には，人口密度が高い東アジア地域における森林の扱いが重要な役割を持つといえる。

3.6 ま と め

温暖化の温度による影響は花粉分析から示唆されるように，地史的視点からはトウヒ類のような寒冷型樹種から，シイ・カシ類のような温帯型樹種への置き換わりとして認められた。北海道からは寒冷地に生育するグイマツが約1万年前に消失した。この30年間の温暖化現象の顕在化によって，フユコムギの育成には不適な環境が現れることもあり，作目品種の変更を余儀なくされる事態も示唆された。一方，ユーラシア大陸に広く分布するカラマツ属樹木では成長量の低下が認められたが，これは高緯度では降水のパターンが変化し，雪と

しての降水量が増えて雪解け時期が遅れることによって，成長期間が短縮された結果と結論付けられた。

　高CO_2条件に対する反応は，植物の持つ代謝・解剖学的特性によって大きく異なる。特にC_3植物は高CO_2に対する成長応答が良く，C_4植物は濃縮機構が働くことによってCO_2濃度に対する応答が小さい。したがって，栄養分が成長の制限にならなければ，C_3植物が中緯度では優占すると予想される。しかし，酵素活性の最適値がC_3植物よりC_4植物のほうがやや高いので，低緯度では競争関係が続くと考えられる。また，高CO_2では負の制御（down regulation）が働き，光合成産物の過剰集積，栄養塩の吸収・利用制限とシンクソースのバランスによって成長が規定される。

　できる限り自然に近い条件で植物の成長に及ぼす高CO_2やオゾンなどの影響を調べるために，FACE（free air CO_2 enrichment，開放系大気CO_2増加）が開発された。このシステムでは生態系としての植物群落の高CO_2等への影響評価も行うことができる。多くは10年間にわたる実験を実施しており，分解系の応答も解析してきた。制御環境の実験では不明確であった病虫害の影響などの実態解明が進んできた。研究の問題点は，施設の建設費は比較的安くてもCO_2などの維持費に膨大な費用を要することから，研究は欧米を中心とした中緯度地帯の植生帯を対象にした研究に限られてきた。CO_2噴出泉（CO_2 spring）を利用した自然植生への高CO_2影響の研究も進展しているが，対照を得にくい難点がある。現在までの調査結果では，CO_2が増加しても不足する養分によって植物の成長は制限を受け，それは分解系が律速になっていることが指摘された。

　全球レベルの炭素収支から森林のCO_2固定機能に注目が集まっている。森林の取扱いに関するADR方式（造林，再植林，改変；土地利用に伴う変化）によってCO_2放出を低減できる森林活動に期待した通称「京都会議」が採択された。ここで，森林のCO_2固定機能を評価するには，植物のCO_2吸収・固定機能に加え，森林土壌からのCO_2放出量を測定する必要がある。FACEなどでも明らかになったが，高CO_2では蒸散速度が抑制されることから，水分

3.6 まとめ

通道組織を介する木部構造への影響を評価することが求められている。

温暖化環境では生態系システム自体が大きく変化する。上層木の葉が繁茂し下層へ届く光量が制限されることによって生物多様性が損なわれる可能性がある。実験結果は，この予測を裏付けている。高 CO_2 環境ではソースシンクのバランスと栄養条件が成長を規定する。この視点から共生菌類の活動に注目が集まっている。特にハンノキ属と共生する窒素固定菌 *Frankia* sp. では貧栄養の高 CO_2 条件で活性が上昇した。

樹木では食害を防ぐために被食防衛物質の中でも量的防御物質とされるフェノールや縮合タンニンなどが光合成の二次代謝産物から誘導される。これらの物質の濃度が高 CO_2 で増加した。生物検定の結果，被食防衛能力はケヤマハンノキを除いて貧栄養・高 CO_2 環境では増加した。これに対してケヤマハンノキでは，貧栄養条件で被食防衛能力は低下した。これは宿主のケヤマハンノキの光合成活性が高 CO_2 条件で一時的に増加し，このために生産された光合成産物が地下部へ転流することで共生菌類の *Frankia* sp.が大きなシンクとして機能し，正のフィードバックが働き，貧栄養条件で宿主には窒素分などが供給されたと考えられた。その結果，ケヤマハンノキ葉の窒素濃度の低下はなく，食害に遭いやすい状態に変化したと考えられる。このように，高 CO_2 環境では従来の無機環境と植物の成長との関係に微生物が関与するという「間接効果」が認められる。

地球環境を考える上で，シベリアにおける広範囲にわたるかく乱，すなわちタイガの過度な伐採の結果，連鎖反応的に植生が損なわれ，悪影響は無視できない。過度な森林伐採に伴い永久凍土中に蓄えられた炭素やメタンなどの放出の可能性が指摘された。中国の「退耕還林」政策に端を発する木材生産と利用の適正化と世界レベルでの生態系修復の高度化への環境科学の貢献が，結局，大規模な地球環境変化の現実的な防止策の一助を担うと考えられる。

文　献

Arp, W. J. (1991) Effects of source-sink relations on photosynthetic acclimation to elevated CO_2. Plant, Cell Environ., 14, pp. 869〜875.

Beerlings. D. J. and Woodward, F. I. (2001) Vegetation and terrestrial carbon cycle. Cambridge University Press〔及川武久監訳 (2003)：植生と大気の4億年，京都大学学術出版会，京都〕.

Bettarini, I., Vaccari, F. and Miglietta, F. (1998) Elevated CO_2 concentrations and stomatal density：observations from 17 plant species growing in a CO_2 spring in central Italy. Global Change Biol., 4, pp. 17〜22.

Blumier, T., Moinnin, E. and Barnola, J. -M. (2005) Atmospheric CO_2 Data from Ice Cores：Four Climatic Cycles. In：A History of Atmospheric CO_2 and Its Effects on Plants, Animals, and Ecosystems. (eds. by J. R. Ehleringer, T. E. Cerling and M. D. Dearing), pp. 62〜82, Springer Verlag, Heidelberg, Germany.

Brooks, A. and Farquhar, G. D. (1985) Effect of temperature on the CO_2/O_2 specificity of ribulose-1,5-bisphosphate carboxylase/oxygenase and the rate of respiration in the light. Planta, 165, pp. 397〜406.

Brovvkin, V., Sitch, S., von Bloh, W., Claussen, M., Bauer, E. and Cramer, W. (2004) Role of land cover changes for atmospheric CO_2 increase and climate change during the last 150 years. Global Change Biol., 10, pp. 1253〜1266.

Choi, D. S., Quoreshi, A. M., Maruyama, Y., Jin, H. O. and Koike, T. (2005) Effect of ectomycorrhizal infection on growth and photosynthetic characteristics of *Pinus densiflora* seedlings grown under elevated CO_2 concentrations. Photosynthetica, 43, pp. 223〜229.

Choi, D. S., Kayama, M., Jin, H. O., Lee, C. H., Izuta, T. and Koike, T. (2006) Growth and photosynthetic responses of two pine species (*Pinus koraiensis* and *Pinus rigida*) in a polluted industrial region in Korea. Environ. Pollut., 139, pp. 421〜432.

Coleman J. S., McConnaughay, K. D. M. and Bazzaz, F. A. (1993) Elevated CO_2 and plant nitrogen-use：Is reduced tissue nitrogen concentration size dependent? Oecologia, 93, pp. 195〜200.

Cook, A., Vourlitis, G. L. and Harazono, Y. (2000) Evaluating the potential for long-term elevated CO_2 exposure studies using CO_2 springs in Japan. J. Agri. Meteorol., 56, pp. 31〜40.

Crawly, M. (1999) Ecology 2ed. Blackwell Scientific Publisher, Cambridge.

Dalton, H. and Brand-Hardy, R. (2003) Nitrogen：the essential public enemy. J. Appl. Ecol., 40, pp. 771〜781.

Day, T. A., Heckathorn, S. A. and DeLucia, E. H. (1991) Limitations of photosynthesis in *Pinus taeda* L. (loblolly pine) at low soil temperature. Plant Physiol., 96, pp. 1246〜1254.

Echeverria E., Salvucci M. E, Gonzalez P., Paris G., Salerno G. (1997) Physical and kinetic evidence for an association between sucrose-phosphate-synthase and sucrose- phosphate phosphatase. Plant Physiol., 115, pp. 223〜227.

江口則和，唐津一樹，上田龍四郎，船田　良，高木健太郎，日浦　勉，笹賀一郎，小池孝良（2005）FACE（Free Air CO_2 Enrichment）を用いた高 CO_2 濃度処理が落葉樹稚樹へ与える影響，成長と生理反応，2年間の結果，日本森林学会北海道論文集，53，pp. 73〜75．

Eguchi, N., Funada, R., Ueda, T., Takagi, K., Hiura, T., Sasa, K. and Koike, T. (2005) Soil moisture condition and growth of deciduous tree seedlings native to northern Japan grown under elevated CO_2 with a FACE system. Phyton, 45, pp. 133〜138.

Ehret, D. L. and Jolliffe, P. A. (1985) Leaf injury to bean plants grown in carbon dioxide enriched atmospheres. Can. J. Bot., 63, pp. 2015〜2020.

Evans, J. R. (1989) Photosynthesis and nitrogen relationships in leaves of C_3 plants. Oecologia, 78, pp. 9〜19.

Fang J., Oikawa, T., Kato T., Mo, Wenhong and Wang, Z. (2005) Biomass carbon accumulation by Japan's forests from 1947 to 1995. Global Biogeochemical Cycles, 19, GB2004, doi：10.1029/2004GB002253, pp. 1〜10.

Farnsworth, E. J., Nunez-Farfan, J., Careaga, S. A. and Bazzaz, F. A. (1995) Phenology and growth of three temperate forest life forms in response to artificial soil warming. J. Ecol., 83, pp. 967〜977.

Farquhar G. D., von Caemmerer, C. and Berry J. A. (1980) A biochemical model of photosynthetic CO_2 assimilation in leaves of C_3 species. Planta, 149, pp. 78〜90.

Galtier, N., Foyer, C. H., Huber, J., Voelker, T. A. and Huber, S. C. (1993) Effects of elevated sucrose-phosphate synthase activity on photosynthesis, assimilate partitioning, and growth in tomato (*Lycopersicon esculentum* var. UC82B). Plant Physiol., 101, pp. 535〜543.

Gamper, H., Peter, M., Jansa, J., Lüscher, A., Hartwig, U. A. and Leuchtmann, A. (2004). Arbuscular mycorrhizal fungi benefit from 7 years of free air CO_2 enrichment in well-fertilized grass and legume monocultures. Global Change Biol, 10, pp. 189〜199.

Gracedel, T. E. and Crutzen, P. J. (1993) Atmospheric change- an earth system perspective-, W. H. Freeman and Co. New York（日本語訳：地球システム科学の基礎，河村公隆・和田直子訳，学会出版センター，東京，2003）

Granier, A., Aubinet, M., Epron, E., Gudmundsson, J., Jensen, N. O., Köstner, B.,

Matteucci, G., Pilegaard, K., Schmidt, M. and Tenhunen, J. (2003) Deciduous forests : carbon and water fluxes, balance and ecophysiological determinants. In Valentini, R. ed. Fluxes of carbon, water and energy of European forests. Ecological Studies, 163, pp. 55~70, Springer Verlag, Heidelberg.

原田　泰（1954）改訂 森林と環境，北海道造林振興協会.

Hättenschwiler S. and Körner Ch. (1996) System-level adjustments to elevated CO_2 in model ecosystems. Global Change Biol, 2, pp. 377~387.

Hättenschwiler, S., Schweingruber, F. H. and Körner, Ch. (1996) Tree ring responses to elevated CO_2 and increased N deposition in *Picea abies*. Plant Cell Environ., 19, pp. 1369~1378.

Hättenschwiler, S., Miglietta. F., Raschi, A. and Körner, Ch. (1997) Thirty years of *in situ* tree growth under elevated CO_2 : a model for future forest responses? Global Change Biol, 3, pp. 436~471.

飛弾　剛，唐津一樹，江口則和，高木健太郎，日浦　勉，笹賀一郎，小池孝良（2006）高CO_2環境下で生育したブナとウダイカンバの呼吸特性，開放系大気CO_2増加（FACE）を用いた事例，日本森林学会北海道論文集，54，pp. 58~60.

日浦　勉（2000）森と川，それぞれの役割と相互作用，岩波科学，71，pp. 67~76.

Hu, S., Chapin III, F. S., Firestone, M. K., Field, C. B. and Chiariello, N. R. (2001) Nitrogen limitation of microbial decomposition in a grassland under elevated CO_2. Nature, 409, pp. 188~191.

五十嵐八重子，熊野純男（1981）北海道における最終氷期の植生変遷，第四紀研究，20，pp. 129~141.

池田武文（2001）樹液の上昇，樹木環境生理学（永田　洋，佐々木恵彦 編著），pp. 181~199，文永堂.

IGBP Terrestrial Carbon Working Group (1998) CLIMATE : The Terrestrial Carbon Cycle : Implications for the Kyoto Protocol. Science, 280, pp. 1393~1394.

井村　治（1999）地球環境変化と昆虫（河野昭一，井村　治 編著），環境変動と生物集団，pp. 147~167.

IPCC (1995) Climate Change, The Second Assessment report of the IPCC. Cambridge University Press, London.

IPCC (2003) Climate Change 2001, The Third Assessment report of the IPCC. Cambridge University Press, London（IPCC 地球温暖化第三次レポート，気象庁，環境省，経済産業省監修，中央法規）. (http : //www.ipcc.ch/)

Ishimaru, K., Ono, K. and Kashiwagi, T. (2003) Identification of a new gene controlling plant height in rice using the candidate-gene approach. Planta, 218, pp. 388~395.

伊藤昭彦（2002）陸上生態系機能としての炭素有機炭素貯留とグローバル炭素循環，日本生態学会誌，52，pp. 189〜227.
Jiang, L., Shi, F. C., Bo, L., Luo, Y. Q., Chen, J. Q. and Chen, J. K. (2005) Separating rhizosphere respiration from total soil respiration in two larch plantations in northeastern China. Tree Physiol., 25, pp. 1187〜1195.
閣議（2005）　京都議定書目標達成計画（http：//www.env.go.jp/press/file_view）.
鎌田直人（1999）ブナの生態学的特性と植物-植食者間の相互作用系，個体群生態学会報，56，pp. 29〜46.
Kayama, M., Quoreshi, A. M., Uemura, S. and Koike, T. (2005) Differences in growth characteristics and dynamics of elements absorbed in seedlings of three spruce species raised on serpentine soil in northern Japan. Ann. Bot., 95, pp. 661〜672.
Keppler, F., Hamilton, JTG., Brass, M., Rockmann, T. (2006) Methane emissions from terrestrial plants under aerobic conditions. Nature 439, pp. 187〜191.
Kitaoka, S. and Koike, T. (2005) Seasonal and yearly variations in light use and nitrogen use by seedlings of four deciduous broad-leaved tree species invading larch plantations. Tree Physiol., 25, pp. 467〜475.
Knapp, A. K., Cocke, M., Hamerlynck, E. P. and Owensby, C. E. (1994) Effect of elevated CO_2 on stomatal density and distribution in a C_4 Grass and a C_3 forb under field conditions. Ann. Bot., 74, pp. 595〜599.
Knepp, R. G., Hamilton, J. G., Mohan, J. E., Zangerl, A. R., Berenbaum, M. R. and DeLucia, E. H. (2005) Elevated CO_2 reduces leaf damage by insect herbivores in a forest community. New Phytol., 167, pp. 207〜218.
小林和彦（2001）FACE（開放系大気 CO_2 増加）実験，日本作物学会記事，70，pp. 1〜16.
Kogami, H., Shono, M., Koike, T., Yanagisawa, S., Izui, K., Sentoku, N., Tanifuji, S., Uchimiya, H. and Toki, S. (1994) Molecular and physiological evaluation of transgenic tobacco plants expressing a maize phosphoenol pyruvate carboxylase gene under the control of the cauliflower mosaic virus 35S promoter. Transgenic Res., 3, pp. 287〜296.
小池孝良（1990）フィンランドの巨大ビニルハウスとカンバ類の育種事情，林木の育種，156，pp. 29〜33.
小池孝良（1991）葉の寿命と樹種の生活の仕方，北方林業，43，pp. 323〜326.
小池孝良，田淵隆一，藤村好子（1991）ドロノキ苗木の成長に及ぼす高二酸化炭素濃度の影響，日本林学会論文集，102，pp. 519〜520.
Koike, T., Mori, S., Kitao, M., Takahashi, K. and Lei, T. T. (1994) Effect of elevated CO_2 and temperature on the survival and growth of transplanted rhizomes of *Sasa senanensis*. Bamboo J., 12, pp. 43〜48.

Koike, T. (1995) Effects of CO_2 in interaction with temperature and soil fertility on the foliar phenology of alder, birch, and maple seedlings. Can. J. Bot., 73, pp. 149～157.

小池孝良，森　茂太，高橋邦秀，及川武久 (1995) 温暖化研究の手法とその動向，森林立地，37, pp. 28～34.

Koike, T., Kohda, H., Mori, S., Takahashi, Inoue, M. T., K., and Lei, T. T. (1995) Growth responses of the cuttings of two willow species to elevated CO_2 and temperature. Plant Species Biol., 10, pp. 95～101.

Koike, T., Lei, T. T., Maximov, T. C., Tabuchi, R., Takahashi, K. and Ivanov, B. I. (1996) Comparison of the photosynthetic capacity of Siberian and Japanese birch seedlings grown in elevated CO_2 and temperature. Tree Physiol., 16, pp. 381～385.

Koike, T., Sasa, K., Niinemet, Ü., Osaki, M., Kohyama, T. (2002) Asia research center of studying forest dynamics for monitoring global environmental change. Eurasian J. Forest Res., 5, pp. 132～133.

Koike, T., Matsuki, S., Matsumoto, T., Yamaji, K., Tobita, H., Kitao, M. and Maruyama, Y. (2003) Bottom-up regulation for protection and conservation of forest ecosystems in northern Japan under changing environment. Eurasian J. Forest Res., 6, pp. 177～189.

小池孝良 (2004) 地球温暖化と植物の生態 (甲山隆司 編)，植物生態学，pp. 361～391，朝倉書店.

小池孝良 (2006) 森林火災で乱される永久凍土と森のメカニズム，森林環境2006, pp. 31～41.

Koike, T., Tobita, H., Shibata, T., Mastuki, S., Konno, K., Kitao, M., Yamashita, N. and Maruyama, Y. (2006) Defense characteristics of seral deciduous broad -leaved tree seedlings grown under differing levels of CO_2 and nitrogen. Population Ecol., 48, pp. 23～29.

小泉　博，大黒俊哉，鞠子　茂 (2000) 草原・砂漠の生態，共立出版.

Kolchugina, T. P. and Vinson, T. S. (1995) Role of Russian Forests in the global carbon balance. Ambio, 24, pp. 258～264.

Körner, Ch., Asshoff, R., Bignucolo, O., Hättenschwiler, S., Keel, S. G., Peláez-Riedl, S., Pepin, S., Siegwolf, R. and Zotz, G. (2005) Carbon flux and growth in mature deciduous forest trees exposed to elevated CO_2. Science, 309, pp. 1360 ～1362.

Körner, Ch. and Arnone, J. A. III. (1992) Responses to elevated carbon dioxide in artificial tropical ecosystems. Science, 257, pp. 1672～1675.

Körner, Ch. (2001) Biosphere responses to CO_2 enrichment. Ecol. Appl., 10, pp. 1590 ～1619.

Kubiske, M. E. and Pregitzer, K. S. (1997) Ecophysiological responses to simulated canopy gaps of two tree species of contrasting shade tolerance in elevated CO_2. Funct. Ecol., 11：pp. 24〜32.

Leakey, A. D. B. Press, M. C., Scholes, J. D. and Watling, J. R. (2002) Relative enhancement of photosynthesis and growth at elevated CO_2 is greater under sunfleckes than uniform irradiance in a tropical rain forest tree seedling. Plant, Cell Environ., 25, pp. 1701〜1714.

Lemon, E. R. (1983) CO_2 and plants. AAAS selected symposium 84, Westview Press, Colorado, p. 280.

Makino, A., Harada, H., Sato, T., Nakano, H. and Mae, T. (1997) Growth and N allocation in rice plants under CO_2 enrichment. Plant Physiol., 115, pp. 199〜203.

真坂一彦，山田健四，小野寺健介（2005）道路周辺におけるニセアカシア群落の発達過程と分布拡大パターン，北海道におけるニセアカシアの管理を目指した基礎的研究。第25回道路緑化技術発表会要旨論文集，pp. 22〜23．

正木正三（1999）昆虫の生活史と気候，変動環境と生物（河野昭一，井村 治 編著），海遊舎，東京，pp. 120〜146．

Matsuki, S., Sano, Y. and Koike, T. (2004) Chemical and physical defense in early and late leaves in three heterophyllous birch species native to northern Japan. Ann. Bot., 93, pp. 141〜147.

McConnaughay, K. D. M., Bertson, G. M. and Bazzaz, F. A. (1993) Limitations to induced growth enrichment in pot studies. Oecologia, 94, pp. 550〜557.

Micallef B. J., Haskins K. A., Vanderveer P. J., Roh K-S., Shewmaker C. K. and Sharkey T. D. (1995) Altered photosynthesis, flowering and fruiting in transgenic tomato plants that have an increased capacity for sucrose synthesis. Planta, 196, pp. 327〜334.

莫 文紅・関川清広（2005）土壌からの炭素放出の定量，日本生態学会誌，55，pp. 125〜140．

Myers, J. H. and Bazely, D. R. (2003) Ecology and control of introduced plants. Cambridge University Press, Cambridge, p. 313.

中堀謙二（1986）花粉群集地域変化図を基にした晩氷期以降の植生変遷，種生物学研究，10，pp. 14〜27．

Nagashima, H., Yamano, T., Hikosaka, K. and Hirose, T. (2003) Effects of elevated CO_2 on the size structure in even-aged monospecific stands of *Chenopodium album*. Global Change Biol., 9, pp. 619〜629.

永田 洋，佐々木恵彦（2001）樹木環境生理学，文永堂．

Nakamura, T., Osaki, M., Hanba, Y. T., Koike, T., Wada, E. and Tadano, T. (1997) Effect of CO_2 enrichment on carbon and nitrogen interaction in wheat and soybean. Soil Sci. Plant Nutr., 43, pp. 789〜798.

Nakamura, T., Koike, T., Lei, T. T., Ohashi, K., Shinano, T. and Tadano, T. (1999) The effect of CO_2 enrichment on the growth of nodulated and non-nodulated isogenic types of soybean raised under two nitrogen concentrations. Photosynthetica, 37, pp. 61〜70.

Nakano H., Makino, A., Mae, T. (1997) The effect of elevated partial pressures of CO_2 on the relationship between photosynthetic capacity and nitrogen content in rice leaves. Plant Physiol., 115, pp. 191〜198.

Norby, R. J., Francesca, M., Cotrufo, M., Ineson, P., O'Neill, E. G., and Canadell, J. G. (2001) Elevated CO_2, litter chemistry, and decomposition : a synthesis. Oecologia, 127, pp. 153〜165.

Nösberger, J. (2006) Managed ecosystems and CO_2 : Case studies, processes and perspectives, Springer Verlag, Heidelberg, Germany.

Nowak R. S., Ellsworth D. S. and Smith S. D. (2004) Functional responses of plants to elevated atmospheric CO_2, Do photosynthetic and productivity data from FACE experiments support early predictions? New Phytol., 162, pp. 253〜280.

Oikawa, T. (1986) Simulation of forest carbon dynamics based on a dry-matter production model. III. Effects of increasing CO_2 upon a tropical rain forest ecosystem. Bot. Mag. Tokyo, 99, pp. 419〜430.

Ono, K., Ishimaru, K., Aoki, N., Takahashi, S., Ozawa, K., Ohkawa, Y. and Ohsugi, R. (1999) Characterization of a maize sucrose-phosphate synthase protein and its effect on carbon partitioning in transgenic rice plants. Plant Prod. Sci., 2, pp. 172〜177.

Ono, K., Sasaki, H., Hara, T., Kobayashi, K. and Ishimaru, K. (2003) Changes in Photosynthetic activity and export of carbon by overexpressing a Maize sucrose-phosphate synthase gene under elevated CO_2 in transgenic rice. Plant Prod. Sci., 6, pp. 281〜286.

Onoda, Y. (2005a) 18th International Congress of Botany at Vienna, Austria.

Onoda, Y., Hikosaka, K., Hirose, T. (2005b) Natural CO_2 springs in Japan : A case study of vegetation dynamics. Phyton, 45, pp. 389〜394.

Oren, R., Ellsworth, D. S., Johness, K. H., Phillips, N., Ewers, B. E., Maler, C., Schäfer, K. V. R., McCarthy, H., Nendrey, G., McNulty, S. G. and Katul, G. G. (2001) Soil fertility limits carbon sequestration by forest ecosystems in a CO_2-enriched atmosphere. Nature, 411, pp. 469〜472.

Paul, M. J. and Foyer, C. H. (2001) Sink regulation of photosynthesis. J. Exp. Bot., 52, pp. 1383〜1400.

Percy, K. E., Awmack, C. S., Lindroth, R. L., Kubiske, M. E., Kopper, B. J., Isebrands, J. G., Pregitzerk, K. S., Hendrey, G. R., Dickson, R. E., Zak, D. R.,

Oksanen, E., Soberk, J., Harrington, R. and Karnoskyk, D. F. (2002) Altered performance of forest pests under atmospheres enriched by CO_2 and O_3. Nature, 420, pp. 403〜407.

Pepin, S. and Körner, Ch. (2002) Web-FACE: a new canopy free-air CO_2 enrichment system for tall trees in mature forests. Oecologia, 133, pp. 1〜9.

Poorter, H. and Navas, M. L. (2003) Plant growth and competition at elevated CO_2: on winners, losers and functional groups. New Phytol., 157, pp. 175〜198.

Qu L. (2003) Ecophysiological study on the natural regeneration in the two larch species with special references to soil environment in northern Japan. PhD Thesis, Graduate School of Agriculture, Hokkaido University, Sapporo.

Qu L., Shinano, T., Quoreshi, A. M., Tamai, Y., Osaki, M. and Koike, T. (2004) Allocation of ^{14}C-Carbon in two species of larch seedlings infected with ectomycorrhizal fungi. Tree Physiol., 24, pp. 1369〜1376.

Reddy, K. R. and Hodges, H. F. (2000) Climate Change and Global Crop Productivity. CABI Publishing, New York, p. 472.

Riipi, M., Ossipov, V., Lempa, K., Haukioja, E., Koricheva, J., Ossipova, S., and Pihlaja, K. (2002) Seasonal changes in birch leaf chemistry: Are there trade-offs between leaf growth and accumulation of phenolics? Oecologia, 130, pp. 380〜390.

Roberts, L. (1989) How fast can trees migrate? Science, 243, pp. 735〜737.

Roderick, M. L. and Berry, S. L. (2001) Linking wood density with tree growth and environment: a theoretical analysis based on the motion of water. New Phytol., 149, pp. 473〜485.

Sage, R. F. and Pearcy, R. W. (2000) The Physiological Ecology of C_4 Photosynthesis. In: Photosynthesis: Physiology and Metabolism (eds. by R. C. Leegood, T. D. Scharkey and S. von Caemmerer), pp. 497〜532, Kluwer, Dordrecht.

Sage, R. F. and Monson, R. K. (1999) C_4 Plant Biology, Academic Press, New York.

Salerno, G. L., Echeverria, E., Pontis, H. G. (1996) Activation of sucrose-phosphate synthase by a protein factor/sucrose-phosphate phosphatase. Cellular and Molecular Biol., 42, pp. 665〜672.

佐藤公行 編 (2002) 光合成，現代植物生理学講座，朝倉書店．

佐藤大七郎 (1973) 陸上植物群落の物質生産 Ia, 生態学講座 5-a, 共立出版．

Schneider, M. K., Lüscher, A., Richter, M., Aeschlimann, U., Hartwig, U. A., Blum, H., Frossard, E. and Nösberger, J. (2004) Ten years of free-air CO_2 enrichment altered the mobilization of N from soil in *Lolium perenne* L. swards. Global Change Biol., 10, pp. 1377〜1388.

Schoonhoven L. M, Jermy T. and van Loon J. J. A. (1998) Plant-insect biology from physiology to evolution, Chapman Hall, London.

Schulze, E. -D., Schulze, W., Kelliher, F. M., Vygodskaya, N. N., Ziegler, W., Kobak, I., Koch, H., Arneth, A., Kusnetsova, W. A., Sogatchev, A., Issajev, A., Bauer, G., and Hollinger, D. Y. (1995) Aboveground biomass and nitrogen nutrition in a chronosequence of pristine Dahurian *Larix* stands in eastern Siberia. Can. J. Forest Res., 25, pp. 943〜960.

Schulze, E. -D., Lloyd, J., Kelliher, F. M., Wirth, C., Rebmann, C., Lühker, B., Mund, M., Knohl, A., Milyukova, I., Schulze, W., Ziegler, W., Varlagin, A., Valentini, R., Dore, S., Grigoriev, S., Kolle, O. and Vygodskaya, N. N, (1999) Productivity of forests in the Eurosiberian boreal region and their potential to act as a carbon sink, A synthesis. Global Change Biol., 5, pp. 703〜722.

Schulze, E. -D., Högberg, P., van Oene, H., Person, T., Harrison, A. F., Read, D., Kjöller, A. and Matteucci, A. (2000) Interactions between the carbon and nitrogen cycle and the role of biodiversity : a synopsis of a study along a north-south transect through Europe. Ecological Studies 142 : Springer Verlag, Heidelberg, New York, pp. 468〜492.

Schulze, E. -D., Valentini, R. and Sanz, M. -J. (2002) The long way from Kyoto to Marrakesh : Implications of the Kyoto protocol negotiations for global ecology. Global Change Biol., 8, pp. 505〜518.

Schulze, E. -D., Beck, E. and Müller-Hohenstein, K. (2005) Plant Ecology, Springer Verlag, Heidelberg, New York.

清野 豁 (2001) 大気環境変化と植物の反応 (野内 勇 編著), 養賢堂, pp. 209〜240.

柴田英昭 (2004) 大気—森林—河川系の窒素移動と循環, 地球環境, 9, pp. 75〜82.

Stocks, B. J. and Kasischeke, E. S. (2000) Information Requirements and Fire Management and Policy Issues. In : Fire, Climate Change, and Carbon Cycling in the Boreal Forest. (Eds. by E. S. Kasischke and B. J. Stocks), pp. 7〜17, Springer Verlag.

Stiling, P., Moon, D., Hymus, G., and Drake, B. (2004) Differential effects of elevated CO_2 on acorn density, weight, germination, and predation among three oak species in a scrub-oak forest. Global Change Biol., 10, pp. 228〜232.

Takagi, K., Nomura, M., Fukuzawa, K., Kayama, M., Shibata, H., Sasa, K., Koike, T., Akibayashi, Y., Inukai, K. and Maebayashi, M. (2005a) Deforestation effects on the micrometeorology in a cool-temperate forest in northernmost Japan. J. Agr. Meteorol., 60, pp. 1025〜1028.

Takagi, K., Nomura, M., Ashiya, D., Takahashi, H., Sasa, K., Fujinuma, Y., Shibata, H., Akibayashi, Y. and Koike, T. (2005b) Dynamic carbon dioxide exchange through snowpack by wind-driven mass transfer in a conifer-broad-

leaf mixed forest in northernmost Japan. Global Biogeoch. Cycles, 19, GB2012：1-10.
高原　光（1996）文明と環境9，森と文明，pp. 103〜116，朝倉書店．
田中康久，松本純治，堀　正彦（2003）温暖化対策交渉と森林（吸収源対策研究会），林業改良普及双書144，p. 203.
Tatewaki, M. (1958) Forest ecology of the islands of the north pacific ocean. J. Fac. Agr., Hokkaido Univ., 50, pp. 371〜486.
Terashima, I. (1992) Anatomy of non-uniform leaf photosynthesis. Photosynthesis Res., 31, pp. 195〜212.
Terashima, I., Wong, S-C., Osmond, C. B. and Farquhar, G. D. (1988) Characterization of non-uniform photosynthesis induced by abscisic acid in leaves having different mesophyll anatomies. Plant Cell Physiol., 29, pp. 385〜394.
Tilman, D., Reich, P. B., Knops, J., Wedin, D., Mielke, T., and Lehman, C. (2001) Diversity and productivity in a long-term grassland experiment. Science, 294, pp. 843〜845.
Tissue, D. T. and Oechel, W. C. (1987) Response of *Eriphorum vaginatum* to elevated CO_2 and temperature in the Alaskan tussock tundra. Ecology, 68, pp. 401〜410.
Uchijima, Z. and Seino, H. (1988) Probable effects of CO_2-induced climatic change on agronomic resources and net primary productivity in Japan. Bull. Nat. Inst. Agro-Environ. Sci., 4, pp. 67〜88.
Usuda, H. and Shimogawara, K. (1998) The effects of increased atmospheric carbon dioxide on growth, carbohydrates, and photosynthesis in radish, *Raphanus sativus*. Plant Cell Physiol., 39, pp. 1〜7.
Vaganov, E. A., Hughes, M. K., Kirdyanov, A. V., Schweingruber, F. H. and Sillkin, P. P. (1999) Influence of snowfall and melt timing on tree growth in subarctic Eurasia. Nature, 400, pp. 149〜151.
Valentini, R. (2003) Fluxes of carbon, water and energy of European forests. Ecological Studies 163, Springer Verlag, Heidelberg, p. 270.
Van Kessel, C., Horwath, W. R., Hartwig, U., Harris, D., and Lüscher, A. (2005) Net soil carbon input under ambient and elevated CO_2 concentrations：isotopic evidence after 4 years. Tree Physiol., 25, pp. 1399〜1408.
Winter, H. and Huber, S. C. (2000) Regulation of sucrose metabolism in higher plants. Critical Revi. Plant Sci., 19：pp. 31〜67.
Woodward, F. I. (1987) Stomatal numbers are sensitive to increases in CO_2 from pre-industrial levels. Nature, 327, pp. 617〜618.
Woodward, F. I. and Bazzaz, F. A. (1988) The responses of stomatal density to CO_2 partial pressure. J. Exp. Bot., 39, pp. 1771〜1781.

Wright, I. J. and Cannon, K. (2001) Relationships between leaf lifespan and structural defences in a low-nutrient, sclerophyll flora. Funct. Ecol., 15, pp. 351〜359.

矢吹万寿 (1986) 植物の動的環境, 朝倉書店.

Yazaki, K., Maruyama, Y., Mori, S., Koike, T. and Funada, R. (2005) Effects of elevated carbon dioxide concentrations on wood structure and formation in trees, Plant Responses to Air Pollution and Global Change (eds. by K. Omasa, I. Nouchi and L. J. de Kok), Springer-Verlag, Tokyo, Japan pp. 89〜97.

Zhang, P., Shao, G., Zhao, G., Le Master, D. C., Parker, G. R., John B. Dunning J. B., Jr., and Li, Q. (2000) China's Forest Policy for the 21st Century. Science, 288, pp. 2135〜2136.

4. 水ストレスと植物

4.1 植物に対する水ストレスの影響

　植物にとって水が不可欠の存在であることは周知の事実である。植物体に含まれる水の割合である含水量は植物種，植物器官，生育段階などによって異なるが，一般的に草本植物では生重量の約 80〜90 % を水が占めており，木本植物においても生重量の約 50〜80 % が水である（Kramer, 1983）。植物体への水分供給が少なくなると，水分欠乏すなわち水ストレスを生じ，その成長などは著しく減少する。本章においては，植物の個体レベルにおける水ストレスに対する応答と植物に対する水ストレスと光化学オキシダントの複合影響などを概説する。

4.1.1 植物体の水分状態の指標
　植物体の水分状態の程度を表す尺度として，含水量，含水率，水ポテンシャルなどが用いられる。含水量や含水率は，一般的に植物体の単位乾燥重量（もしくは生重量）当りの水分重量または水分の占める割合で示す。また，葉においては単位葉面積当りの水分重量もしくは水分の占める割合で表す場合もある〔式 (4.1), (4.2)〕。なお，植物体が水で飽和した状態と比較してどの程度水を失っているかという値である相対含水率などを用いる場合もある（石田・谷, 2003）。

$$\text{含水量 [g]} = \text{生重量} - \text{乾燥重量} \tag{4.1}$$

$$\text{含水率}〔\%〕= \frac{\text{生重量}-\text{乾燥重量}}{\text{乾燥重量}} \times 100 \tag{4.2}$$

含水量や含水率は水分状態の程度を表す最も簡単な表示法であり，同一の植物種の間で比較する場合はあまり問題ないが，異なる植物種の間での比較に用いることは難しい。例えば，葉の構造は植物種によって異なるため，含水量や含水率は大きく異なり，植物種によって10倍程度も隔たりがある。また，含水量が多い植物種が必ずしも耐乾燥性が高いわけではないため，含水量や含水率を葉の水分状態の指標として用いる際には注意が必要である。

植物細胞内の代謝などに影響を及ぼす水分状態とは，細胞内における水分量ではなく，水がどのようなエネルギー状態にあるかということである。このような植物体や土壌の水分状態を動的に捉えるためには，水ポテンシャルという概念を用いる。水ポテンシャルとは，対象系における水の移動のしやすさであり，対象系の単位体積に含まれる全水分子の全自由エネルギーである。すなわち，水ポテンシャル $\varPsi_w$ は，対象とする系の化学ポテンシャル μ_w と純水の化学ポテンシャル μ_0 の差を水の部分モル体積 V_w で割って，圧力の単位〔MPa〕で表したものである〔式 (4.3)〕。

$$\varPsi_w = \frac{\mu_w - \mu_0}{V_w} \tag{4.3}$$

水ポテンシャルという概念を用いると，水の移動する方向と移動のしやすさやしにくさなどが説明できる。前述のように，土壌や植物体内における水の移動は自由エネルギーの勾配に沿って起こる。すなわち，水の自由エネルギーが大きい（水ポテンシャルが高い）ほうから水の自由エネルギーが少ない（水ポテンシャルが低い）ほうに向かって水は移動する。例えば，活発に活動を行っている植物においては，水ポテンシャルは根＞茎＞葉の順に高く，水は地下部から地上部へ移動している。また，植物が吸水するためには，根の組織の水ポテンシャルが土壌水の水ポテンシャルより低くならなければならない。また，植物細胞の水ポテンシャル $\varPsi_w$ は，浸透圧によって生じる浸透ポテンシャル $\varPsi_{os}$，膨圧によって生じる圧ポテンシャル $\varPsi_p$，表面張力や毛管力によって生じ

るマトリックポテンシャル Ψ_m および水の位置（高さ）によって生じる重力ポテンシャル Ψ_g の総和で表わすことができる〔式 (4.4)〕。

$$\Psi_w = \Psi_{os} + \Psi_p + \Psi_m + \Psi_g \tag{4.4}$$

なお，マトリックポテンシャル Ψ_m は，細胞壁などに吸着している水によるものであり，通常は無視することができる。すなわち，植物が吸水を続けるためには膨圧を一定に保ちつつ，浸透ポテンシャルを低下させる必要がある。なお，水ポテンシャルに関する詳細な内容は野並（2001 a, b）などを参照されたい。

4.1.2 植物に対する水ストレスの影響

すべての植物は，水なくしては健全に成長できない。植物は気孔を介して二酸化炭素を取り込むと同時に，蒸散によって体内の水分を大気中に逃してしまう。この際，根からの水分供給が少ない，もしくは過剰に蒸散してしまうと，水が植物の成長を制限する水ストレスが生じる。このような水ストレスの発生原因や成長抑制のパターンはいくつもある。例えば

 (1) 土壌が乾燥しすぎて根が水を吸えない
 (2) 根の量が少ない，あるいは植物体中の水の通りやすさが悪いため，水獲得能力が小さい
 (3) 気孔が閉じてしまい光合成ができない
 (4) 光合成を行う細胞が機能しない

などが挙げられる。このように，水ストレスの影響は，植物の部位や器官などでさまざまな形態的・生理的な応答や障害として現れる。図 4.1 は，水ストレスに対して植物のさまざまな過程がどのような応答をするかをまとめたものである。Hisao (1973) は，植物体の水ポテンシャルによって水ストレスの程度を数段階に分類した。植物体の水ポテンシャルが，$-0.1 \sim -0.6$ MPa 程度の状態を軽度の水ストレス，$-1.1 \sim -1.5$ MPa 程度の状態を中度の水ストレス，-1.5 MPa 以下の状態を強度の水ストレスとした。しかしながら，植物種の差異などによって水ストレス耐性（耐乾燥性）の程度が異なる点には注意し

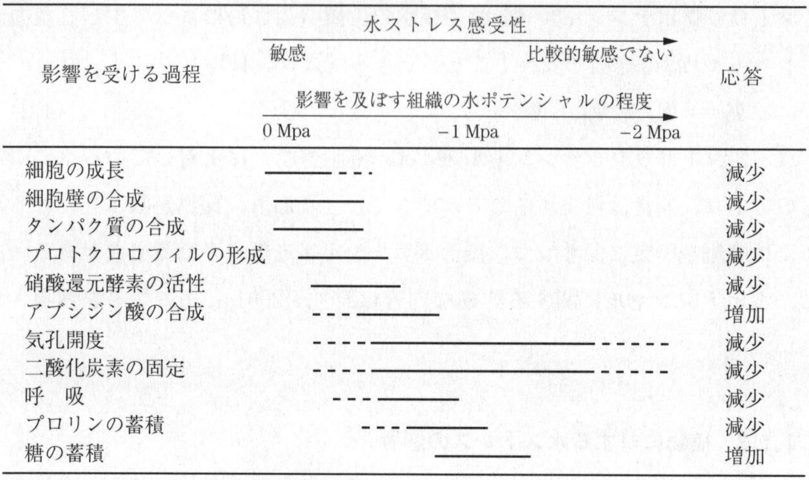

148　　4. 水ストレスと植物

影響を受ける過程	水ストレス感受性			応答
	敏感		比較的敏感でない	
	影響を及ぼす組織の水ポテンシャルの程度			
	0 Mpa	−1 Mpa	−2 Mpa	
細胞の成長	────── - - - -			減少
細胞壁の合成	──────			減少
タンパク質の合成	─────			減少
プロトクロロフィルの形成	───────			減少
硝酸還元酵素の活性	──────			減少
アブシジン酸の合成	- - - ───────			増加
気孔開度	- - - - - - - - - - - - - - - - - -			減少
二酸化炭素の固定	- - - - - - - - - - - - - - - - - -			減少
呼　吸	- - - ─────			減少
プロリンの蓄積	- - - - - ───────			減少
糖の蓄積	───────────			増加

実線はその過程が影響を受け始める水ポテンシャルの範囲を示す。破線は影響を受けると推定される範囲を示す。なお，気孔開度と二酸化炭素の固定に関しては，特に種による差異が大きく認められる。

図4.1　植物のさまざまな過程における水ストレスの感受性（Hsiao, 1973, 一部改変）

なければならない。

〔1〕**植物の成長に対する水ストレスの影響**　水ストレスは，植物の成長を低下させる。また，過大で急性的な水ストレスによって植物が枯死することもある。一方，植物が穏やかな水ストレスであっても長期間さらされると，植物成長は著しく低下し，死に至ってしまう個体の割合も増加する。例えば，6か月間にわたって異なる灌水量でブナの苗木を育てると，灌水量の減少に伴ってその成長は低下し，灌水量が半分以下になると枯死する個体の割合が増加した（図4.2）。一般的に植物は，乾燥化がゆっくりと進むような条件下では非常に粘り強い耐性反応を示すが，湿潤から乾燥へと急激に変化するような条件では，乾燥に十分に対応できず，乾燥の程度がそれほど厳しくなくても著しい水ストレスを受けてしまうことがある。水ストレスの影響は最終的には成長阻害や枯死という形で植物に現れるが，そこに至るまでには植物体内でさまざまな応答が行われている。図4.2に示したように，灌水量の低下による水ストレスによって植物の成長は低下するが，それぞれの植物器官の成長応答は異な

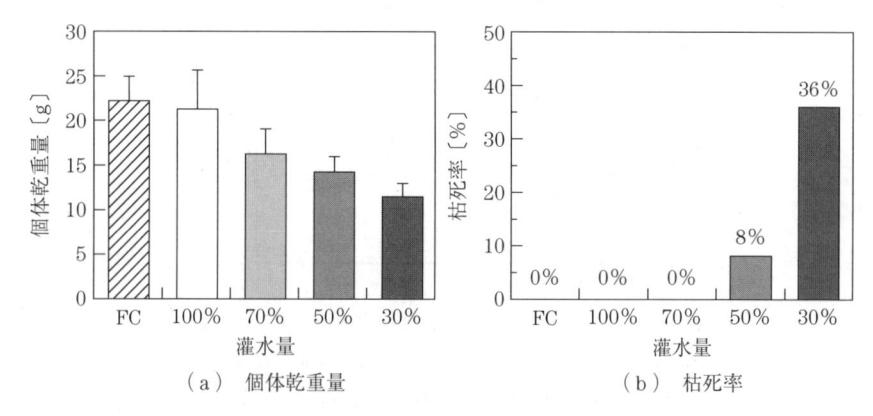

FC：最大容水量，100％：日本の落葉樹林帯の平均降水量（940 mm/160 日，5月〜10月上旬），70％：660 mm/160 日，50％：470 mm/160 日，30％：303 mm/160 日

図 4.2 ブナ苗の（a）個体乾重量や（b）枯死率に対する灌水量の影響（米倉未発表）

る。一般に，水ストレスによる成長阻害は，葉や幹（茎）などの地上部で著しく，地下部（根）の阻害程度は地上部に比べて低い。すなわち，吸水機能を担う根の成長を促進させる一方，個葉の面積を小さくしたり，葉の数を減少させることなどによって個体当りの葉面積を小さくし，できるだけ植物体内からの水の損失を抑え，水ストレスからの回避性を高めていると考えられる。実際に木本植物などは，枝の先枯れ，一部もしくは全体的に落葉させる，あるいは複数回にわたって落葉させることによって個体や葉面積を縮小させ，水の損失を抑えるような応答をする（Larcher, 1995）。ダイズなどの農作物においても同様な応答が観察されている（米倉ら，2000）。

　葉面積成長に対する水ストレスの影響は，気孔の開度や純光合成速度に対する影響より大きい。Boyer（1970）は，葉の水ポテンシャルが少し低下しただけで葉面積成長は抑制されるが，ある程度の水ポテンシャルの低下が起こっても気孔開度や純光合成速度は変化せずに保たれることを報告している（図4.3）。

　根の成長が葉の成長よりも水ストレスの影響を受けにくいのは，少量であっても利用可能な水を使って吸水器官である根を優先的に成長させるためである

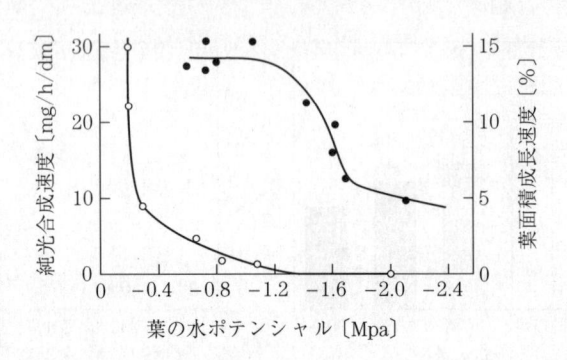

図4.3 ダイズの葉の水ポテンシャルの変化に伴う葉面積の成長速度や純光合成速度の変化（Boyer，1970）

と考えられている（Mayaki，1976）。このような場合，根の水ポテンシャルは葉の水ポテンシャルに比べて高く維持されており，根においても成熟部に比べて成長部である根端では，溶質の蓄積などによって膨圧が高く維持され，水ポテンシャルも高いため，根の成長が抑制されにくくなっている（Frensch，1997）。さらに，平沢（1999）は，水ストレスは分枝根を増加させ，その結果，水ストレス条件下では根の密度が高くなる傾向にあることを報告している。

　植物の生殖成長に対する水ストレスの影響は，開花期で最も著しい。花の分化や成長，開花などは水ストレスに対する感受性が非常に高く，このような期間に水ストレスを受けると生殖成長が抑制され，農作物では収量が著しく減少する（伊藤・平沢，1994）。例えば，ダイズを慢性的な水ストレス条件下で育成すると，花の数は水ストレスにより約30％程度の減少だったにもかかわらず，結実した実の数は50％に減少した（米倉ら，2000）。また，生殖成長期のコムギが水ストレスを受けると，花粉が不稔になり稔実種子数が減少する。この原因はアブシジン酸（ABA）の増加などによるものと考えられている（Morgan，1980）。また，子実（果実）の成長も同様に水ストレスの影響を受けるが，多くの場合で子実への同化産物の転流量を増加させることにより子実の成長を維持しようとしており，その影響程度は個体成長ほど大きくない（小葉田・高見，1979）。しかしながら，子実成長に対する水ストレスの影響は同一作物でも品種によって異なる。欧米で栽培されているダイズにおいては，水

ストレスによって子実の 100 粒重は減少することが報告されている（Meckel et al., 1984 ; Smiciklas et al., 1989 ; De Souza et al., 1997）。これに対して，わが国で栽培されている数品種のダイズでは，水ストレスによって種子の 100 粒重が影響を受けないか，むしろ増加することが報告されている（飛田ら，1995 ; 米倉ら，2000）。子実の成分に対する水ストレスの影響を調べた研究例は非常に少ないが，水ストレス処理によって，ダイズの子実のマグネシウム濃度は増加するが，脂質含量，カルシウム濃度およびマンガン濃度は低下し，子実の成分バランスが崩れることが報告されている（米倉ら，2000）。この結果は，水ストレスによってカルシウムなどの無機元素の根からの吸収や植物体内における転流が阻害されることを示唆している。

〔2〕 **植物体内における水ストレスの影響**　植物体内で水ストレスが生じる原因は，基本的には蒸散量が吸水量を上回っているためである。植物はおもに葉の気孔を介して水蒸気が大気中に放出される。そのため，気孔が閉鎖し，蒸散を抑制することによって，葉の水ポテンシャルの低下は抑えられる。気孔が閉じ始める葉の水ポテンシャルは，植物種によって異なるが，イネで約 $-0.2\,\mathrm{MPa}$，コムギで約 $-0.4\,\mathrm{MPa}$，ダイズで約 $-0.6\,\mathrm{MPa}$ である。

土壌水分が減少していくと，図 4.4 に示したような日変化を繰り返しながら，葉や根の水ポテンシャルは低下していく。気孔閉鎖は，必ずしも乾燥土壌条件下だけで起こるのではなく，土壌湿潤状態においてもたびたび起こる。この現象は，例えば(a) 土壌水分が十分であっても晴天日の日中に蒸散が盛ん

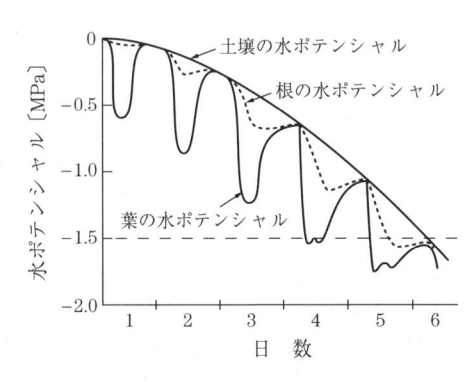

図 4.4　灌水停止後の土壌，根および葉の水ポテンシャルの推移（Slatyer, 1967, 一部改変）

で根からの水分供給が追いつかない場合や，(b) 空気が乾燥（湿度が低下）している場合などに起こり，気孔閉鎖とともに純光合成速度の低下などが認められる。しかしながら，(a) の場合と (b) の場合では気孔閉鎖の応答原因が異なる。

(a) の場合はおもに葉内の水ポテンシャルの低下による気孔閉鎖であるが，この気孔閉鎖は葉だけではなく根の水分状態にも強く影響される。すなわち，根が乾燥（含水量が低下）すると，植物ホルモンの一種であるアブシジン酸（ABA）がつくられ，それが蒸散流によって葉に送られて気孔の閉鎖をもたらすと考えられている (Davies and Zhang, 1991)。また，葉のABA濃度が高い（濃度上昇が大きい）植物のほうが水ストレスに対する抵抗性が高いという報告もある (Larque-Saavedra and Wain, 1976)。この生合成されたABAは，葉だけではなく，さまざまな器官でさまざまな反応を引き起こす（図4.5）。さらに，水ストレスを受けた葉では，エチレンの生産が増加し，老化が

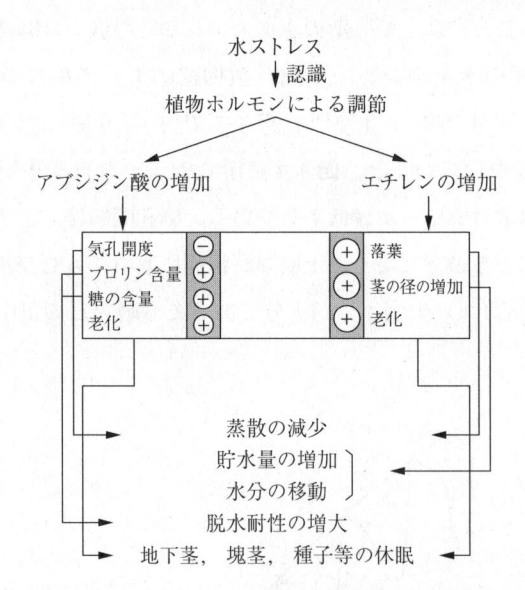

(＋) は活性化されている反応，(−) は阻害される反応を示す。

図 4.5　水ストレスを受けているときの植物ホルモンによる調節および反応の概略図 (Tietz and Tietz, 1982, 一部改変)

促進される。植物における老化現象と水ストレスの影響は，根におけるサイトカイニンの生産の低下によって地上部への供給量が減少する点でも類似している (Livne and Vaadia, 1972)。

（ｂ）の場合は，葉内の水ポテンシャルの変化ではなく，表皮細胞の水ポテンシャルの低下が湿度の低下による蒸散速度の増加によって引き起こされ，それに反応して気孔閉鎖が引き起こされるのではないかと考えられている (Mott and Parkhurst, 1991)。このような水ストレスによる気孔閉鎖は，純光合成速度の低下を引き起こす。この気孔閉鎖と純光合成速度の低下はほぼ同時に認められることにより，気孔閉鎖が純光合成速度を低下させる初反応だと考えられる (Larcher, 1995)。また，強い水ストレスは，電子伝達や光リン酸化などの光合成機能も低下させ，著しい光合成阻害を引き起こす (Keck and Boyer, 1974)。また，葉緑体における二酸化炭素固定に重要な役割を果たす酵素である RuBP カルボキシラーゼ/オキシケナーゼ（Rubisco）の活性も水ストレスによって低下するが，電子伝達速度や光リン酸化の低下に比べて，低い水ポテンシャルまで酵素活性を保っていることが報告されている (Mayoral et al., 1980)。さらに，水ストレスによってクロロフィルｂの形成阻害 (Bhardwaj and Singhal, 1981) やクロロフィルタンパクの分解促進 (Albelt et al., 1977) などが引き起こされ，葉緑体の微細構造が破壊される (Giles et al., 1976) ことが明らかになっている。

気孔閉鎖によって蒸散速度が低下すると，葉の水ポテンシャルの低下が抑制されるが，クチクラを介して植物体内の水分が大気中に放出されるクチクラ蒸散は行われている。クチクラ蒸散量は蒸散全体の数％〜10％を占めており，気孔閉鎖だけでは植物体内からの水分の損失は防げない。そのため，葉が萎凋することにより，葉の葉面境界層抵抗が大きくなり，その結果，蒸散速度が低下するという応答を示す（平沢, 1999)。

〔3〕 **水ストレスの影響（応答）の利用**　これまでに，植物の水ストレスに対するさまざまな影響や応答を示してきたが，農作物においては，栽培時期に意図的に水ストレスを与えることによって生産安定や品質向上を図ることが

ある。例えば，水ストレスはトマト，メロン，ミカンなどの果実の糖度を上昇させる効果があることが知られている（Richards and Wadleigh, 1952；Yakushiji *et al*, 1998）。このメカニズムとしては，組織を構成する細胞が水ストレス状態に陥ることを防ぐため，細胞中に糖やイオンをため込む，いわゆる浸透圧調節機能が関与している。また，稲作においては，田の水を落として，田面に亀裂が入る程度まで乾かす「中干し」という作業を行う。この中干しを行うことによって，無駄な茎の発生が抑えられ過繁茂を防ぐと同時に，下部の節と節との間の伸長が抑えられることによって倒伏耐性を高める狙いがある（後藤ら，2000）。

このように水ストレスは，植物の成長に関与するさまざまな面に影響を及ぼす。そのため植物形態学，生理学，生化学など，多岐にわたる分野で研究が行われている。本節で網羅できない部分は，Kozolowski（1981）やKramer（1983），伊藤・平沢（1994）などを参照されたい。

4.2 植物に対する水ストレスと光化学オキシダントの複合影響

本節では，植物に対する水ストレスと光化学オキシダントの主成分であるオゾンの複合影響について解説する。特に，樹木におけるオゾンと水ストレスの影響を中心に解説する。

4.2.1 水ストレスと光化学オキシダント（オゾン）による森林衰退現象

実際の森林において樹木はさまざまな環境ストレスにさらされており，森林衰退が顕在化している地域も少なくない。6章において詳細な解説をしているが，この森林衰退原因は地域によって異なる。その衰退要因の一つに対流圏における光化学オキシダント（オゾン）濃度の上昇（Krause *et al*., 1986）と気温や土壌水分状態などの環境要因の変化が樹木に複合的な悪影響を与えていることが指摘されている（Hinrichsen, 1986）。

土壌の水分欠乏（水ストレス）とオゾンが樹木の衰退原因であると考えられ

ている地域はいくつも顕在化している。例えば米国のシェラネバダ山脈，サンバナディーノ山地の森林衰退は水ストレスとオゾンによるものであると考えられている（National Acid Precipitation Assessment Program, 1991；Miller, 1992；Grulke, 1999）。また，米国のオハイオ州とインディアナ州において複数年にわたって行った調査の結果より，オゾン濃度が高かったにもかかわらず，葉の可視障害の発現が少なかった年（1988年）やオゾン濃度が低かったにもかかわらず，葉の可視障害の発現が著しい年（1989年）があることが明らかになった。このような樹木の葉におけるオゾン影響の差異は降水量の違いによるものであると考えられている。すなわち，1989年に比べて1988年では，春から夏にかけての降水量が少なく，土壌が乾燥傾向にあり，樹木は水ストレスがかかった状態であった。その結果，葉からの蒸散を抑えるために気孔閉鎖が起こり，大気から葉内へのオゾンの取り込み量が少なくなったので，オゾンによる悪影響が緩和され，葉の可視障害発現が少なかったと結論付けられている（Showman, 1991）。さらに，米国南部の国有林における調査においても同様な結果が得られており，オゾンによる葉の可視障害発現は土壌水分状態と密接な関係があると考えられる（Chappelka and Samuelson, 1998）。

　わが国においても，神奈川県丹沢山地の南斜面においてブナ林の衰退が観察されており，その原因として乾燥による水ストレスと首都圏から移流するオゾンなどの大気汚染物質が複合的に作用している可能性などが指摘されている（武田・相原, 2000）。また，関東・甲信地方におけるスギの衰退はオゾンを主成分とする光化学オキシダントの濃度が高く，夏季において降水量の少ない地域で衰退が著しい。一方で，降水量が多い地域ではオキシダント濃度が高くてもスギの衰退程度が軽減していたため，オゾンだけでなく水ストレスがスギの衰退に対して間接的に作用していることが指摘されている（松本ら, 1992 a, b；梨本, 1993）。さらに，伊豆半島天城山系のブナ林の衰退に降水量の減少による土壌水分欠乏が関与していることが報告されている（静岡大学環境研究会, 1989）。

156   4. 水ストレスと植物

このように，比較的高濃度のオゾンが観測される春から夏にかけては，樹木が水ストレスを受けやすい時期，もしくはすでに受けている時期であり，樹木衰退や森林衰退にオゾンや水ストレスが関与している可能性が十分にある。また，近年の地球規模での温暖化などの環境変化によって，近い将来，さまざまな地域で降水量が大きく変化する可能性もあるため（**図4.6**），これまで以上に大きな問題となり得る可能性が十分にある。しかしながら，水ストレスによってオゾン影響が緩和されたアメリカの葉の可視障害の報告と，水ストレスとオゾンの悪影響が相乗的に及ぼした日本のスギ衰退の報告とでは水ストレスとオゾンの複合的な影響は異なっており，水ストレスとオゾンの両ストレスが及ぼす複合的な作用は非常に複雑であることが考えられる。

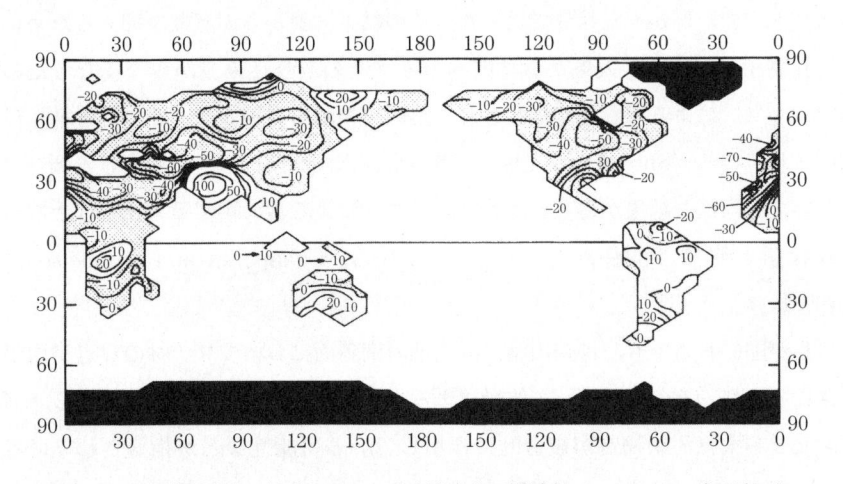

現在の二酸化炭素濃度が倍増したときの土壌水分の増減をパーセンテージで示した。

図4.6 大気中の二酸化炭素濃度が2倍（600 ppm）になったときの6月〜9月における土壌水分の変化予測（Manabe and Wetherald, 1986）

4.2.2 植物に対する水ストレスと光化学オキシダント（オゾン）の複合影響

欧米の樹木に対する水ストレスとオゾンの複合影響に関する実験的研究はいくつか報告されているが，一定の見解は得られていない。水ストレスによって，植物のオゾン障害が緩和される場合がある。これは，水ストレスによって

気孔閉鎖が起こり,葉内へオゾンを取り込む量が減少することによって引き起こされる (Pearson and Mansfield, 1993)。例えば,Pinus ponderosa の成長において,水ストレスとオゾンは相殺的に作用し,オゾンの悪影響を水ストレスが緩和した (Temple et al., 1993)。これに対して,水ストレスは,植物のオゾン障害を緩和しない場合もある (Pääkkönen et al., 1998 a)。例えば,Tseng et al. (1988) は,Abies fraseri の成長に対して水ストレスとオゾンの交互作用は認められず,両ストレスによって乾物成長は著しく低下したことを報告している。このように,樹木に対するオゾンと水ストレスの複合影響が異なる原因として,実験における樹種の違いや,水ストレスの程度や水ストレスをかけた時期や期間の違いなどが考えられている。

実際に水ストレスやオゾンの感受性は樹種によって大きく異なっている。例えば日本の森林を構成している樹木においては,ミズナラやコナラなどに比べて,ブナは水ストレスに敏感であり,土壌が乾燥すると光合成や蒸散が急激に減少する (Maruyama and Toyama, 1987)。また,Asthalter (1984) は,ヨーロッパに分布している樹種の乾燥に対する感受性は ash＜oak＜Sorbus＜Tilia＜Scots pine＜Prunus＜hornbeam＜Acer＜beech＜Norway spruce＜birch＜alder であることを報告している。一方,Matsumura and Kohno (1997) は,日本の樹木のオゾン感受性はドロノキ＞トウカエデ＞ブナ＞トネリコ＞アカマツ＞ウラジロモミ＞カラマツ＞ミズナラ＝シラカンバ＞コナラ＞スギ＞クロマツ＞ヒノキの順に高いことを報告している。このように,水ストレスとオゾンの感受性は樹種によって大きく異なるため,両ストレスの複合影響が樹種によって異なることが十分に予想される。

〔1〕**樹木に対する急性的な水ストレスとオゾンの複合影響**　Pääkkönen et al. (1998 b) による Betula pendula に対する水ストレスとオゾンの複合処理実験によると,急性的な水ストレス処理を行った室内チャンバー実験においては水ストレスがオゾンによる悪影響を緩和したが,慢性的な水ストレス処理を行った野外実験では水ストレスとオゾンが相加的に作用し,著しい成長低下を招いたことが報告されている。樹木に対するオゾンと水ストレスの複

合処理実験の多くは，夏期における給水停止などの急性的な処理や比較的短期間において給水量を半分以下にするなどの強い水ストレス処理を行っている。灌水停止などの急性的な水ストレス処理を行った場合，比較的短期間で植物の気孔閉鎖が引き起こされるが，オゾンと水ストレスの複合処理では，水ストレス単独処理ほど気孔閉鎖は引き起こされない（Pearson and Mansfield, 1993）（図4.7）。このように，急性的で強い水ストレス処理を行った複合処理実験の多くにおいては，水ストレスとオゾンは樹木の光合成や成長に対して相殺的に作用し，その結果，水ストレスはオゾンの悪影響を緩和するという結果が得られている（Beyers et al., 1992；Karlsson et al., 1995；Wellburn et al., 1996）。

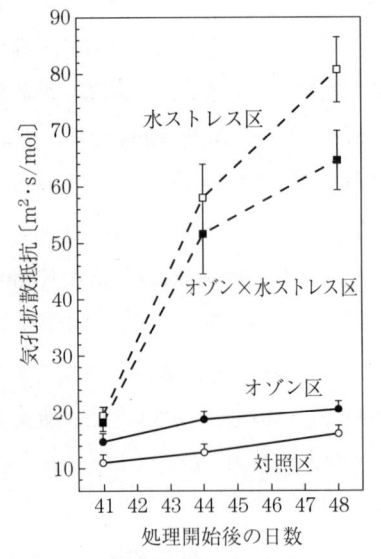

気孔拡散抵抗（気孔拡散コンダクタンスの逆数）は，その値が高いほど気孔が閉じていることを示す。

図4.7 ヨーロッパブナの気孔拡散抵抗に及ぼすオゾンおよび水ストレス処理の影響（Pearson and Mansfield, 1993）

〔2〕 **樹木に対する慢性的な水ストレスとオゾンの複合影響**　自然界においては，急性的な水ストレスだけでなく，長期間にわたって徐々に進行する水ストレスも考えられる。水ストレスに対する樹木の反応は，慢性的で穏やかな水ストレスと急性的な水ストレスでは異なることが考えられ，両ストレスの複合影響も異なることが予想される。慢性的で穏やかな水ストレスとオゾンの複

4.2 植物に対する水ストレスと光化学オキシダントの複合影響

合影響に関する研究例は現在のところ限られているが、2年間にわたって慢性的に水ストレスとオゾンの複合処理をブナの苗木に行ったところ、1年目と2年目で両ストレスの複合的な影響は変化したことが報告されている (Yonekura et al., 2001a, 2001b, 2004, 2005)。表4.1に示したように1年

表4.1 2年間にわたってオゾンおよび慢性的な水ストレス処理を行ったブナ苗のさまざまな応答 (Yonekura et al., 2001a；2001b；2004；2005)

↑は処理によって有意に増加したことを示し、↓は有意に低下したことを示し、—は有意な影響が認められなかったことを示す。×は測定していないことを示す。
＊相殺影響とはオゾンと水ストレスのそれぞれの影響が打ち消しあうように作用した結果であり、オゾン影響を水ストレスが緩和したと解釈することができる。

植物応答	オゾンの影響		水ストレスの影響		オゾンと水ストレスの複合影響	
	1年目	2年目	1年目	2年目	1年目	2年目
葉の乾燥重量	↓	↓	—	↓	—	—
芽の乾燥重量	—	—	↓	↓	—	—
幹の乾燥重量	↓	↓	↓	↓	—	—
根の乾燥重量	↓	↓	↓	↓	—	—
個体乾燥重量	↓	↓	↓	↓	—	—
葉面積	—	↓	↓	↓	—	—
葉の数	—	↓	↓	↓	—	—
芽の数	—	↓	↓	↓	—	—
一芽当りの出葉数	×	↓	×	—	×	—
地上部/地下部比	—	↑	—	—	—	—
純光合成速度	↓	↓	↓	↓	—	相殺影響＊
気孔拡散コンダクタンス	—	—	—	—	—	—
蒸散速度	—	—	↓	↓	—	—
最大純光合成速度	↓	↓	—	↓	—	相殺影響＊
二酸化炭素固定効率	↓	↓	—	—	—	相殺影響＊
量子収率	—	—	—	↓	—	—
クロロフィル蛍光強度 (Fv/Fm)	↓	↓	—	—	—	—
夜間の呼吸速度	—	—	—	—	—	—
葉の水ポテンシャル	—	—	↓	↓	—	—
葉のクロロフィル濃度	—	↓	—	—	—	—
葉のルビスコ濃度	↓	↓	—	—	—	—
葉の可溶性タンパク質濃度	—	—	—	—	—	—
葉の炭水化物濃度	↓	↓	—	↑	—	—
葉のデンプン濃度	↓	↓	—	↑	—	—
年輪幅成長	↓	↓	—	↓	—	—
芽の耐凍性	—	×	—	×	—	×
落葉が始まる時期	早くなる	早くなる	—	—	早くなる	早くなる
開葉が始まる時期	×	遅くなる	×	—	×	遅くなる

目においては，ブナ苗の純光合成速度は水ストレスとオゾンの影響が相加的に作用し，著しい個体乾物成長の低下を招いた。これに対して，2年目になると慢性的な水ストレスの影響によって，著しい葉の水ポテンシャルの低下による気孔閉鎖が起こり，葉内へのオゾンの吸収量が減少したため，水ストレスがオゾンによる悪影響を緩和する傾向が認められた（Yonekura et al., 2005）。その一方で，水ストレスとオゾンが成長期間中にかかり続けると，水利用能力の低下や水利用に必要なエネルギー要求量の増大が引き起こされ，樹木の成長などの著しい低下が認められた報告例もある（Skärby et al., 1998）。多くの場合，土壌水分の穏やかな減少に伴って，根を拡大するとともに地上部（幹や葉）の成長を抑制し，土壌水分を最大限に利用しようとするが，オゾンは光合成による同化産物の根への転流を抑制し，根の成長を妨げる。このように水ストレスとオゾンの植物に対する影響が正反対であり，この拮抗によって，比較的穏やかな水ストレスやオゾンでも長期間曝されると，それらの影響が変わっていくことが考えられる。

〔3〕 **作物などに対する水ストレスとオゾンの複合影響**　農作物においても両ストレスの複合影響には一定の見解が得られていない。例えばオゾンによる農作物の成長や収量の低下が水ストレスによって緩和される場合（Heagle et al., 1987, 1988）と，緩和されない場合（Heggestad et al., 1985；Heagle et al., 1987）が報告されている。このように，異なる結果を導く要因として，農作物の種類や品種の差異などが挙げられている（Miller et al., 1989）。しかしながら，樹木に比べると，農作物の成長や収量においては水ストレスがオゾンの悪影響を緩和すると結論付けている研究報告が多く見られ，マメ類（Tingey and Hogsett, 1985；Moser et al., 1988；Kobayashi et al., 1993；米倉ら, 2000），ワタ（Temple et al., 1988），コムギ（Fuhrer, 1996）だけでなくホワイトクローバー（Fuhrer, 1996）などにおいても報告されている（**図4.8**）。作物の収量に大きく関与すると考えられる結実期の花の数や実の数も両ストレスの相殺的な影響を受けている（米倉ら, 2000）。さらに，農作物の子実成分に対する水ストレスとオゾンの複合影響に関する研究例はほ

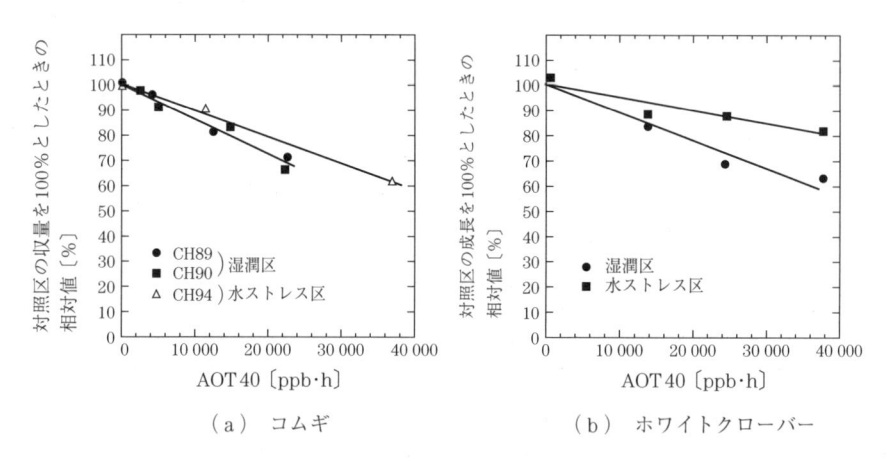

横軸の AOT 40 は，育成期間における昼間の 40 ppb 以上のオゾン濃度の積算値である。

図 4.8 コムギの収量とホワイトクローバーの成長に及ぼすオゾンおよび水ストレス処理の影響（Fuhrer, 1996）

とんどないが，両ストレスの複合影響によってダイズの子実成分バランスが変化し，一個体当りの子実のタンパク質が著しく低下するという報告もあり（米倉ら，2000）。この結果は，水ストレスとオゾンの複合影響によって農作物の食用部の栄養価が変化することを示唆している。

農作物や樹木に対する水ストレスと光化学オキシダント（オゾン）の複合影響に関する研究事例については，いくつかの本や総説で紹介されているので参考にされたい（Skärby et al., 1998；Mansfield, 1999；Mills, 2002）。

4.3 ま と め

植物に対する水ストレスの影響は，さまざまな部位や器官でさまざまな形態的・生理的な応答や障害として現れ，植物種によってその程度も異なるが，個体内では地下部（根）より地上部（茎・幹・葉など）のほうがその影響が顕著に現れる傾向がある。葉面積成長に対する水ストレスの影響は，気孔開度や純光合成速度に及ぼす水ストレスの影響よりも大きい。また，植物に対する水ストレスと光化学オキシダントの複合影響は，植物の種や品種によって異なる

が，大別すると，両ストレスが相加的に作用して成長や収量が著しく減少する場合と，水ストレスによる気孔閉鎖によって葉内へのオゾンの吸収量が減少するため水ストレスがオゾンによる悪影響を緩和する場合に分けられる。しかしながら，必ずしも葉内へのオゾン吸収量が減少したからといって水ストレスの影響が緩和されるわけではないという説もあるため，両ストレスの複合影響とそのメカニズムなどを詳細に調べる必要がある。また，地球温暖化に伴って，世界の各地で乾燥化（水ストレス）や光化学オキシダント濃度の上昇が起こることが予想されているため，今後ますます植物に対する両ストレスの複合影響に関する研究が求められる。

文　　献

Albelt, R. S., Thornber, J. P. and Fiscus, E. L. (1977) Water stress effects on the content and organization of chlorophyll in mesophyll and bundle sheath chloroplasts of maize. Plant Physiol., 59, pp. 351〜353.

Asthalter, K. (1984) Trockenperioden und waldschaden aus forstgeschichtlicher und standortskundlicher Sicht. Allgemeine Forstzeitschrift, 22, pp. 549〜551.

Beyers, J. L., Riechers, G. H. and Temple, P. J. (1992) Effects of long-term ozone exposure and drought on the photosynthetic capacity of ponderosa pine (*Pinus ponderosa* Laws.). New Phytol., 122, pp. 81〜90.

Bhardwaj, R. and Singhal, G. S. (1981) Effect of water-stress on photochemical activity of chloroplasts during greening of etiolated barley seedlings. Plant Cell Physiol., 22, pp. 155〜162.

Boyer, J. S. Water deficits and photosynthesis. (1976) Water Deficits and Plant Growth, Vol. 4 (ed. by T. T. Kozolowski), Academic Press, New York. pp. 153〜190.

Chappelka, A. H. and Samuelson, L. J. (1998) Ambient ozone effects on forest trees of the eastern United States : a review. New Phytol., 139, pp. 91〜108.

Davies, W. J. and Zhang, J. (1991) Root signals and the regulation of growth and development of plants in drying soil. Ann. Rev. Plant Physiol., 42, pp. 55〜76.

De Souza, P. I., Egli, B. D. and Bruening, P. W. (1997) Water Stress during Filling and Leaf Senescence in Soybean. Agronomy Journal., 89, pp. 807〜812.

Frensch, J. (1997) Primary responses of root and leaf elongation to water deficits in the atmosphere and soil solution. J. Exp. Bot., 48, pp. 985〜999.

Fuhrer, J. (1996) The critical level for effects of ozone on crops, and transfer to

mapping. Critical Levels for Ozone in Europe : Testing and Finalizing the Concepts, UN-ECE Workshop report, University of Kuopio, Department of Ecology and Environmental Science, pp. 27〜43.
後藤雄佐, 田洋　司, 中村　聡 (2000) 作物 (稲作), 全国農業改良普及協会.
Giles, K. L., Cohen, D. and Beardsell, M. F. (1976) Effects of water stress on ultrastructure of leaf cell of *Sorghum bicolor*. Plant Physiol., 57, pp. 11〜14.
Grulke, N. E. (1999) Physiological responses of ponderosa pine to gradients of environmental stressors. Oxidant Air Pollution Impacts in the Montane Forests of Southern California : A Case Study of the San Bernardino Mountains (eds. by P. R. Miller and J. R. McBride), New York, Springer, pp. 126〜163.
Heagle, A. S., Flagler, R. B., Patterson, R. P., Lesser, V. M., Shafer, S. R. and Heck W. W. (1987) Injury and yield response of soybean to chronic doses of ozone and soil moisture deficit. Crop Science, 27, pp. 1016〜1024.
Heagle, A. S., Kress, L. W., Temple, P. J., Kohut, R. J., Miller, J. E. and Heggestad, H. E. (1988) Factors influencing ozone dose-yield response relationships in open-top field chamber studies. Assessment of Crop Loss from Air Pollutants (eds. by W. W. Heck, O. C. Taylor and D. T. Tingey), Elsevier Applied Science, London, pp. 141〜179.
Heggestad, H. E., Gish, T. J., Lee, E. H., Bennett, H. J. and Douglass, L. W. (1985) Interaction of soil moisture stress and ambient ozone on growth and yields of soybeans. Phytopathology, 75, pp. 472〜477.
Hinrichsen, D. (1986) Multiple pollutants and forest decline. Ambio, 15, pp. 258〜265.
Hsiao, T. C. (1973) Plant responses to water stress. Annu. Rev. Plant Physiol., 24, pp. 519〜574.
平沢　正 (1999) 水環境と植物の生理生態, 植物の環境応答 (渡邊　昭ら　監修), 秀潤社, pp. 50〜58.
石田　厚・谷　享 (2003) 植物の水利用の評価 1, 光と水と植物のかたち (種生物学会　編), 文一総合出版, pp. 271〜291.
伊藤亮一, 平沢　正 (1994) 水ストレスと作物の光合成・成長, 植物生産生理学 (石井龍一　編), 朝倉書店, pp. 101〜131.
Karlsson, P. E., Medin, E. L., Wallin, G., Selldén, G. and Skärby, L. (1997) Effects of ozone and drought stress on the physiology and growth of two clones of Norway spruce (*Picea abies*). New Phytol., 136, pp. 265〜275.
Keck, RW. and Boyer, JS. (1974) Chloroplast response to low leaf potentials III. Differing inhibition of electron transport and photophosphorylation. Plant. Physiol., 53, pp. 474〜479.

Kobayashi, K., Miller, J. E., Flagler, R. B. and Heck, W. W. (1993) Model analysis of interactive effects of ozone and water stress on yield of soybean. Environmental Pollution, 82, pp. 39〜45.

小池孝良（2004）樹木生理生態学，朝倉書店．

Kozolowski, T. T. (1981) Water Deficits and Plant Growth. Vol. 6. Academic Press, New York.

Kramer, P. J. (1983) Water Relations of Plants. Academic Press, New York.

Krause, G. H. M., Arndt, U., Brandt, C. J., Bucher, J., Kenk, G. and Matzner, E. (1986) Forest decline in Europe : Development and possible causes. Water Air Soil Pollut., 31, pp. 647〜668.

Larcher, W. (1995) Physiological Plant Ecology. Springer-Verlag, New York.

Larque-Saavedra, A. and Wain, R. L. (1976) Studies on plant growth-regulating substances. XLII. Abscisic acid as a genetic character related to drought tolerance. Ann. Appl. Biol., 83, pp. 291〜297.

Livne, A. and Vaadia, Y. (1972) Water deficits and hormone relations. Water Deficits and Plant Growth (eds. by T. T. Kozolowski), Vol. 3, Academic Press, New York. pp. 255〜275.

松本陽介，丸山　温，森川　靖（1992 a）スギの水分生理特性と関東平野における近年の気象変動，樹木の衰退現象に関連して，森林立地，34，pp. 2〜13.

松本陽介，丸山　温，森川　靖，井上敞雄（1992 b）人工酸性雨（霧）およびオゾンがスギに及ぼす影響と近年の汚染状況の変動，樹木の衰退現象に関連して，森林立地，34，pp. 85〜97.

Manabe, S and Wetherald, R. (1986) Reduction in summer soil wetness induced by an increase in atomospheric carbon dioxide. Science, 232, pp. 626〜628.

Mansfield, TA. (1999) Stomata and Plant water relations : Does air pollution create problem? Environ. Pollut., 101, pp. 1〜11.

Maruyama, K. and Toyama, Y. (1987) Effect of water stress on photosynthesis and transpiration in three tall deciduous trees. J. Jpn. Forestry Soc., 69, pp. 165〜170.

Matsumura, H. and Kohno, Y. (1997) Effects of ozone and/or sulfur dioxide on tree species. Proceedings of CRIEPI International Seminar on Transport and Effects of Acidic Substances (ed. by Y. Kohno), Central Research Institute of Electric Power Industry, pp. 190〜205.

Mayoral, M. L., Atsmon, D. A., Shimshi, D. and Gromet-Elhanan, Z. (1980) Effect of water stress on enzyme activities in wheat and related wild species : Carboxylase activity, electron transport and photophosphorylation in isolated chloroplasts. Aust. J. Plant. Physiol., 8, pp. 385〜393.

Meckel, L., Egli, D. B., Phillips, R. E., Radcliffe, D. and Leggett, J. E. (1984) Effect

of moisture stress on seed growth in soybean. Agronomy Journal, 76, pp. 647〜650.
Miller, J. E., Heagle, A. S., Vozzo, S. F., Philbeck R. B. and Heck, W. W. (1989) Effects of Ozone and Water Stress, Separately and in Combination, on Soybean Yield. J. Environ. Qual., 18, pp. 330〜336.
Miller, P. R. (1992) Mixed conifer forests of the San Bernardino Mountain, California. The Response of Western Forests to Air Pollution (eds. by P. K. Olson, D. Binkley and M. Bohm), Springer, New York, pp. 461〜497.
Mills, G. (2002) Modification of plant response by environmental condition. Air Pollution and Plant Life, Second Edition (eds. by J. N. B. Bell and M. Treshow), John Wiley and Sons, Ltd., West Sussex, pp. 343〜358.
Morgan, J. M. (1980) Possible role of abscisic acid in reducing seed set in water-stressed wheat plants. Nature, 285, pp. 655〜657.
Moser, T. J., Tingey, D. T., Rodecap, K. D., Rossi, D. J. And Clark, C. S. (1988) Drought stress applied during the reproductive phase reduced ozone induced effects in bush bean. Assessment of Crop Loss from Air Pollutions (eds. by W. W. Heck, O. C. Taylor and D. T. Tingey), Elsevier Applied Science, London, pp. 345〜364.
Mott, K. A. and Parkhurst, D. F. (1991) Stomatal responses to humidity in air and helox. Plant Cell Environ., 14, pp. 509〜515.
梨本 真 (1993) スギの衰退と大気二次汚染物質との関係，電力中央研究所報告研究報告 (U 93017), (財)電力中央研究所，pp. 1〜45.
National Acid Precipitation Assessment Program. (1991) Acid deposition. NAPAP SOS/T Summary Report of the U. S. National Acid Precipitation Assessment Program.
野並 浩 (2001 a) 植物水分生理学，養賢堂.
野並 浩 (2001 b) 作物の水分生理に関する土，根，葉，茎における計測，日本作物学会紀事，70, pp. 151〜163.
小葉田 亮，高見晋一 (1979) イネの登熟におよぼす水分ストレスの影響，日作紀，48, pp. 75〜81.
Pääkkönen, E., Günthardt-Goerg, M. S. and Holopainen, T. (1998a) Responses of leaf processes in sensitive birch (*Betula pendula* Roth.) clone to ozone combined with drought. Ann. Bot., 82, pp. 49〜59.
Pääkkönen, E., Vahala, J., Pohjolai, M., Holopainen, T. and Kärenlampi, L. (1998b) Physiological, stomatal and ultrastructural ozone response in birch (*Betula pendula* Roth.) are modified by water stress. Plant Cell Environ., 21, pp. 671〜684.
Pearson, M. and Mansfield, T. A. (1993) Interacting effects of ozone and water

stress on the stomatal resistance of beech. New Phytol., 123, pp. 351〜358.
Richards, L. A. and Wadleigh, C. H. (1952) Soil water and plant growth. Soil Physiological Condition and Plant Growth (ed. by B. T. Shaw), Academic Press, pp. 73〜251.
静岡大学環境研究会 (1989) 天城山系におけるブナ林の衰退に関する生態学的研究, 天城山系のツツジ類とブナの保護, 天城山系におけるアマギツツジ等の衰退の原因究明及び保全対策の検討調査報告書.
Showman, R. E. (1991) A comparison of ozone injury to vegetation during moist and drought years. J. Air Waste Management Association, 41, pp. 63〜64.
Skärby, L., Ro-Poulsen, H., Wellburn, F. A. M. and Sheppard, L. J. (1998) Impacts of ozone on forests : a European perspective. New Phytol., 139, pp. 109〜122.
Slatyer, R. O. (1967) Plant water relationship. Academic Press.
Smiciklas, K. D., Mullen, R. E., Carlson, R. E. and Knapp, A. D. (1989) Drought-induced stress effect on soybean seed calcium and quality. Crop Science. 29, pp. 1519〜1523.
武田麻由子, 相原敬次 (2000) 酸性霧の樹木葉への影響について, 神奈川県環境科学センター第9回研究発表会講演要旨集, pp. 1〜4.
飛田有支, 平沢 正, 石原 邦 (1995) 低土壌水分条件におけるダイズの乾物生産と根系発達の品種間の相違, 日本作物学会紀事, 64, pp. 573〜580.
Tardieu, F. and Davies, W. J. (1992) Stomatal response to abscisic acid is a function of current plant water status. Plant Physiol., 98, pp. 540〜545.
Temple, P. J., Kupper, R. S., Zlennox, R. L. and Rohr, K. (1988) Physiological and growth responses of differentially irrigated cotton to ozone. Environ. Pollut., 53, pp. 255〜263.
Temple, P. J., Riechers, G. H., Miller, P. R. and Lennox, R. W. (1993) Growth responses of ponderosa pine to long-term exposure to ozone, wet and dry acidic deposition, and drought. Canadian J. Forest Research, 23, pp. 59〜66.
Tietz. D and Tietz, A. Streß im Pflanzenreich. (1982) Biol unserer Zeit, 12, pp. 113〜119.
Tingey, D. T. and Hogsett, W. E. (1985) Water stress reduces ozone injury via a stomatal mechanism. Plant Physiol., 77, pp. 944〜947.
Tseng, E. C., Seiler, J. R. and Chevone, B. I. (1988) Effects of ozone and water stress on greenhouse-grown Fraser fir seedlings growth and physiology. Environ. Exp. Bot., 28, pp. 37〜41.
Wellburn, F. A. M., Lau, K. -K., Milling, M. K. and Wellburn, A. R. (1996) Drought and air pollution affect nitrogen cycling and free radical scavenging in *Pinus halepensis* (Mill.). J. Exp. Bot., 302, pp. 1361〜1367.
米倉哲志, 大嶋香緒里, 服部 誠, 伊豆田 猛 (2000) ダイズの成長, 収量, 子実成

分および発芽率に対するオゾンと土壌水分ストレスの単独および複合影響, 大気環境学会誌, 35, pp. 36〜50.

Yakushiji, H., Morinaga, K. and Nonami, H. (1998) Sugar accumulation and partitioning in Satsuma mandarin tree tissues and fruit in response to drought stress. J. Amer. Soc. Hort. Sci., 123, pp. 719〜726.

Yonekura, T., Dokiya, Y., Fukami, M. and Izuta, T. (2001a) Effects of ozone and/or soil water stress on growth and photosynthesis of *Fagus crenata* seedlings. Water Air Soil Pollut., 130, pp. 965〜970.

Yonekura, T., Honda, Y., Oksanen, E., Yoshidome, M., Watanabe, M., Funada, R., Koike, T. and Izuta, T. (2001b) The influences of ozone and soil water stress, singly and in combination, on leaf gas exchange rates, leaf ultrastructural characteristics and annual ring width of *Fagus crenata* seedlings. J. Jpn. Soc. Atmos. Environ., 36, pp. 333〜352.

Yonekura, T., Yoshidome, M., Watanabe, M., Honda, Y., Ogiwara, I. and Izuta, T. (2004) Carry-over effects of ozone and water stress on leaf phenological characteristics and bud frost hardiness of *Fagus crenata* seedlings. Trees, 18, pp. 581〜588.

Yonekura, T., Watanabe, M., Honda, Y., Yoshidome, M. and Izuta, T. (2005) Growth and physiological responses of Japanese beech (*Fagus crenata*) to ozone and chronic drought. Conference abstracts of Acid rain 2005 (7th International Conference on Acid Deposition), pp. 207.

5. 土壌汚染と植物

5.1 植物に対する重金属の影響

　植物に吸収，摂取される重金属は，鉱山活動に関連する製錬溶解，河川の浚渫，鉱石の発掘，選鉱くず，金属工場およびプラスチック，織物，マイクロエレクトロニクス，木材防腐など工場，都市ごみの廃棄および焼却，自動車による燃料消費，発電所における化石燃料の燃焼による大気降下，農薬や肥料などの農業用化学物質の過剰利用，下水汚泥およびそれが使用された場合の浸出物によって排出される（Ross, 1994）。

　重金属という概念は，比重4以上または5以上のすべての金属が当てはまる（Nieboer and Richardson, 1980）。しかし，この概念は，単なる比重だけでなく，環境汚染をとりまく状況と関連して使われることから，人間に有害という意味がある（Prasad, 1997）。

　金属汚染による被害発生については，古在（1892）の足尾銅山による鉱毒の研究で，銅化合物の排出によって作物や樹木に被害が生ずることが日本で初めて解明された。また，群馬県安中市の亜鉛製錬所からのCd，PbおよびZnなどの重金属の排出による農作物や養蚕の被害や作物と土壌の汚染実態が解明された（小林ら，1971）。

5.1.1 植物に対する重金属の毒性順位

　オオムギに対する毒性順位はHg＞Pb＞Cu＞Cd＞Cr＞Ni＞Znで，クロレラに対する順位はHg＞Cu＞Cd＞Fe＞Cr＞Zn＞Ni＞Co＞Mnである

(Nieboer and Richardson, 1980)。茅野・北岸 (1966) および茅野 (1972) によると,イネの生育に対する毒性の順位は,各元素の電気的陰性度の順位に従って,Cu＞Ni＞Co＞Zn＞Mn および Hg＞Cd＞Zn となっていた (図 5.1)。また,根から地上部への移行性は,Mn＞Co＞Ni＞Cu の順であった。Cu と Ni の毒性の場合には,根の生長は地上部より抑制されていた (茅野・北岸,1966)。アルファルファに対する毒性の強さは,Cu＞Ni＞Co＝Zn＞Mn の順であった。電気的陰性度の大きい元素は安定な錯体を形成するが,そのような元素がイネの体内でアミノ酸,有機酸,タンパク質などのなんらかの配位子 (リガンド) と錯結合することによって毒性がもたらされ,特に酵素と元素との錯結合による酵素活性阻害が示唆されている (茅野・三井,1967)。各元素によるイネの被害の受け方を比較すると,元素によって顕著な差異がある。Cu のように毒性の強い元素は,根に著しい被害をもたらすが,地上部には目

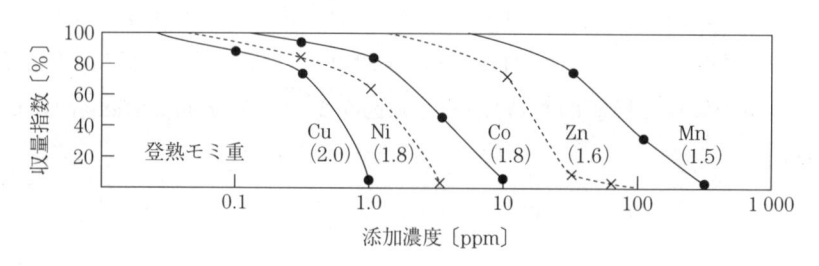

(a) Cu, Ni, Co, Zn, Mn

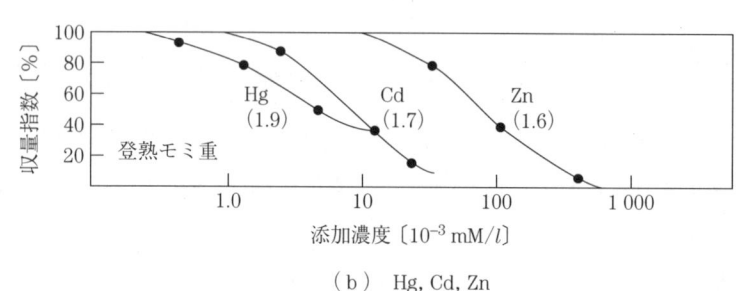

(b) Hg, Cd, Zn

カッコ内の値は,各元素の電気陰性度を示す。

図 5.1 水耕液中の重金属濃度と水稲の収量との関係
 (茅野・北岸,1966;茅野,1972)

立った症状を現さない。Cu被害根は根端の伸長が阻害され，短根になるが，太く短い分岐根が多発して根全体の形状は有刺鉄線状になる。一方，毒性の弱いZnやMnでは，根の伸長障害は現れにくく，Mnではネクロシスによる褐変が地上部，特に古い葉に現れる。Hara and Sonoda (1981) のキャベツを用いた毒性比較研究では，各元素を水耕液に1ppm添加した場合，乾物重はCu＞Cd＞Cr(IV)＞Hg(II)＞Ni＞Hg(I)＞Co＞Cr(III)＞V＞Zn＞Mnの順に減少した。

植物の根に共通して見られる配位子（リガンド）には，カルボキシル，アミノ，イミダゾール，チオール，フォスフェートの各グループに塩素からなるモノデントエイトリガンドとグリシン，ヒスチジン，D-ペニシルラミネートからなるプルデントエイトリガンドが存在する。特に，HgやPbはチオールと強固な複合体をつくり，しかもプルデントエイトにはメルカプトグループが存在することが注目される。つまり，タンパクや酵素は，いくつかのメルカプトリガンドを持ち，金属が最も作用を及ぼす対象として，金属との間に錯体を形成するため，その機能的な特性を失う（図5.2；Nieboer and Richardson, 1980）。

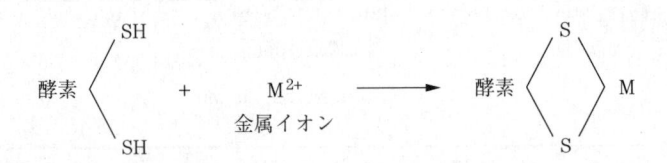

図5.2 SH化合物と酵素の反応

Nieboer and Richardson(1980)は，イオン化指数(Z^2/r)と共有指数($X_m^2 r$)(X_m：電気的陰性度，r：イオン半径，Z：表面荷電）との間の関係で，金属やメタロイドをClass A，ボーダーライン，Class Bの三つのカテゴリーに大別した（図5.3）。Class Aには，Ca^{2+}, Ba^{2+}, Mg^{2+}, Be^{3+}, Al^{3+}, La^{3+}などがあり，強烈な電子供与体である酸素を含むリガンドに対する選択性がある。一方，Class Bには，Ag^+, Tl^+, Cu^+, Hg_2^{2+}, Hg^{2+}, Cd^{2+}, Pt^{2+}などがあり，ソフトな電子供与体であるイオウや窒素を含むリガンドと結合する選択性

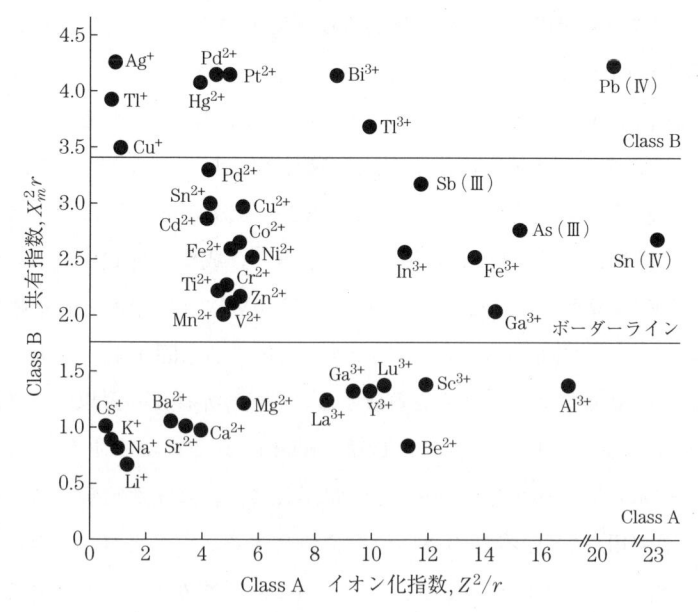

図 5.3 金属イオンとメタロイドイオン［As（III）と Sb（III）］の三つのカテゴリー（Class A，ボーダーラインおよび Class B）(Nieboer and Richardson, 1980)

がある．また，ボーダーラインに属する Cd, Cu, Co, Ni, Sn, Sb(III), As(III) は，Class A と Class B の中間的特徴を示す．

5.1.2 重金属の毒性を左右する条件

ダイコンの苗の伸長は，土壌 1 g 当り 25 μg の Cd および土壌 1 g 当り 250 μg の Pb を単独に添加した場合に抑制されるが，両者を組み合わせて処理した場合はもっと低い濃度で同程度の抑制が見られ，この事実は両元素の相助的相互作用を強く示唆している（Hasset $et\ al.$, 1977）．

イネおよびクワに対する Cd と Mn の混合施用は，Cd の吸収を抑制することによって Cd による障害を軽減する効果を示した（越野，1973；計ら，1993）．吉川ら（1987）によると，土壌中の置換性 Mn の濃度上昇により，玄米中の Cd 濃度が減少する効果が認められることから，汚染米の発生防止対策上からも注目される．

イネに対する金属の毒性は，土壌および環境条件によって影響を受ける。水稲は，既知のように湛水(たんすい)条件で生育する。しかし，分げつの発生を抑制するとともに肥効を高めるために"中干し"という一時落水が行われる場合が多い。水田で，灌漑を中断すると，土壌の酸化還元電位は上昇し，8月にはEh 6は400 mVにも達する場合がある（山根，1979）。土壌が酸化的になると，土壌中のCdは溶解し，イネ体内のCd濃度は上昇し，成育が抑制される（飯村，1979）。土壌が還元状態になり，Eh 6が−150 mV以下になると硫化物が生成され，CdSなどの生成によってCdは不溶態化する（図5.4）。一方，ヒ素地域では，農民は畑地条件でイネを育成する。灌漑開始後1か月以内で酸化還元ポテンシャルまたはEh 6は，しばしば−100 mV以下に減少する。それ以降，Eh 6が−200 mVに達すると急速にFeは還元され，ヒ素が溶解する。それとともに，As(III)などの毒性の高い形態に変化する。このとき，土壌のpHも6.5または，それ以上に上昇する。したがって，炭酸カルシウムの添加は土壌

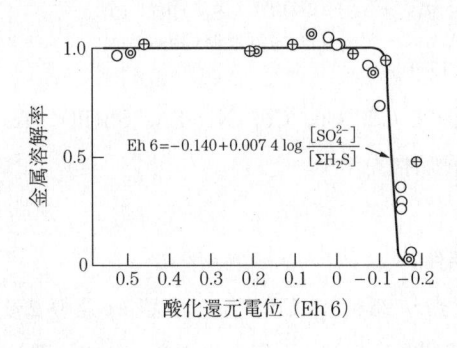

$Eh\ 6 = -0.140 + 0.0074 \log \dfrac{[SO_4^{2-}]}{[\Sigma H_2S]}$

$[\Sigma H_2S] = [H_2S] + [HS^-] + [S^{2-}]$
○婦中土壌，⊕黒部土壌，◎高崎土壌

図5.4 土壌の酸化還元電位(Eh 6)とCdの溶解性（飯村，1979）

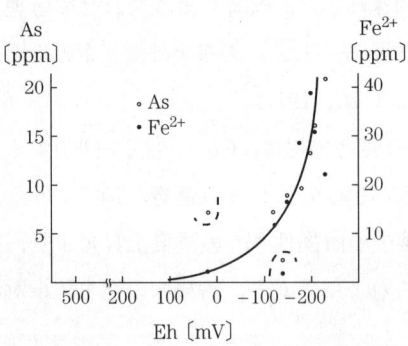

図5.5 土壌EhとAsまたはFe^{2+}の溶出との関係（山根，1976）

pHの上昇には効果がなく，畑地条件では期待されるほどには植物の成長は改善しない（図5.5；山根，1979）。

　Cd汚染土壌にMnを添加すると，イネの収量低下は軽減し，玄米のCd濃度を低下させる効果がある（吉川ら，1987）。計ら（1993）は，クワ，トウモロコシおよびインゲンを水耕液中にCdを5 mg/lならびに10 mg/l添加して9日間成育させると，乾物成長量はクワでは約49％および約61％阻害され，トウモロコシでは約26％および約35％阻害されたことを報告している（図5.6）。水耕液中で，317 mg/lおよび1 000 mg/lのMnと共存させると，Cd単独区に比べて，クワの乾物成長の阻害率は約14～19％および約17～29％に軽減し，トウモロコシの乾物成長の阻害率はそれぞれ約13～19％および約16～29％に軽減した。クワでは，Mn添加によってCd吸収量は減少しなかったが，Cdの5 μM区と10 μM区にMnを317 μMおよび1 000 μMを添加すると，葉のCd含量を47～50％および60～61％低下させ，茎のCd含量を25～27％および約44～47％低下させる結果を示した（図5.7）。トウモロコシのCd吸収量は，Mnの1 000 μMの添加によって32～44％減少し，葉のCd含量を43～55％，茎のCd含有率は45～62％低下させる効果を示した（図5.8）。インゲンでは，100～317 μMのMn添加によって，Cdの5 μM区および10 μM区におけるCd吸収量を1.4～1.8倍および1.8～2.1倍に，葉のCd含量を1.4～1.7倍および1.3～1.4倍に，茎のCd含量を1.5～1.9倍および1.5～2.0倍に増加させたにもかかわらず（図5.9），乾物成長量を有意に回復させた。一方，クワでは，Cdの5 μM単独区の乾物成長の阻害率は47.1％，Cdの10 μM単独区の阻害率は60.3％であったが，10 μMのNiを共存させると乾物成長の抑制率を4.9～5.7％軽減した。トウモロコシでは，Cdの5 μM処理区で乾物成長は約26％抑制されたのに対し，10 μMのNiの混合添加で抑制率が約20％軽減した。また，Niの100 μM単独区では乾物成長が約22％阻害されたが，Cd添加区でもNiを100 μM混合添加したときのみわずかに阻害率を増大させた。クワでは，Niの100 μM単独区で乾物成長が約19％抑制されたが，Cdと共存させるとNiの100 μMの添加によってCd

174   5. 土壌汚染と植物

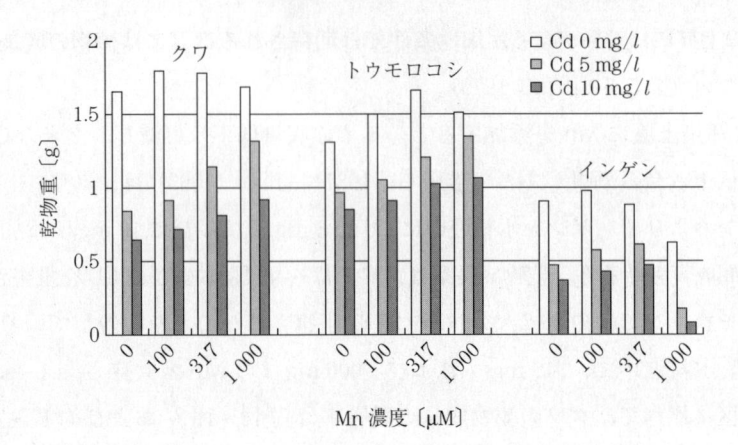

図5.6 クワ，トウモロコシおよびインゲンの乾物成長に及ぼすCdとMnの影響（計ら，1993）

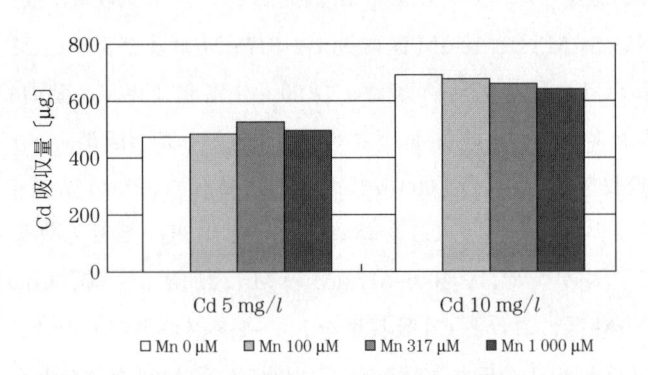

図5.7 クワのCd吸収に及ぼすMn添加の影響（計ら，1993）

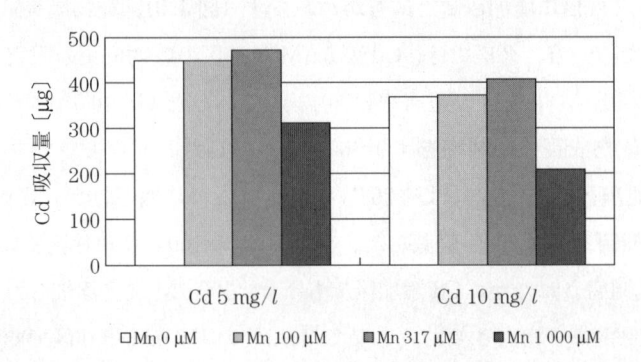

図5.8 トウモロコシのCd吸収に及ぼすMn添加の影響（計ら，1993）

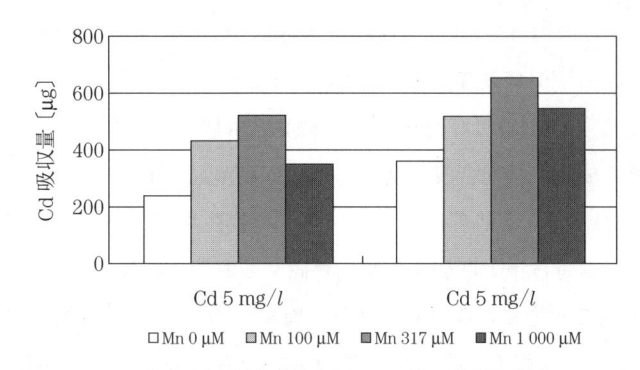

図 5.9 インゲンの Cd 吸収に及ぼす Mn 添加の影響（計ら，1993）

による乾物成長の抑制効果が 10〜12％軽減した．また，水耕栽培法によって Cr を Cu と共存させると，低濃度の共存は Cr と Cu の競合的効果により，クワ体内の Cr と Cu の双方の濃度が低下もしくは低く維持されていた（張ら，2000）．これらの結果は，根の吸収サイトにおけるイオン間の競合を示唆するものであろう．

洗ら（1988）は，重金属で汚染された群馬県安中市の土壌を採取し，Cd, Zn, Pb の濃度を測定した．Cd 濃度は 1.4〜14.8 mg/kg, Zn 濃度は 159〜854 mg/kg, Pb 濃度は 26〜228 mg/kg で，この土壌に生育しているクワに吸収された重金属の多くは根に留まっており，その最高濃度は Cd で 70 mg/kg, Zn で 1 438 mg/kg, Pb で 60 mg/kg に達していた．このことから，重金属汚染土壌では，まず根部への毒性が現れて，クワの乾物量の増大が抑制されてくることを示唆した．さらに，土壌 pH の低下に伴って溶出してくる交換態画分中の重金属濃度は高くなっていた．クワの成長に対して，交換態重金属濃度に加えて，土壌 pH の低下による Al を含む有害元素の活性化も影響すると推察される．

各地に点在する蛇紋岩の風化土壌で，ナシ，クワ，カンキツでクロロシスなどの可視障害を含むいくつかの Ni 過剰症が観察された（飯塚，1976；加藤谷ら，1979）．本間・久野（1982）の蛇紋岩風化土壌の分析では，兵庫県八鹿町の土壌では Ni 濃度が 1 060〜1 480 mg/kg，和歌山県粉河町の土壌では最高

6 960 mg/kg にも達していた。八鹿町の桑園では，クワの先端葉の黄化，葉脈間クロロシス，下位葉の黄化と葉脈褐色小斑が出現するなど，可視障害が観察された。楼ら (1991 a) は，異なる Ni 濃度の水耕液でクワの古条さし木苗を育成し，その成長，純光合成速度ならびに Ni 吸収に対する影響を検討した。その結果，Ni の 5 μM 処理区では，クワの乾物生産量，純光合成速度およびクロロフィル含量は多少増加する傾向が認められたが，Ni の 20 μM 処理区と 40 μM 処理区では逆にかなり阻害され，特に 40 μM 処理区の相対成長率は対照区のそれの 56 ％程度であった。この実験の Ni の添加濃度範囲内では，吸収された Ni の約 55 ％が地上部へ移行され，根への蓄積は 45 ％程度であった。このことから，重金属汚染土壌では，まず根部への毒性が現れて，クワの乾物量の増大が抑制されることが考えられる。

　土壌中の重金属濃度の上昇によって植物体中の重金属濃度も上昇するが，その程度は植物種によって異なっている（田崎・牛島，1974）。また，土壌中の重金属濃度と植物体中の重金属濃度との間に高い相関は見られないので（森下，1977），土壌中の重金属の存在形態に左右され，植物に吸収されやすい 'available' な重金属濃度が問題となるであろう。群馬県安中市の製錬所周辺の汚染土壌を用いて，クワに吸収された Cd，Zn および Pb 量と土壌中の重金属濃度との関係を見た研究（洗ら，1988）では，これらの重金属の吸収量は特に交換態重金属濃度との間に高い相関が見られ，分析した 3 元素の交換態画分中の重金属量とクワの重金属吸収量との関連が考えられる（**図 5.10，図 5.11**）。

　オートムギ（*Avena sativa* L.）を水耕栽培して Ni を 1.5 mg/*l* 添加し，マグネシウムを 1.25，2.5，5.0，7.5 mM で共存させると，Ni の添加で 1/2 以下に減少した乾物重は 1.5〜2 倍に増加する効果を示した（Proctor and MacGowan, 1976）。

　岩崎ら (1987) は，NTA (nitorilo triacetic acid) と EDTA (ethylenediamine tetraacetic acid) という低分子合成キレートを用いてリガンドから解離させた Cu 量とイタリアンライグラスやレッドクローバーの根部の Cu 含量との関係を計測した。その結果，水耕液中の Cu 濃度が増加するにつれて根

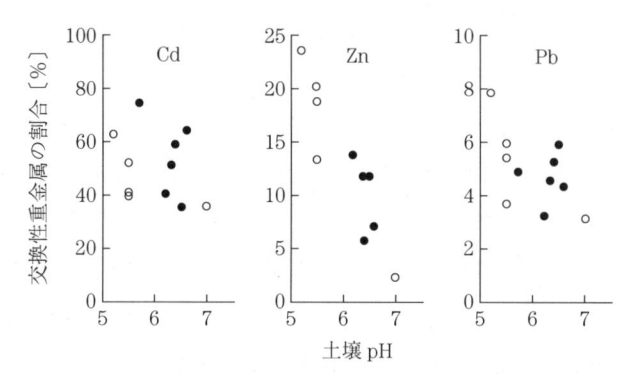

図 5.10 土壌 pH と交換態重金属の割合との関係（洗ら，1988）

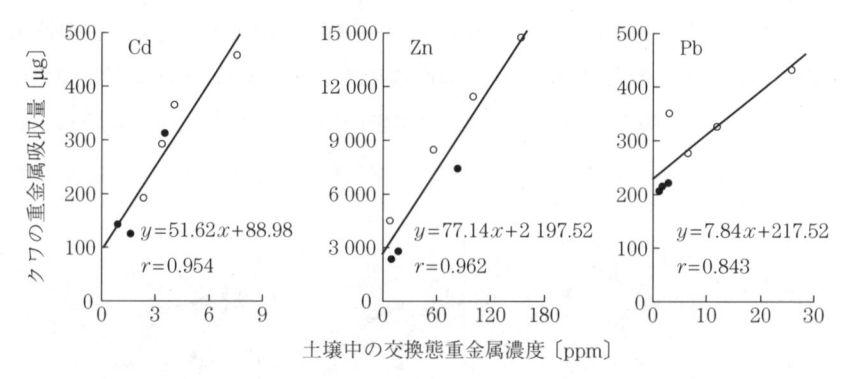

図 5.11 土壌中の交換態重金属濃度とクワの重金属吸収量との関係（洗ら，1988）

の Cu 含量が増加する傾向を示し，特に Cu 濃度が 10^{-6} M を超えると急速な濃度上昇が見られ，Cu が 10^{-5} M で，根の Cu 含量はイタリアンライグラスでは約 60 mg/g（乾重），レッドクローバーでは約 70 mg/kg であった。一方，地上部の Cu 含量も水耕液中の Cu 濃度が 10^{-5} M を超えると急速に上昇する傾向を示したが，10^{-5} M でイタリアンライグラスの地上部では約 1 mg/kg，レッドクローバーの地上部では約 2 mg/kg であった。Goodmann and Linehan (1979) は，Cu がリガンドから解離して，根から分泌されたアミノ酸と結合して地上部に移行すると推定している。

久野 (1996) は，ヘビノネコザ (*Arthyrium yokoscence*)，クワ (*Morus bombysis* L.)，インゲン (*Phaseolus vulgaris* L.) を用い，Cd の吸収比較を行

った。その結果，10^{-4} M と 10^{-3} M の Cd 処理で養水分吸収活性はヘビノネコザ＞＞クワ≒インゲンとなり（**図 5.12**），根の Cd 存在量をフラクション別に見ると，ヘビノネコザでは細胞壁を含む第 1 画分（F1）に 90 % 以上分布し，インゲンやクワでは F1 画分に多くても約 70 % および約 50 % 分布することから（**図 5.13**），Cd は根の細胞壁に捕足されて Cd による障害を回避して耐性を表すと考えられる。同様な傾向は洗（1996）によっても確認されている。

Nishizono *et al.* (1987) は，金属に富む環境に生息するヘビノネコザの根の細胞を細胞壁と細胞質の成分に分画した。その結果，全体の Cu, Zn, Cd のうち 70〜90 % が細胞壁に局在していた。Zn や Cd に比べて，Cu は細胞壁とはるかに大きな親和性を持ち，細胞内部への侵入を妨げられていた。細胞壁中のこれらの金属の大部分はイオン交換されたものであり，金属に富む環境中に生育するほかの植物よりヘビノネコザの細胞壁の交換能ははるかに高い。しかし，この高い交換能はほかのシダ類と比べて特異的なものではない。結果的

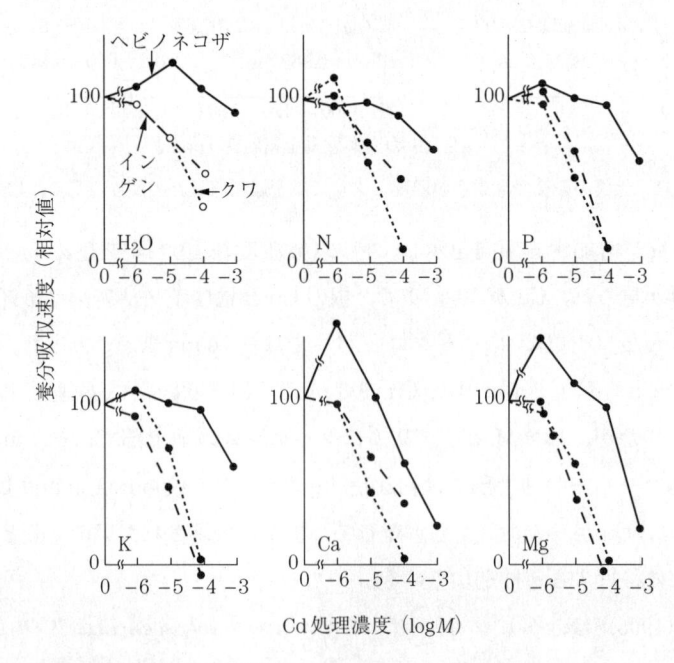

図 5.12 3 種植物の養分吸収に及ぼす Cd 処理の影響（久野，1996）

5.1 植物に対する重金属の影響

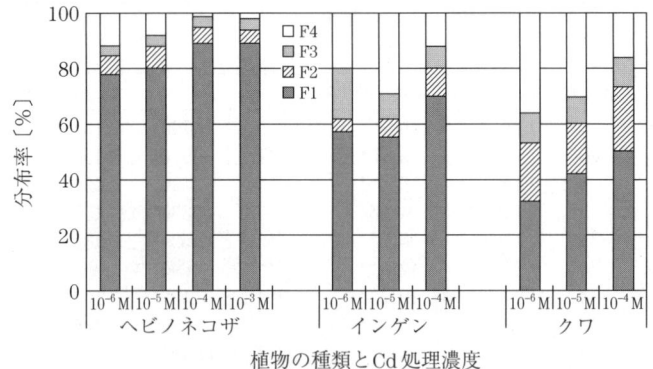

F1：細胞壁の破片および少量の未破壊残沙
F2：細胞核および少量の細胞壁破片
F3：ミトコンドリアやプラスミッドを主体とする小顆粒
F4：細胞内可溶性成分

図5.13 Cd処理した各植物根の細胞成分別分布（久野，1996）

に根の細胞壁は，金属貯留の重要なサイトであり，他方で，細胞質に移動した部分に関してもほかのシダ類の平均的なレベルよりはるかに高い。この結果は，ヘビノネコザにはほかにも金属耐性に関連した代謝機構が存在することを示唆している。

クワ苗の乾物成長に対するクロム添加の影響を見ると（張・久野，1999），3価クロム（Cr^{3+}）を2 mg/l および4 mg/l 添加すると，乾物成長は11〜14％低下したが，6価クロム（Cr^{6+}）を2 mg/l および4 mg/l 添加すると52〜68％低下した。6価クロムの4 mg/l 区で15日間育成したときの乾物生長の阻害率は約80％に達したが，Crの5倍量の2価鉄を添加すると，6価クロムによる障害はほぼ回復した（張ら，2000）。2価鉄の添加によりCr吸収量はむしろ増加したが，茎および葉への移行率を低下させて，葉や茎のCr含有率を低下させ，茎葉には可視障害が出現しなかった（**表5.1**）。クワ苗の6価クロムの障害を軽減するには6価クロムの3倍量以上の2価鉄が必要であり，2価鉄によって6価クロムが3価クロムに還元されて毒性を弱め，クロムを根に留めて地上部にあまり移動させなかったと考えられる。渡辺ら（1994）は，枯

表5.1 Cr^{6+}およびFe^{2+}処理がクワ器官中のCrとFe含量に及ぼす影響（張ら，2000）

Cr [mg/l]	Fe [mg/l]	クロム濃度			鉄濃度		
		根	茎	葉	根	茎	葉
[mg/l]	[mg/l]	[μg/g・dw]			[μg/g・dw]		
対照標準		15.0	0.8	0.5	1 790	134	161
1	0	1 860**	5.7**	4.3**	1 970**	102**	112**
1	1	1 810**	6.0**	3.9**	2 220**	138	101**
1	3	1 910**	4.5**	4.3**	4 830**	155**	131**
1	5	1 840**	3.5**	2.1**	7 620**	131	187**
4	0	2 500**	12.3**	13.7**	1 690**	96**	138**
4	4	2 530**	12.6**	12.2**	2 150**	102**	109**
4	12	2 520**	5.8**	4.2**	3 580**	146	193**
4	20	2 350**	4.5**	4.3**	11 400**	171**	259**

それぞれの数値は3回以上の測定による平均値，*$p<0.05$，**$p<0.01$．

葉または枯葉エキスを用いると，6価クロムを還元して3価クロムの錯体の生成が進み，さらに難溶化して，無毒化することを報告している．

5.1.3 クロロフィル合成および光合成に対する影響

茅野・三井（1967）は，イネの^{59}Fe吸収・移動に対するCu，Co，Mnの影響を測定した．その結果，Co処理区の^{59}Feの地上部への移行率は，対照区の約1/10，Mn処理区では対照区の約1/4，Cu処理区では対照区の1/3以下に低下し，特にCo処理区では鉄の移行を強く抑制し，葉にクロロシスを生ずることを発見した（Brown and Tiffin，1962；Haghiri，1973）．葉の鉄含量の減少もしくは地下部（根）から地上部への移行を損なうことにより，鉄欠乏クロロシスを生じるという（Lingle et al.，1963）．

楼ら（1991b）は，インゲン，ダイズ，コマツナ，トウモロコシおよびクワ実生苗を20，50，100 μMのNiを含む水耕液で15日間栽培し，各植物の乾物重および根と茎葉中のNi含量を測定して，Ni耐性を比較した．Ni過剰症は，ダイズやコマツナでは20 μM以上で，インゲン，クワおよびエンドウでは50 μM以上で出現したが，トウモロコシでは100 μM区でも明らかな過剰症は見られなかった．乾物成長に対するNiの阻害度に基づくと，強い植物（トウモロコシ），弱い植物（コマツナ，インゲン，ダイズ）および中間の植物（クワ，

エンドウ)の三つのグループに分けられた。吸収されたNiの地上部への移行率は,最も大きかったコマツナで80〜90％,最も小さかったトウモロコシで9〜16％であった(図5.14)。葉への重金属の移行程度は,光合成を含む生理活性における重金属の障害を左右する。

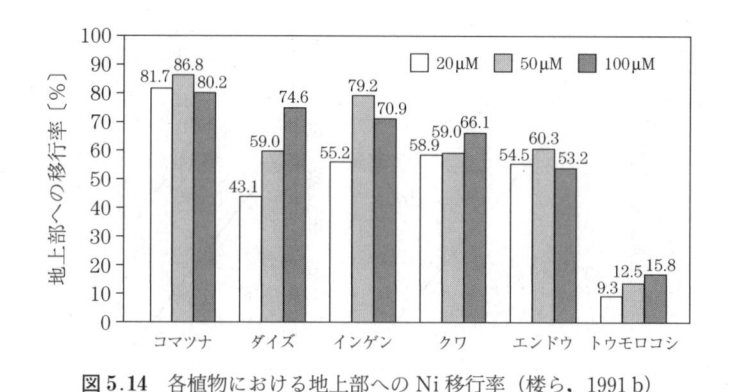

図5.14 各植物における地上部へのNi移行率(楼ら,1991 b)

Schlegel et al. (1987) は,$1\,\mu$MのCdおよび$0.1\,\mu$MのHgによってトウヒ (*Picea abies*) のクロロフィル濃度の低下による光合成の低下が引き起こされることを報告している。ヒマワリの純光合成速度および蒸散速度は,Tl,Ni,Cd,Pbの各元素の体内濃度との間に片対数直線関係となり,それぞれの金属元素濃度の増加によって低下する。また,純光合成速度が50％減少する体内濃度は,Niで79 ppm,Cdで96 ppm,Pbで193 ppmである(図5.15；Bazzaz et al., 1974)。

ブッシュビーン (*Phaseolus vulgaris* L.) の苗に,$NiSO_4$,$CoSO_4$およびK_2CrO_4をそれぞれ10,20,30,40,$50\,\mu$Mの濃度で3週間処理した後においては,第1葉は第2葉より重金属を集積しているにもかかわらず,純光合成速度はわずかしか阻害されなかった (Austenfeld, 1975)。矮性エンドウにおいては,通常の0.86 mMのZnに対して,3.45 mMのZn施用によって,光合成における電子伝達および非環状光リン酸化反応を抑制された (Van Assche and Clijsters, 1986)。一方,$10\,\mu$Mの$CuSO_4$の存在下で光合成第2反応

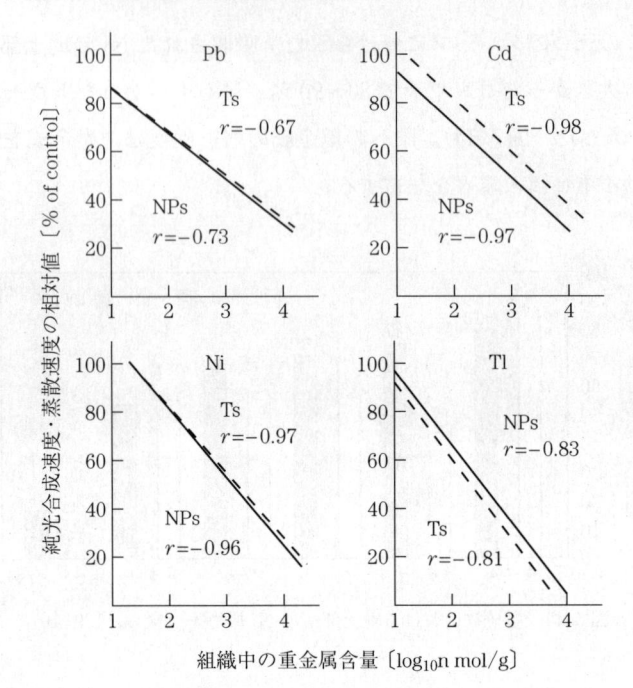

図 5.15 植物組織中の重金属含量と純光合成速度（NPs）または蒸散速度（Ts）との関係（Bazzaz et al., 1974）

（PSII）の膜粒子における P^+680 還元反応は鈍化した。Cu^{2+} はチロシンまたはその微環境が特別な変化をすることによって，$P\,680^+$ への電子伝達をブロックする（Sheoran et al., 1990）。また，エンドウの光合成に対して Cd はカルビン-ベンソン回路の機能に影響を及ぼし，光合成第 2 反応（PS II）の電子伝達を抑制する（Krupa et al., 1989）。

Maskymiec et al. (1994) は，ランナービーンに Cu を硫酸銅の形で $20\,\mathrm{mg}/l$ 施用して，葉のチラコイド膜のポリペプチド，アシル脂質，光合成第 2 反応の光化学反応に対する効果を調べた。生育初期段階で Cu を処理すると，第 1 葉の葉面積と新鮮重が著しく低下した。クロロフィルとアシル脂質は葉面積または新鮮重ベースでわずかに増加した。それぞれのアシル脂質の分類群の減少は，酸素を放出する附帯的なポリペプチドの低度の集積や PS II 活性が減少することを伴っていた。クロロフィル a の蛍光測定の結果，PS II の光量子授与

面や Calvin cycle の阻害や電子伝達の減少に対応して，ポリペプチドと酸素を発生する化合物が明らかに失われるとともに，アシル脂質の有意な変化が観察された。

緑化中のダイコン（*Raphanus sativus* L. 品種：Saxa）において，Cd^{2+} はクロロフィルとカロチノイドの集積を阻害し，光合成第 2 反応のクロロフィルタンパクアンテナの合成に影響を与えた。光合成反応は Cd^{2+} に対して感受性ではなく，最も感受性が高いのは光を捕獲する化合物 II (LHCH) のアンテナ物質であり，Cd^{2+} の増加によって光合成第 2 反応の LCHC II および水分子開裂システムのチラコイド膜にあるポリペプチドの合成が遅れ，クロロプラストの微細構造も変化した（Kupta *et al.*, 1987）。*In vitro* の実験では，光合成第 2 反応の電子伝達鎖の授与サイトが阻害されることが発見され，水分子裂開サイトは Cd^{2+} に対して非常に感受性が高いことが示された（Kupta *et al.*, 1987）。

オオムギに Cu^{2+}, Co^{2+}, Zn^{2+} を処理すると，ribulose-1, 5-bisphosphate carboxylase を阻害する（Stiborová *et al.*, 1988）。その他，諸種の植物（*Phaseolus vulgaris*, *Hordeum vulgare*, *Nicotiana tabacum*, *Canjanus cajan*, *Pisum sativum*, *Oryza sativa*, *Triticum aestivum*）で，Cd, Cu, Zn, Ni, Mn によるこの酵素の阻害が認められている（Van Assche and Clijsters, 1986；Stiborová *et al.*, 1988；Houtz *et al.*, 1988；Sheoran *et al.*, 1990；Angelov *et al.*, 1993；Lidon and Henriques, 1993；Malik *et al.*, 1992）。また，PEP carboxylase と 3-phosphoglyceric acid kinase の Cd, Cu, Pb, Ni による阻害が *Canjanus cajan*, *Phaseolus vulgaris*, *Zea mays* で確認されている（Van Assche and Clijsters, 1986；Stiborová *et al.*, 1988；Sheoran *et al.*, 1990）。

5.1.4 重金属による酸化ストレス

Gora and Clijister (1989) は，Cu 処理した *Phaseolus vulgaris* の初生葉においては lipoxygenase が増加し，脂質の過酸化が引き起こされることを確認

した。Maskymiec et al. (1994) は，Cu 処理したホウレンソウにおける脂肪や脂肪酸構成の変化を報告している。

Lidon and Henriques (1993) は，イネを $0.002 \sim 6.25$ mg/l の Cu を含む水耕液で 30 日間育てると，Cu 濃度が増加するにつれて地上部の Cu 濃度が増加したことを報告している。0.05 mg/l の Cu を処理すると，地上部の Fe 濃度は減少したが，Zn 濃度は明確な傾向を示さなかった。Cu 濃度の上昇に伴って，カタラーゼ，グルタチン還元酵素，Cu, Zn-スーパーオキシドディスミューターゼ (SOD) の活性が低下した。エチレン生成は，Cu を 0.05 mg/l 処理すると新鮮重ベースで減少したものの，1.25 mg/l まで Cu の処理濃度を増やすと増加した。$0.01 \sim 1.25$ mg/l の間で Cu を処理すると，葉緑体（クロロプラスト）の脂質酸化は増加した。クロロプラストのディガラクトシルディアシルグリセロール，モノガラクトシルディアシルグリセロール，フォスファティディルクロリン，フォスファティディルイノシトールの濃度は新鮮重ベースで減少した。一方，クロロフィルベースでは，digalactosyl diacylglycerol と monogalactosyl diacylglycerol の 2 種類の脂質の濃度は，0.01 mg/l の Cu 処理ですみやかに減少した。加えて，Cu 濃度が増加するにつれて phosphatidylglycerol 濃度にもわずかな低下が見られた。一方，脂質過酸化によるアシル脂質類中のリノール酸ハイドロパーオキシドは増加した (Sandmann and Böger, 1985)。

Cu の施用によって，ヒドロキシルラジカル種が生成し，クロロフィルの過酸化による分解が起こるが，Cu, Zn-SOD やカタラーゼなどの活性酸素種を消去する酵素類の活性化による防御機構が障害回避の手段として注目されている。0.5 mM の Fe (II) と Cu (II) を含む水耕液でヒマワリの苗を培養した結果，重金属の処理はクロロフィルと還元型グルタチオン (GSH) の含量の減少，脂質酸化および脂質酸化酵素活性の増加を生じた (Gallego et al., 2003)。安息香酸ナトリウムとマニトールのようなフリーラジカルのスカベンジャーは，クロロフィルと GSH の重金属による減少を抑止した。Fe (II) と Cd (II) は SOD の減少を引き起こす一方，Cu (II) は SOD 活性を高めた。

3種の重金属イオンは，いずれもカタラーゼ，アスコルビン酸過酸化酵素，グルタチオン還元酵素，デヒドロアスコルビン酸還元酵素などの抗酸化酵素の減少を誘起するが，フリーラジカルのスカベンジャーはこれらの酵素の重金属による不活性化を防御する一方，SOD活性にはなんの効果も見られなかった。

エンドウ (Phaseolus vulgaris L. cv. Morgan) に 5 μM の Cd と 100 μM の Zn をそれぞれ 96 時間処理して，植物毒性および酸化反応を見た結果，同様の成長減退が見られ，それぞれの金属に反応して，脂質酸化作用がすべての器官で高まり，カタラーゼ活性が根と葉で減少するものの，茎ではその傾向は認められなかった。Cu イオンによって，若い葉の SOD は活性化したが，若い葉と老熟した葉の双方でカタラーゼやアスコルビン酸過酸化酵素の活性は減少した。また，O_2^- のスカベンジャーである Tiron は，Cu で誘導された若い葉の脂質の過酸化を完全に妨げたが，老熟した葉ではこの効果が少なかった。一方，OH^- に対するスカベンジャーである安息香酸ナトリウムとマンニトールは老熟葉の過酸化に対してより効果的である。Cd と Zn は，茎における guaiacol 依存 peroxidase 活性を刺激した。グアヤコール依存過酸化酵素のうちの一つ (iso-GPX) は，Zn 特異性である。金属の暴露は，茎や根のアスコルビン酸特異性過酸化酵素の活性を変化させないものの，葉においてはアスコルビン酸 peroxidase (APX) とグルタチン還元酵素 (GR) 活性を増加した。これらの結果は，Cd と Zn による酸化ストレスはいくつかの抗酸化酵素を活性化させることを示唆している。また，これらの重金属は，O_2^- や H_2O_2 のような活性酸素種の発生源として作用し，光合成の電子伝達系を阻害する (Girotti, 1985)。また，重金属は HO^- の生成を刺激する (Slater, 1972)。

Crotalaria juncea では，根のカタラーゼ活性は Cd 処理で変化が見られない。これに対して，一般に若い葉では活性酸素種は何種類かの複合的な抗酸素システムによって取り除かれると思われる (Pereira et al., 2002)。一方，葉のカタラーゼ活性は，0.2 mM の $CdCl_2$ を処理すると，処理 48 時間後では無処理区よりわずかな上昇しか見られないのに対して，2 mM の $CdCl_2$ で処理すると処理 12 時間後から急速に上昇し，無処理区の 6 倍に達した。SOD 活性は

二つの Mn-SOD と二つの Cu/Zn-SOD の合計四つのアイソザイム活性を表し，Cd 処理後の SOD 活性は，SOD の全活性から見ても，四つのアイソザイムを見ても，葉と根で有意な変化は認められなかった。また，グルタチオン還元酵素は，カタラーゼと同様，2 mM の $CdCl_2$ 処理で根における活性はわずかしか誘導されなかったが，葉の活性は無処理区の約7倍に達していた。Cd で誘導された活性酸素種は，パーオキシゾームでカタラーゼによって代謝される。また，GR 活性の増加は，特にグルタチオン-アルコルビン酸サイクルによって Cd で誘導された活性酸素種を解毒する役割を果たしている。

石塚ら（1980）が指摘するように，重金属に対する耐性機構には，1）吸収および転流の制御，2）細胞壁などの特定成分への吸着と固定，3）細胞内の特定物質と結合し，無毒化される機構などが考えられる。

細胞内で，Cd，Cu，Zn などの有害重金属は，金属結合タンパク質であるファイトケラーチン（phytochelatin）と結合する。これらのペプチドに Cd や Cu などの有害重金属は結合し，細胞内における種々の有害作用が封じられる（Kondo et al., 1983；Grill et al., 1985）。

5.1.5 根の生理活性に及ぼす影響

Cd や Cu などの強い有害作用を示す重金属を処理すると，イネなどの根に獅子の尾状根などの奇形が生ずる（茅野，1972）。本間ら（1976）は，イネの苗にさまざまな濃度の Cd を処理して，養分吸収に対する影響を検討した（**図 5.16**）。その結果，Cd が 10^{-5} M でも，根の呼吸活性は増加する一方，P と K の吸収は抑制された。また，TTC 還元力は，Cd が 10^{-5} M で増加する一方，10^{-4} M 以上の濃度では逆に減少した。これらの結果から，本間ら（1976）は，Cd は呼吸を増加する濃度（10^{-4} M）で P の吸収を抑制する dinitrophenol のような酸化的リン酸化反応の脱共役剤として作用し，TTC 還元力の抑制に示されたようにコハク酸脱水素酵素（succinate dehydrogenase）の活性阻害によってエネルギー供給を阻止すると述べている。

本間（1982）は，クワ苗を用いて，水耕液に Cd，Cu および Zn を 10^{-5} M，

5.1 植物に対する重金属の影響

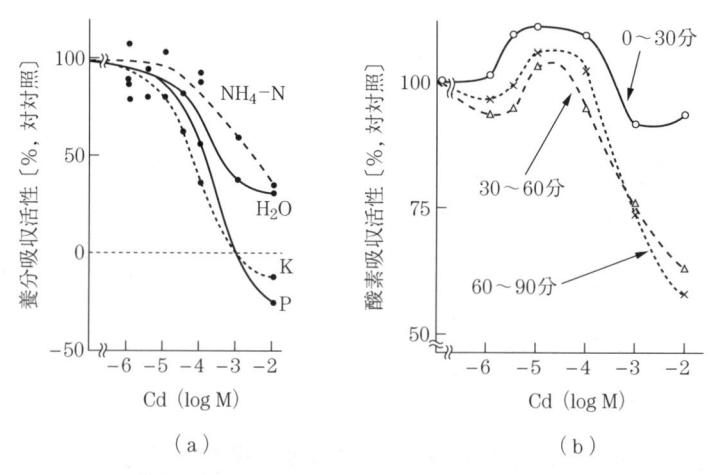

図5.16 イネの養分吸収および根の酸素吸収に及ぼすCdの影響（本間ら，1976）

10^{-4} M，10^{-3} Mで添加した結果，養分吸収阻害を示し，10^{-3} Mにおける養分吸収阻害の順序は，P>K>NH_4-Nの順であった（**図5.17**）。Cdは根の呼吸も阻害し，その阻害の仕方は酸化的リン酸化反応の解除剤と同様，エネルギー代謝を阻害する作用のあることが認められ，エネルギーに依存して積極的に吸収するPとKの吸収を阻害した。Zn処理区では，10^{-5} MでNH_4-Nの吸収を阻害し，10^{-4} MではNH_4-N，K，Pの順に吸収が阻害された。10^{-5} Mの

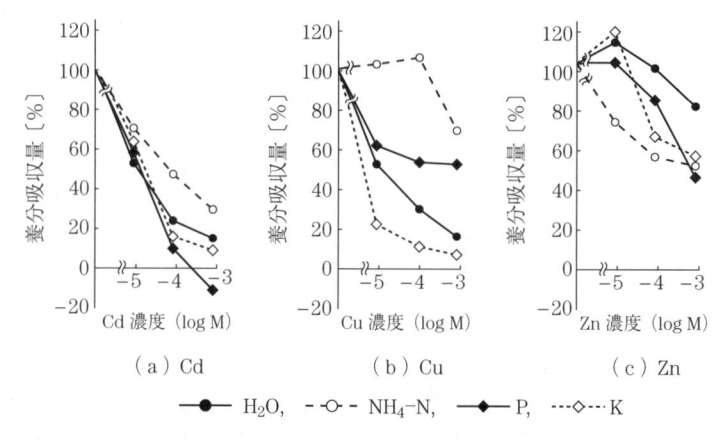

図5.17 各種重金属がクワ実生苗の養分吸収に及ぼす影響（本間，1982）

Cu 処理区では，K 吸収が顕著に阻害され，ついで H_2O，P の順に吸収が阻害された。10^{-3} M では K，H_2O，P についで，NH_4-N の吸収が阻害された。クワ古条さし木苗を水耕液に，Ni を 10^{-6} M，10^{-5} M および 10^{-3} M で添加すると，10^{-6} M で P の吸収が顕著に阻害された。K の吸収はむしろ促進され，10^{-5} M をピークにして 10^{-4} M では 40％程度の吸収阻害が認められた。H_2O の吸収も 10^{-5} M で促進され，それより高濃度になると吸収阻害が顕著になった。NH_4-N の吸収は，10^{-5} M まではほとんど阻害されなかったが，10^{-4} M では 40％程度の阻害が認められた。

5.2 植物に対する微量土壌汚染物質の影響

都市部では Cu などの重金属の濃度が高い傾向にあるが，同時に土壌中の水溶性ホウ素（B）が 2 mg/kg 近い濃度で検出される。B 濃度が 3 mg/kg を超えると，植物の生長になんらかの異常が生ずる（Purve, 1966）。夏季果汁植物（*Cucurbita pepo* L.）に水耕試験で過剰な B を与えた場合，時間とともに葉中に B が集積し，最も熟した葉では，蒸散量，光合成量，クロロフィル含量は少なくなり，地上部の生長は停止した。根にも B が集積し，これに付随して根の伸長や側根の発育が阻害された。B は植物にとって必須な微量元素であるが，植物の生育に適する B 濃度の範囲は狭く，有用な B レベルが適性濃度をわずかに超えると多くの植物種には有害である（山内, 1976）。また，水耕液中に 5 mg/*l* や 10 mg/*l* の B を添加した場合，葉の B 濃度は 25 種の植物を平均して添加濃度の約 50 倍，根の B 濃度は添加濃度の約 15 倍と葉の濃縮率が高く（山内, 1976），おもに光合成など，葉の生理活性を阻害する可能性が大きい。

アルミニウムの精錬過程では，Na_3AlF_6 を電気分解すると，F やほかの物質とともにフッ化水素（HF）やフッ化ナトリウムアルミニウム（$NaAlF_4$）を含む粒子が大気に放出され，植物や土壌を汚染する。水溶性フッ素は，森林の腐植質に蓄積し，アルミニウム精錬所近く（1 km 以内）の土壌では 20

mg/kg にも達する例がある (Egli et al., 2004)。

山内ら（1993）は，IC 工場にフッ素が利用されていることをかんがみ，イネに対するフッ素の障害機構を研究した。水耕液に，F を 2, 4 および 6 mg/l 添加した場合，収穫時のイネの乾物重は無添加の場合の約 80％，約 65％および約 40％であり，F 濃度が上昇するほど乾物成長量は減少した。また，純光合成速度は 6 mg/l 処理区のみ，分げつ期には無添加区の約 70％，出穂期には約 50％，登熟期には約 35％と，生育が進むにつれて F による障害の程度が強くなった。また，2 および 4 mg/l 添加区の登熟期における純光合成速度は，無添加区の約 75％および約 60％となり，6 mg/l 添加区と合わせてみると，F 濃度が 5 mg/l を超えると，イネの光合成を阻害し，生育に悪影響を与え，収量の減少をもたらすことを示唆した。

農薬の土壌中の残留については，粘土鉱物に吸着しやすいトリアジン環やトリアゾール環を持ち，光合成を阻害する除草剤は，植物被害を発現することがある。また，パラコートやジクワットのような光関与型除草剤は，粘土鉱物と吸着して持続性が長く（金澤，1992），施用後にかなり時間を経た時点でも予期せぬ被害を植物に与える可能性がある。

5.3 植物による環境浄化

2000 年の米国環境保護庁のリポートによると，166 の生物浄化研究プロジェクトが進められている。そのうち，重金属と放射性核種が対象になっているものは，それぞれ全体の 17％と 7％を占める。

日本地盤環境浄化推進協議会が示した土壌汚染が見込まれるサイト数は全国で約 94 万か所にのぼり，そのうち，関東地方が約 28 万サイト，近畿地方が約 19 万サイト，中部地方が約 17 万サイトで，三大都市圏が全体の 2/3 を占めている。

既存の物理化学的土壌浄化法に比べて，植物を利用する方法は，コストがかからず，環境にもリスクが少ない (Raskin et al., 1997)。重金属を著しく蓄

積する植物は，長年，元素集積の地質植物学的に注目されてきた。わが国でも，ヘビノネコザは古くからカナヤマシダともいわれ，鉱脈探査の指標となってきた。最近では，それらの植物が土壌から金属を抽出し，金属を地上部に濃縮する能力を持つことから，ファイトマイニング (phytomining) やファイトレメディエーション (phytoremediation) という実用な応用の可能性が関心を高めている（図5.18）。

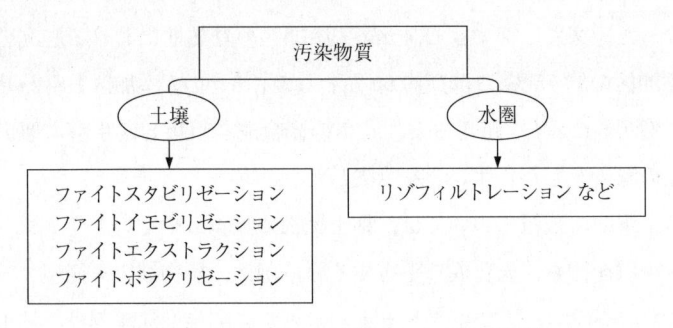

```
                    汚染物質
                   ┌────┴────┐
                  土壌       水圏
         ┌──────────────┐  ┌──────────────┐
         │ファイトスタビリゼーション│  │リゾフィルトレーション など│
         │ファイトイモビリゼーション│  └──────────────┘
         │ファイトエクストラクション│
         │ファイトボラタリゼーション│
         └──────────────┘
```

図5.18 ファイトレメディエーションの応用

超蓄積種(hyperaccumulator)の定義は元素によって異なるが，最も研究された金属である Mn と Zn は 10 000 mg/kg，Ni，Cu，Se は 1 000 mg/kg，Cd は 100 mg/kg レベルであり，研究例は少ないが Al と As は 1 000 mg/kg レベルとされている (Baker and Brookes, 1989；Ma *et al.*, 2001)。

ヘビノネコザの葉には，森下 (1977) の分析では最高 1 241 mg/kg，田崎・牛島 (1974) の分析でも 900 mg/kg の Cd を含み，Cd の超蓄積種として十分な Cd 蓄積能力を持っているが，一般にバイオマスが小さいため，実用には課題が残る。

ヒ素の超蓄積植物であるシダ植物 Chinese brake fern (*Pteris vittata* L.) を用いると，As 汚染土壌にリン鉱石を添加すると，シダの葉状体の As 濃度はリン鉱石無添加土壌の 2.65 倍に達し，12 週間の培養で土壌中の As の 8％以上を除去することができた。この場合，土壌中の As は土壌との結合点で P と入れ代わるために，As の溶解性を増加させて，その結果，植物の As 吸収を

増加させるとみられる（Tu and Ma, 2003）。

橋本ら(2004)は，カラシナ（*Brassica juncea* L.）を高濃度（20 mmol/kg）のクエン酸添加は植物の U 吸収を促進させる傾向があり，メリーランド州の土壌および実験的に U で汚染した土壌では，カラシナ中の U 濃度はクエン酸無添加区と比較して，それぞれ約 100 倍および 20 倍に増加した。

石井ら（2004）は，Cd を 10 mg/l 添加した水耕液でヨウシュヤマゴボウ（*Phytotoracca americana* L.）を育成すると，葉に Cd を 510 mg/kg，茎に 1 003 mg/kg，根に 3 910 mg/kg 蓄積し，この植物を利用した Cd 汚染土壌のファイトレメディエーションの可能性を示した。

Cui *et al.* (2004) は，Pb と Zn のインドカラシ（*Brassica jyuncea* L.）と冬小麦（*Triticum aestivum* L.）による吸収を高めるために，50 日間にわたって，全 Zn 濃度が 480 mg/kg および全 Pb 濃度の汚染土壌に生育させ，さらに単体の S を 0〜160 mg/kg の範囲で植付け前に加えた区，EDTA を 0〜8 mM/kg の範囲で 4 段階加えた区を設定して，40 日間にわたって植物を生育させた。これに，植物を植えないで，S と EDTA を同等の比率で加えたポットを追加して，土壌 pH と $CaCl_2$ に抽出される重金属濃度を測定した。最も高含量の S 添加区では pH 7.1 から 6.0 に土壌を酸性化させた。土壌 pH が減少するにつれて，土壌中の可溶性 Pb 量と Zn 量および植物の地上部に取り込まれた Pb 量と Zn 量は増加した。S と EDTA はともに土壌中の抽出性 Pb 量と Zn 量および地上部の Pb と Zn の取り込み量を増加させたが，双方を比べると EDTA のほうが効果的であった。この二つの方法を相補的に用いると，S や EDTA を施用しない対照区に比べて抽出可能な Pb は 1 000 倍，Zn は 6 倍にまで高めた。コムギはインドカラシより高い収量を持ち，S と EDTA の投与量を増加させると，乾物収量を両種の植物とも減少させ，両物質を投与しない対照区の約半分に減少したが，インドカラシナは EDTA と S の最高濃度を添加した場合，Pb の植物体内濃度は 7 100 mg/kg に達し，同様にコムギも 1 095 mg/kg と超蓄積レベルであった。一方，Zn 濃度は 777 および 480 mg/kg と超蓄積レベルよりはるかに低いレベルであった。Zn および Pb の土

壌からの除去量は，インドカラシナでは1ポット当りの4.1 mgおよび0.45 mgに達し，小麦でも0.72 mgおよび0.28 mgに達していた。SとEDTAの添加は，地上部の重金属濃度を上昇させるという重要な効果がある。しかし，重金属除去量の多いインドカラシナを用いても，高濃度のPbで汚染された土壌からPbを除去するには100年以上も要するため，実用的ではない。

5.4 ま と め

重金属の中には，CuやZnのように植物にとって微量必須元素とされるものもあるが，そのような元素でも過剰に存在すれば，生育障害を生じる。一方，CdやHgは植物必須元素ではなく，植物に対して強い毒性がある。これらの重金属は，植物に負荷されるルートによって，ストレスを受ける植物器官が異なる。工場や精錬所といった放出源から大気を通じて植物に負荷される場合，比較的スムーズに葉へ吸入され，光合成などの重要な生理現象に直接的な障害をもたらす。一方，排水や排煙によって汚染された土壌を通じてストレスを受ける場合，まず根における養分吸収に影響を与える。CdおよびCuは各種の奇形根を発生させるとともに，根の養分吸収を阻害する。特に，Cdはエネルギー代謝と密接に関連して吸収されるPやKの吸収を強く阻害する。CuやCdは，根の細胞壁に捕捉されると地上部に移行しないため，光合成阻害をほとんど引き起こさないが，十分に根に捕捉されない場合は葉などに移行して光合成などの生理活性を阻害する。この場合，Cdなどの有害な重金属は，酵素を含むタンパク合成を直接抑制して阻害効果を表す場合と活性酸素を通して阻害する場合がある。後者の場合は，金属と結合して，その毒性を封じるファイトケラーチンの存在に加えて，活性酸素を消去する抗酸化酵素の活性が有害金属に対する抵抗性を左右する要因である。最近では，これらの機構に加えて，有害金属を高濃度に蓄積する超蓄積種の中にファイトケラーチンに結合した有害金属をさらに特定のトランスポーターによって液胞などの不活性部位に運んで集積する機構が存在することが解明され，その遺伝様式の解明と相まっ

て，植物を用いた汚染土壌浄化の試みに一筋の光明を与えている。

文　献

Angelov, M., Tsonev, Uzunova, A. and Gaidardjieva, K. (1993) Cu^{2+} effect upon photosynthesis, chloroplast structure, RNA and protein synthesis of pea plants. Photosynthetica, 28, pp. 341〜350.

Austenfeld, F. A. (1975) Nettophotosyntheser der Primär- und Folgeblätter von *Phaseolus vulgaris* L. unter dem Einfluß von Nickel, Kobalt und Krom. Photosynthetica, 13, pp. 434〜438.

Baker, A. J. M. and Brooks R. R. (1989) Terrestrial higer plants which Hyperaccumulate metal elements. A review of their distribution, ecology and photochemistry. Biorecovery 1, pp. 81〜126.

Bazzaz, F. A., Carlson, R. W. and Rolf, G. L. (1974) The effect of heavy metals on plants：part 1. Inhibition of gas exchange in sunflower by Pb, Cd, Ni and Tl. Environ. Pollut., 7, pp. 241〜246.

Brown, J. C. and Tiffin, L. D. (1962) Zinc deficiency and iron chlorosis dependent on the plant species and nutrient element balance in Tulare clay. Agronomy Journal, 54, pp. 356〜358.

茅野充男，北岸確三（1966）重金属元素の過剰による水稲の被害に関する研究（第1報），銅，ニッケル，亜鉛およびマンガンの処理濃度を変えたときの水稲の生育，日本土壌肥料学雑誌，37，pp. 342〜347.

茅野充男，三井進午（1967）アルファルファにおける重金属誘導クロロシスの発生と^{59}Fe, ^{60}Co, ^{54}Mn の分布，重金属誘導鉄クロロシスの発生に関する研究（第3報），日土肥誌，98，pp. 280〜286.

茅野充男（1972）植物による重金属の吸収と移行，植物に対する害作用を中心として，近代農業における土壌肥料の研究 第3集 IV（日本土壌肥料学会 編），養賢堂，pp. 73〜80.

張　建強，久野勝治（1999）水耕栽培におけるクワ苗の成長に対する3価クロムと6価クロムの影響，日蚕雑，68，pp. 295〜300.

張　建強，久野勝治，渡邉　泉（2000）2価鉄によるクワ苗の6価クロム障害の軽減効果，環境毒性学会誌，3，pp. 75〜82.

Cui, Y., Wang, Q., Dong, Y., Li, H. and Christie, P. (2004) Enhanced uptake of soil Pb and Zn by Indian mustard and winter wheat following combined soil application of elemental sulphur and EDTA. Plant and Soil, 261, pp. 181〜188.

Devi, S. R. and Prasad, M. N. V. (2004) Membrane lipid alternation in heavy metal exposed plants. Heavy Metal Stress in Plants, From Biomolecules to Ecosystems (eds. by M. N. Prasad), pp. 127〜145, Springer.

Egli, M., Durrenberger, S. and Fitze, P. (2004) Spatio-temporal behavior and mass balance of fluorine in forest soils near an aluminium smelting plant : short- and long-term aspects. Environ. Pollut., 129, pp. 195〜207.

Gallego, S. M., Benavides, M. P. and Tomaro, M. L. (2003) Effect of heavy metal ion excess on sunflower leaves : Evidence for involvement of oxidative stress. Plant Science, 121, pp. 151〜159.

Girotti, A. W. (1985) Mechanism of lipid peroxidation. J. Free. Rad. Biol. Med., 1, pp. 87〜95.

Goodman, B. A. and Linehan, D. J. (1979) An electronparamagnetic resonance study of the uptake of Mn (II) and Cu (II) by wheat roots ; The Soil-Root Interface (eds. by J. L. Harley and S. Russel), Academic Press, pp. 67〜81.

Gora, L. and Clijister, H. (1989) Effect of copper and zinc on the etylenene metabolism in *Phaseolus vulgaris* L., Biochemical and Physiological Aspects of Ethylene Production in Lower and Higher Plants (eds. by H. Clijister, M. De Proft, R. Marcele and M. Van Poucke), Kluwer Academic Publishers, pp. 219〜228.

Grill, E., Winnacker, E. and Zenk, M. H. (1985) Phytochelatins, the principal heavy-metal complexing peptides of higher plants. Science, 230, pp. 674〜676.

Haghiri, F. (1973) Cadmium uptake by plants. J. Environ. Qual., 2, pp. 93〜96.

Hara, T. and Sonoda, Y. (1981) Comparison of the toxicity of heavy metals to cabbage growth. Plant and Soil Science, 51, pp. 127〜133.

橋本洋平，Blaylcock, M., Elless, M. P., Uley, A. L.（2004）クエンの土壌添加による植物のウラン吸収促進，Phytoremediation における金属キレート効果，環境化学第13回討論会要旨，pp. 300〜301．

Hasset, J. J., Miller, J. E and Koeppe, D. E. (1977) Interaction of lead and cadmium on maize root growth and uptake of lead and cadmium by roots. Environ. Pollut., 39A, pp. 297〜302.

本間　慎，久野勝治，服田春子（1976）重金属がイネ科植物の根の生理と形態におよぼす影響，文部省特定研究　植物群落の物質代謝による環境保全に関する基礎的研究（人間生存　門司班）論文集，pp. 132〜150．

本間　慎（1982）桑の養分吸収におよぼす重金属の影響，過剰重金属土壌における桑の収量向上に関する基礎的研究，文部省科学研究補助金（一般研究 B）研究成果報告書，pp. 10〜11．

本間　慎，久野勝治（1982）蛇紋岩質土壌における土壌と桑葉中の重金属濃度，過剰重金属土壌における桑の収量向上に関する基礎的研究，文部省科学研究補助金（一般研究 B）研究成果報告書，pp. 2〜3．

Houtz, R. L., Nable, R. O. and Cheniae, G. M. (1988) Evidence for the effects on the *in vivo* activity of ribulose-biphosphate carboxylase/oxygenase during devel-

opment of Mn toxicity in tobacco. Plant Physiol., 86, pp. 1143～1149.
飯村康二（1979）土壌中における金属元素の動き，主として土壌化学的見地から土壌汚染の機構と解析（渋谷政夫編），産業図書，pp. 161～195.
飯塚隆治（1976）桑の葉脈間ネクロシス症状の発現におけるニッケルとマグネシウムおよびマンガンとの相互作用，日土肥誌，47, pp. 69～74.
石井美和子，渡邊　泉，久野勝治，内田毅嗣，山田僚一（2004）ヨウシュヤマゴボウを用いたファイトレメデイションによる重金属汚染土壌の浄化の試み，環境化学第 13 回討論会講演要旨，pp. 296～297.
石塚潤爾，田中　彰，和地　清（1980）重金属元素による障害発現の生理的機作に関する研究（第 1 報），重金属耐性の種間差，日土肥誌，51, pp. 355～359.
岩崎貢三，西村和雄，高橋英一（1987）合成キレート銅溶液からの植物の銅吸収，日土肥誌，58, pp. 193～198.
加藤谷栄章，前川往亮，田中平美，日下昭二（1979）蛇紋岩土壌における作物の生育障害について（第 4 報），土壌中の Ni の可給度と作物の吸収について，兵庫県農業総合センター研報，28, pp. 111～114.
金澤　純（1992）農薬の環境科学，合同出版，pp. 95～96.
久野勝治（1996）クワなど数種植物の重金属耐性機構に関する研究，科学研究費補助金（一般研究 C）研究報告書，pp. 1～8.
小林　純，森井ふじ，村本茂樹，中島　進，瀬戸圭子，吉本智子（1971）群馬県安中市の精錬所に因る農作物などの重金属（Cd, Pb, Zn）の分布について，農学研究，53, pp. 215～228.
計　東風，本間　慎，久野勝治（1993）Cd 処理した三種植物の乾物と Cd 吸収におよぼす Mn と Ni の影響，人間と環境，21, pp. 15～18.
Kondo, N., Isobe, M, Imai, K., Goto, T., Murasugi, A. and Hayashi, Y. (1983) Structure of cadystin the unit-peptide of cadmium-binding peptides induces in a fission yeast, Schizosaccharomyces pombe. Tetrahedron Lett., 24, pp. 925～928.
越野正義（1973）農作物によるカドミウムの吸収とリン酸，金属元素，農技研報，B 24, pp. 1～51.
古在由直（1892）足尾銅山鉱毒ノ研究，農学会報，No. 16, pp. 55～96.
Krupa, Z., Quist, G. and Hunter, N. P. (1989) The effects of cadmium on photosynthesis of *Phseolus vulgaris*, Fluoroescence analysis. Physiol. Plant., 88, pp. 626～630.
Kupta, Z., Skórzynska, E., Maksymiec, W. and Baszynski, T. (1987) Effect of cadmium treatment on the photosynthetic apparatus and its photochemical activities in greening radish seedlings. Photosyntetica, 21, pp. 156～164.
Lidon, F. C. and Henriques, F. S. (1993) Changes in the thylakoid membrane polypeptides pattern triggered by excess Cu rice. Photosynthetica, 28, pp. 99～

108.

Lingle, J. C., Tiffin, L. O. and Brown, J. C. (1963) Iron uptake-transport of soybean as influenced by other cations. Plant Physiol., 38, pp. 71〜76.

Ma, l. Q., Komar, K. M., Tu, C., Zhang, W. H., Gai, Y. and Kennedy, E. D. (2001) A fern that hyperaccumulates arsenic. Nature, 409, 509.

Maskymiec, W., Russa, R., Urabnik-Spyniewka, T. and Bassynski, T. (1994) Effect of excess Cu on the photosynthetic apparatus of runner bean leaves at two different growth stages. Physiol. Plant., 91, pp. 715〜721.

Malik, D., Shoran, I. S. and Singh, R. (1992) Carbon metabolism in leaves of cadmium treated wheat seedlings. Plant Physiol. Biochem., 30, pp. 223〜229.

森下豊昭（1977）文部省研究報告集録（昭和51年度 人間生存と自然環境），pp. 287〜295.

Nieboer, E. and Richardson, D. H. S. (1980) The replacement of the non-descriptive term heavy metal by a biologically chemically significant classification of metal ions. Environ. Pollut., Ser. B, pp. 13〜26.

Nishizono, H., Ichikawa, H., Suzuki, S. and Ishii, F. (1987) The role of the root cell wall in the heavy metal tolerance of *Athyrium yokoscense*. Plant and Soil, 101, pp. 15〜20.

Pereira, G. J. G., Molkina, S. M. G., Lea, P. J. and Azervedo, R. A. (2002) Activity of antioxidant enzymes in response to cadmium in *Crotalaria juncea*. Plant and Soil, 239, pp. 123〜132.

Prasad, N. M. V. (1997) Trace metals. Plant Ecophysiology (eds. by M. N. V. Prasad), Wiley, pp. 207〜249.

Prasad, N. M. V (2004) Phytoremediation of metals and radionucleotide in the environment : The case for natural hyperaccumulators, metal transporters, soil-amending chelators and transgenic plants. Heavy Metal Stress in Plants, From Biomolecules to Ecosystems (eds. by M. N. V. Prasad), Springer, pp. 345〜391.

Proctor, J. and MacGowan, I. D. (1976) Influence of magnesium on nickel toxicity, Nature, 260, 134.

Purve, D. (1966) Contamination of urban garden soils with copper and boron. Nature, 210, pp. 1077〜1078.

Raskin, I., Smith, R. D. and Salt, D. E. (1997) Phytoremediation of metals using plants to remove pollutants from the environment. Curr. Opin. Biotechnol., 8, pp. 221〜226.

Ross, S. M. (1994) Toxic Metals in Soil-Plant System. John Wiley & Sons Ltd., p. 7.

楼 程富，本間 慎，久野勝治（1991 a）水耕液中のNi濃度が桑の成長，光合成速

度に及ぼす影響, 日蚕雑, 80, pp. 19〜199.

楼　程富, 本間　慎, 久野勝治 (1991 b) 数種植物における Ni 耐性の比較, 人間と環境, 16, pp. 110〜118.

Sandmann, G and Böger, P (1985) Copper-mediated lipid peroxidation processes in photosynthetic membranes. Plant Physiol. 66, pp. 797〜800.

Schlegel. H., Godbold, D. L. and Hüttermann, A. (1987) Whole plant aspects of heavy metal induced changes in CO_2 uptake and water relations of spruce (*Picea abied*) seedlings. Physiol Plant., 69, pp. 262〜 270.

洗　幸夫 (1996) 桑およびヘビノネコザの根細胞内における Cd と Zn の存在状態とこれら植物の重金属耐性との関係, 日蚕雑, 65, pp. 286〜291.

洗　幸夫, 本間　慎, 久野勝治 (1988) 土壌中の交換態重金属濃度と桑に吸収される重金属量との関係, 日蚕雑, 57, pp. 481〜488.

Sheoran, I. S., Singal, H. R. and Singh, R. (1990) Effects of cadmium and nickel on photosynthesis and the enzymes of the photosynthetic carbon reduction cycle in pigeon pea (*Cajanus cajan*) Photosynth. Res., 23, pp. 345〜351.

Slater, T. F. (1972) What are free radicals? Free radicals mechanism in tissue injury (eds. by J. Langnado), R. Pion Ltd, pp. 17〜18.

Stiborová, M., Ditrichovà, M. and Brezinovà, A. (1988) Mechanism of action of Cu^{2+}, Co^{2+} and Zn^{2+} on ribulose-1, 5-biphosphate carboxylase from barley (*Hordeum vulgare* L.). Photosyntheica, 22, pp. 161〜167.

田崎忠良, 牛島忠広 (1974) 土壌重金属汚染と植物の生育, 重金属吸収反応に対する種特性, 生物科学, 26, pp. 15〜23.

Tu, C. and Ma, I. (2003) Effect of arsenate and phosphate on their accumulation by an arsenic hyperaccumulator *Pteris vittata* L. Plant and Soil, 249, pp. 373〜382.

Van Assche F. and Clijsters, H. (1986) Inhibition of photosynthesis in *Phaseolus vulgaris* by treatment with toxic concentrations of zinc : effects on electron transport and photophosphorylation. Physiol. Plant., 66, pp. 717〜721.

渡辺紀元, 対馬正人, 岸　政美 (1994) 枯葉による 6 価クロム汚染土壌の無害化試験, 川水と用水, 36, pp. 390〜395.

山内正見, 吉田弘一, 谷山鉄郎 (1993) 水稲の生育・収量におよぼす低濃度フッ素の影響, 日作東海支部報, 115, pp. 1〜2.

山内益夫 (1976) ホウ素適応性の作物種間差, 日土肥誌, 47, pp. 281〜286.

山根忠昭 (1979) 島根県におけるヒ素汚染の実態と対策, 土壌汚染の機構と解析 (渋谷政夫編), pp. 38〜78, 産業図書.

吉川年彦, 直原　毅, 田中平義 (1987) 水稲のカドミウム吸収に対するマンガンの効果, 日土肥誌, 57, pp. 79〜80.

6. 森林衰退と環境ストレス

6.1 欧米における森林衰退

6.1.1 ヨーロッパ

　1970年代初頭から，旧西ドイツにおいて，新しいタイプの森林衰退現象がノルウェースプルースやヨーロッパモミの林で観察され始めた（Cowling, 1986）。同様な現象は，1970年代後半から1980年代初頭にかけて中央ヨーロッパにおいてさまざまな樹種で観察されるようになった。1990年代において，ヨーロッパ各地でさまざまなタイプの森林衰退現象が観察されるようになり，現在では深刻な環境問題として注目されている（**図6.1**）。

図6.1 ドイツのバーバリアンフォーレストにおけるノルウェースプルースの衰退（2005年6月15日）（口絵6参照）

　ヨーロッパにおける森林衰退の徴候は，可視的被害，成長異常および成長低下に大別できるが，気象要因や地形的条件などのさまざまな要因が関与している（Krause *et al.*, 1986）。衰退している樹木の症状として，葉の黄化，年間成長量の低下，古い葉の早期落葉，葉量の減少，葉の形態変化，分枝特性の変化，不定芽の異常発生，細根量の減少，病原菌に対する抵抗力の低下，光合成

同化産物の分配変化，種子の異常生産，植物体内の水分バランスの変化，衰退木の枯死などがある（Schütt and Cowling, 1985；Hinrichsen, 1986）。

　ヨーロッパ 35 か国において，ノルウェースプルース，ヨーロッパアカマツ，ヨーロッパブナなどの樹冠状態の調査が行われた（UN-ECE and EC, 1998）。その結果に基づくと，なんらかの異常落葉が認められた樹木の割合は，針葉樹で約 64 % であり，広葉樹で約 66 % であった。針葉樹における樹冠異常の発生率は，チェコ（調査木の 71.9 % が異常），クロアチア（68.7 %），ブルガリア（53.5 %），オランダ（45.3 %），スロバキア（42.1 %）などで高かった。一方，広葉樹における樹冠異常の発生率は，ブルガリア（43.9 %），ルクセンブルク（41.8 %），ノルウェー（38.9 %），イタリア（38.0 %），ポーランド（35.8 %）などで高かった。1988 年からの 10 年間において，ブルガリア，チェコ，フランス，イタリア，オランダ，ノルウェーなどで，樹冠異常を示した樹木の割合が増加した。

6.1.2 北　　　米

　米国においては，ある特定の地域で限られた樹種が衰退している（図 6.2）。米国国家酸性降下物評価プログラム（NAPAP）による研究において，おもに四つの地域の森林衰退現象が評価された（McLaughlin, 1985；Chevone and Linzon, 1988；Cowling, 1989；NAPAP, 1990 a；NAPAP, 1990 b；Miller and McBride, 1999）。アパラチア山脈北部においては，ルーベンストウヒが衰退している。米国南東部においては，ストローブマツが衰退

図 6.2　米国のサンバナディーノ山脈のマツ類の衰退（撮影：河野吉久博士）（口絵 7 参照）

している。シェラネバダ・サンバナディーノ山脈では，ポンデローサマツやジェフリーマツなどが衰退している。さらに，1970年代後半から，米国北東部やカナダ南東部において，サトウカエデの衰退が観察されている。

北米とヨーロッパにおける森林衰退の徴候を比較してみると，いくつかの類似点と相違点がある（Johnson and Siccama, 1983；Prinz, 1985；Hinrichsen, 1986；Cowling, 1989）。類似点としては，樹冠の下部から上部へ，また枝の内側から外側へ進行する葉の黄化現象が観察されていることである。また，両地域において針葉樹の肥大成長の低下が認められている。相違点としては，ヨーロッパにおいて不定枝の過剰発生，緑葉の離脱および種子の過剰生産などの成長異常が高頻度で観察されていることである。また，可視的な徴候を伴わない樹木の成長低下は北米において高頻度で発生している。

6.1.3 森林衰退の原因仮説

〔1〕**原因仮説** 現在のところ，欧米における森林衰退の原因やメカニズムなどは十分には解明されていないが，表6.1に示したように，いくつかの原因仮説が出されている（野内，1990；小池ら，1992）。北ヨーロッパではオゾン，酸性降下物による土壌酸性化および窒素過剰，西ヨーロッパではオゾン，酸性ミストや酸性霧などの酸性降下物および二酸化硫黄，東ヨーロッパでは二酸化硫黄，二酸化窒素，オゾンおよび酸性降下物などが森林衰退の原因として注目されている。

〔2〕**オゾン** 北米の森林衰退の原因として最も有力視されているのは，光化学オキシダントの主成分であるオゾンである（Miller and McBride, 1999）。大気中のオゾン濃度は過去数十年において上昇傾向にあり，森林が衰退している標高が高い地点において比較的高濃度のオゾンが観測されているため，森林衰退の原因となり得ることが指摘されている（Ashmore et al., 1985；Krause et al., 1986；Innes, 1987；Sandermann et al., 1997；Miller and McBride, 1999）。米国南東部におけるストローブマツ，シェラネバダ・サンバナディーノ山脈におけるポンデローサマツやジェフリーマツ，アパラチ

表 6.1 欧米における森林衰退を説明する仮説 (小池ら, 1993)

原因仮説	特性	適合する現象	問題点	提唱者
オゾン説	成長低下 光合成低下 クチクラ層の損傷	北米の森林衰退地と高濃度オゾン地域が一致 現状レベルの濃度で障害発現	ヨーロッパの被害を説明し難い	Krause et al. (1986)
土壌酸性化説	アルミニウム毒性 根系の損傷	土壌酸性化で必須元素の溶脱 アルミニウムの溶出 根系損傷による水分・養分ストレス	総合的な説明ができない	Ulrich (1979)
窒素過剰説	初期は成長促進 根の成長低下 栄養バランスの崩壊 凍霜害・病虫害	窒素が汚染物質によって過剰供給 他の養分の欠乏 ミコリザの活性低下 成長のバランスを損なう	衰退全般は説明できない	Schütt & Cowling (1985)
土壌塩類欠乏説	マグネシウム欠乏 針葉の黄化	標高が高い地域におけるノルウェースプルースの針葉黄化 酸性雨による針葉からの成分溶出 クチクラ層の損傷	特定地域の説明に限定	Rehfuess (1983)
複合要因説	上記の害の複合タイプ	上記の 4 仮説が総合されたストレスによる樹木被害	地域によって主要なストレスが異なる	Schulze et al. (1989) Likens (1989)

ア山脈北部のルーベンストウヒなどの衰退に，オゾンが関与していると考えられている。

〔3〕 **二酸化硫黄**　東欧諸国における森林衰退の原因として，二酸化硫黄（SO_2）が考えられている。ドイツ南東部やチェコ北西部では，工業地帯から発生した比較的高濃度の二酸化硫黄によってノルウェースプルースなどが衰退している可能性がある（Raben and Andreae, 1995）。

〔4〕 **酸性降下物**　アパラチア山脈北部においては，標高1500～1600 m付近の雲底より上に分布するルーベンストウヒの衰退に，酸性の雲水（pH 2.8～3.8）が関与している可能性がある（Shortle and Smith, 1988）。

ヨーロッパにおいては，酸性降下物の沈着によって土壌の酸性化が引き起こされ，森林が衰退している可能性が指摘されている（Ulrich et al., 1979 ; Ulrich, 1989）。酸性降下物による土壌酸性化の比較的初期の段階では，土壌中のカルシウムやマグネシウムなどの植物必須元素が溶脱する。さらに土壌酸性化が進行すると，土壌溶液中にアルミニウム（Al）のような植物毒性の高い金属が溶出し（Matzner, 1983），樹木の根に悪影響を与える。樹木に対するAlの毒性はCaなどのカチオンの存在によって変化するが，土壌溶液におけるCa/Al比が1.0以下に低下すると樹木に対するAlの毒性が急激に高くなるとされている（Ulrich, 1989）。ドイツのゾーリング地方における樹木の細根量の減少と土壌溶液のCa/Alモル濃度比の低下は一致する傾向を示している（Ulrich, 1989）。

Alは，樹木の根からのCaなどの植物必須元素の吸収を阻害し，さらに根におけるPの不溶化による植物体地上部におけるP欠乏を引き起こす（Schaedle et al., 1989）。そのため，酸性降下物の沈着によって酸性化した土壌で生育している樹木においては，CaやPの欠乏が起こり，成長や生理機能が低下する。米国北東部のルーベンストウヒの衰退原因として，土壌溶液中に溶出したAlによって引き起こされたCa欠乏が考えられている（Shortle and Smith, 1988）。細根の分布域における土壌溶液のCa/Alモル濃度比の低下に伴って，ルーベンストウヒの根におけるCaの吸収能力が低下し，Ca欠乏が

起こり，樹冠の衰弱，材形成の低下および病虫害の発生などの現象が発現したことが指摘されている。

〔5〕 **窒素過剰** 近年，大気から森林生態系への窒素沈着量が増加し，森林生態系は窒素が過剰な状態に移行し，窒素飽和状態になる可能性が指摘されている (Aber et al., 1989 ; Skeffington, 1990)。大気から土壌への窒素沈着量の増加によって土壌溶液中の硝酸イオンやアンモニウムイオンが増加した場合，樹木の栄養バランスが崩れ，最終的には森林衰退が引き起こされる可能性がある (Nihlgård, 1985 ; Skeffington and Wilson, 1988 ; Aber et al., 1989)。

樹木にとって有効な窒素が土壌で過剰に存在すると，細根や菌根菌（ミコリザ）の現存量が減少し，窒素以外の養分や水分が植物体内で欠乏する。そのため，樹木における栄養アンバランスや水ストレスが助長され，衰退や枯死が引き起こされる可能性がある。欧米においては，窒素を多量に施用した森林や窒素系降下物の沈着量が多い森林で，樹木の葉におけるリン，カルシウムおよびマグネシウムなどの植物必須元素が窒素に対して少ないことが認められている (Lang et al., 1982 ; Boxman and Roeloffs, 1988 ; van Dijk and Roeloffs, 1988 ; Kazda, 1990 ; Hüttl, 1990)。また，葉の窒素濃度が上昇すると耐寒性が低下し，冬季に樹木が衰退する可能性がある (Friendland et al., 1984 ; Soikelli and Kärenlampi, 1984 ; Nihlgård, 1985 ; Skeffington and Wilson, 1988)。葉の窒素含量の増加に伴う忌避物質の減少や誘因物質の増加によって，樹木の病虫害が助長されることが指摘されている (Nihlgård, 1985 ; Skeffington and Wilson, 1988)。

土壌へ過剰に窒素が供給されると，硝化菌と植物根との間のアンモニウムイオンの競争状態が緩和されるため，硝化菌による硝化作用が促進される (Nilsson et al., 1988 ; McNulty et al., 1990 ; McNulty et al., 1991)。硝化の過程では水素イオンが生成され，土壌は酸性化される (van Breemen et al., 1982 ; Driscoll and Schafran, 1984)。このような酸性化に伴う根圏土壌からの植物必須元素の溶脱や土壌溶液中へのアルミニウムの溶出は，樹木の成

長や光合成などの生理機能を低下させる。さらに，森林生態系における過剰な窒素は，N_2O などの温室効果ガスの生成を促進するため，地球温暖化を進行させ，森林衰退を引き起こす可能性もある。

〔6〕 **その他のストレス**　水ストレス，Mg 欠乏，病虫害なども，欧米における森林衰退の原因として考えられている (McLaughlin, 1985；Chevone and Linzon, 1988；Cowling, 1989)。米国南東部で観察されているストローブマツの衰退に樹齢の増加やそれに伴う樹木間の競争の激化などが関与していることが指摘されている。1970 年代後半から観察されている米国北東部やカナダ南東部におけるサトウカエデの衰退の原因として，害虫による異常落葉や植物体内における K などの植物必須元素の欠乏が考えられている。さらに，米国北東部におけるルーベンストウヒの衰退に重金属が関与していることが示唆されている (Gawel *et al.*, 1996)。

6.2　日本における森林衰退

6.2.1　森林衰退の現状

近年，わが国においては，山岳地帯における樹木の枯損や森林衰退が深刻な環境問題となっている。これらの現象は全国各地で観察されているが，その原因やメカニズムなどはほとんど明らかにされていない。

神奈川県の丹沢山地においては，モミやブナの衰退が観察されている（図 6.3）。大山（標高 1 245 m）の標高 700～1 100 m 付近においては，モミの大木

図 6.3　神奈川県の大山におけるモミの衰退（撮影：河野吉久博士）

が衰退している．航空写真を用いた解析に基づくと，1954年における枯損木の割合は36％であり，衰退のピークは1960年代中ごろから1970年代中ごろで，現時点においては衰退の進行から少なくとも50〜60年は経過している（神奈川県，1994）．モミの衰退は，すでに1961年には認められており，その後も衰退が進行し，1983年には80％の個体が衰退していた（古川・井上，1990）．古川・井上（1990）は，1988年に行った現地調査においてモミの衰退度と樹高または胸高直径との間には有意な相関が得られなかったことにより，モミの大木の衰退は老齢化によるものとは考えにくいと結論付けている．塔ケ岳では，1980年以降にブナの枝葉の欠損や樹形の変型が観察されている（神奈川県，1992）．丹沢山，蛭ケ岳，檜洞丸などにおいては，すでに1954年にブナの衰退が認められ，1990年には最も衰退程度が著しい蛭ケ岳において60％以上の個体が衰退しており，現在もなお衰退が進行している（神奈川県，1992）．このようなブナの衰退は，静岡県の富士山（角張・原野，1991）や天城山系（静岡大学環境研究会，1989），群馬県の武尊山（玉置，1997），富山県の立山（玉置，1997）などにおいても観察されている．

　埼玉県の奥秩父においては，シラビソの立ち枯れが観察されている（**図6.4**）．小川ら（2004）の調査結果に基づくと，シラビソの立ち枯れは厳しい環境条件によってもたらされた自然現象（縞枯れ現象）であると考えるのが妥当であるが，乾燥ストレスが関与している可能性がある（小川ら，2004；伊豆田・小川，2004）．栃木県の奥日光においてはシラビソ，オオシラビソ，ダケカンバなどの衰退が観察されているが，この原因として1983年の春季における異常低温，酸性霧，オゾンなどが指摘されている（長谷川，1989；村野，1994；畠山・村野，1996）．群馬県の赤城山ではシラカンバ，ダケカンバ，ミズナラなどの衰退が観察されており，それらの衰退に寒風害，ナラタケ菌，酸性霧などが関与している可能性が考えられている（垰田，1993；村野，1993；村野，1994）．

　広島県などの山陽地方においてはアカマツが衰退している．この衰退のおもな原因として，マツノザイセンチュウ，二酸化硫黄，フッ化水素などが指摘さ

6. 森林衰退と環境ストレス

図6.4 埼玉県奥秩父における針葉樹の衰退（撮影：小川和雄博士）

れているが（垰田，1993），酸性降下物が関与している可能性も考えられている（中根，1992）。近年，石川県，鳥取県，島根県のような日本海側の地域におけるコナラやミズナラなどのナラ類の衰退や枯死も観察されており，菌根菌を介した酸性雪の影響なども懸念されている（小川，1996）。福岡県の宝満山（標高 829 m）から三郡山（標高 936 m）にかけての尾根沿いの標高 600 m 以上の地域において，モミの衰退が観察されている（**図 6.5**）。宝満山 10 地点と三郡山 2 地点で 1990 年に行われた調査によると，28 ％のモミが著しく衰退または枯死しており，特に大木における衰退頻度が高かった（須田ら，1992）。

図 6.5 福岡県の宝満山におけるモミの衰退（撮影：河野吉久博士）

6.2.2 森林衰退地における調査事例

わが国においては，現在のところ，森林衰退と大気汚染ガスや酸性降下物などの環境ストレスとの関係を明らかにすることを目的とした調査は限られている。ここでは，神奈川県の檜洞丸におけるブナ林（**図 6.6**）と奥日光の前白根山周辺におけるダケカンバ林（**図 6.7**）で行われた調査を紹介する。

図 6.6 神奈川県の檜洞丸におけるブナ林の衰退（撮影：相原敬次氏）（口絵 8 参照）

図 6.7 奥日光の前白根山周辺におけるダケカンバの衰退

〔1〕 **檜洞丸のブナ林における調査**　神奈川県丹沢山地の檜洞丸山頂付近の南斜面においては，ブナの衰退が観察されている。これに対して，同山頂付近の北斜面のブナは比較的健全である。このようなブナの衰退状態やその原因などを調べることを目的として，1994 年から 2 年間にわたって現地調査が行われた（戸塚ら，1997 a；戸塚ら，1997 b；戸塚ら，1997 c；丸田，1999）。

檜洞丸山頂付近の南斜面におけるブナの衰退木は，北斜面の健全木に比べて，個葉の面積と生重量が小さかったが，光飽和時の蒸散速度は高かった。気孔コンダクタンスを算出した結果に基づくと，健全木に比べて，衰退木の葉の気孔は開いていることが考えられた。また，衰退木の葉内 CO_2 濃度は健全木のそれに比べて高かったことより，葉の光合成活性が低下していることが示唆された。さらに，衰退木の葉の水利用効率（純光合成速度/蒸散速度）やクロロフィル含量も，健全木のそれらより低かった。一方，夜間における葉のガス

交換速度を測定した結果，衰退木の蒸散速度と気孔コンダクタンスは健全木のそれらに比べて高かった。この結果は，衰退木では夜間でも気孔が閉じにくく，健全木に比べて水分ストレスを受けやすいことを示している。

ブナの衰退原因を探るために，両斜面における環境要因の測定を行った。両斜面の土壌を分析した結果，いずれも土壌 pH が 5.4 以上であったため，酸性降下物によって土壌が酸性化しているとはいえない状態であった。8月に檜洞丸山頂付近の南斜面（ブナ衰退地）と北斜面（ブナ健全地）の大気汚染状況を調べた結果，100 ppb 以上のオゾン濃度がしばしば観測された（図 6.8）。

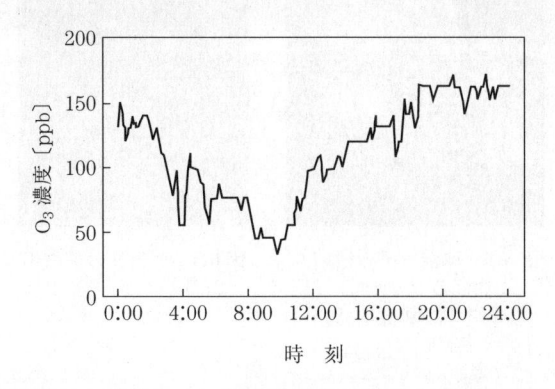

図 6.8 1995 年 8 月 7 日の神奈川県檜洞丸のブナ衰退地におけるオゾン濃度の日変化（戸塚ら，1997 b）

南斜面では 140〜160 ppb のオゾン濃度に出現頻度のピークがあり，北斜面に比べて高濃度域のオゾンの出現頻度が高かった。なお，両斜面ともに，オゾン濃度は 10 時ごろに最低値を示し，18〜22 時に穏やかなピークを迎えるという日変化を示した。日中における南斜面の気温，地温および大気の水蒸気飽差は北斜面のそれらより高い傾向にあったが，夜間においては両斜面の気温や水蒸気飽差にほとんど差は認められなかった。なお，両斜面とも，二酸化硫黄（SO_2）や二酸化窒素（NO_2）の濃度は低かった。以上の調査結果に基づくと，檜洞丸山頂付近の南斜面におけるブナの衰退に，比較的高濃度のオゾンや乾燥ストレスが関与している可能性がある。

〔2〕 **前白根山周辺のダケカンバ林における調査**　栃木県奥日光の前白根

山周辺においては，ダケカンバ，シラビソ，オオシラビソなどの立ち枯れや衰退が観察されている。前白根山周辺のダケカンバ林の衰退は，おもに南東斜面において発生している。前白根山直下の稜線上の標高2 320 m付近のダケカンバ林で2 000年6～10月に行われた調査においては，稜線の南東側に位置し，ダケカンバが衰退している地点（南東斜面）を衰退地とし，稜線の北西側に位置し，ダケカンバの衰退が認められない地点（北西斜面）を非衰退地とした（田村ら，2002；伊豆田・小川，2004）。両調査地ではダケカンバが優占していたが，衰退地における立木密度は非衰退地のそれの14％であった。非衰退地においては，枝と葉の密度のバランスがとれた健全なダケカンバの個体数が全個体数の76％を占めていた。これに対して，衰退地においては，枯死木や生存していても梢端が枯損し，葉量が少ない個体大枝が折損した個体などが多く認められ，個体当りの葉量がまばらな個体が半数近くを占めていた。

　冬芽のフラッシュは，両調査地とも6月5日から6月23日までの期間に始まった。8月12日以降，両調査地において葉に黄色斑や褐色斑が認められたが，衰退地におけるハバチ・ハムシ類による葉の食害は非衰退地のそれに比べて著しかった。9月8日以降，両調査地において葉の褐変が観察されたが，衰退地における葉の褐変は非衰退地のそれに比べて著しかった。葉の黄化は，非衰退地では9月8日から9月23日までの期間に開始したのに対し，衰退地では8月25日から9月8日までの期間に開始した。また，非衰退地においては，10月7日の時点でほとんどの葉は黄化していたが，落葉は終了していなかった。これに対して，衰退地においては，10月7日の時点で落葉が終了していた。以上の結果に基づくと，衰退地で生育しているダケカンバにおいては，非衰退地の個体に比べて，葉の老化が促進しており，一成長期における個体当りの光合成同化産物量が少ないことが考えられる。

　夏季において，衰退地で生育するダケカンバの個葉面積と個葉乾重量は非衰退地のそれらに比べて小さかった。衰退地で生育しているダケカンバの葉におけるクロロフィルa濃度は8月下旬以降に急激に低下し，9月において非衰退地のそれより有意に低かった。また，調査期間を通して，衰退地における葉

のクロロフィルb濃度は非衰退地のそれに比べて有意に低かった。その結果，衰退地におけるクロロフィルa濃度とクロロフィルb濃度の和は8月下旬以降に急激に低下し，8月25日〜9月23日において非衰退地のそれに比べて有意に低かった。なお，7月24日，8月12日および8月25日においては，衰退地における葉のクロロフィルaとクロロフィルbの濃度比は非衰退地のそれに比べて有意に高かった。

非衰退地に生育するダケカンバの葉の全可溶性タンパク質（TSP）濃度は7月下旬から9月上旬まではほぼ一定の値を示し，9月上旬から下旬にかけて低下した（図6.9）。これに対して，衰退地における葉のTSP濃度は，非衰退地よりも約2週間早い8月下旬から9月上旬までの期間に低下した。このため，衰退地における葉のTSP濃度は9月23日において非衰退地のそれに比べて有意に低かった。また，衰退地における葉のリブロース二リン酸カルボキシラーゼ/オキシゲナーゼ（Rubisco）濃度は9月上旬から下旬にかけて急激に低下し，9月23日において非衰退地のそれに比べて有意に低かった。Rubiscoは葉緑体におけるCO_2固定を触媒する酵素であるため，その濃度低下は純光合成速度を低下させる。なお，いずれの時期においても，両調査地間

図中の＊は，非衰退地の値と有意な差があることを示している。

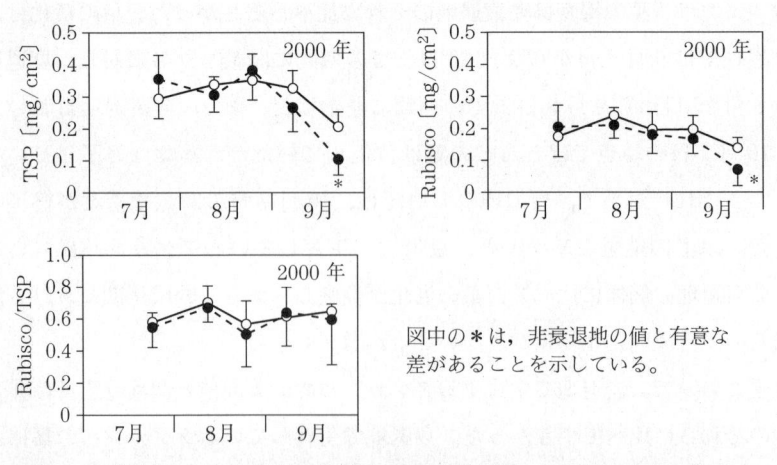

図6.9 前白根山周辺の非衰退地（○）と衰退地（●）で生育しているダケカンバの葉の全可溶性タンパク質（TSP）濃度，Rubisco濃度およびRubisco/TSP濃度比（田村ら，2002）

におけるRubisco/TSP濃度比に有意な差は認められなかった。

衰退地に生育しているダケカンバの葉のK，CaおよびMg濃度は，非衰退地のそれらに比べて高い傾向を示した（図6.10）。この結果は，衰退地に生育しているダケカンバの個葉の面積や乾重量が，非衰退地のそれらに比べて低かったことに起因していると考えられる。両調査地に生育するダケカンバにおいては，葉のAl濃度は検出限界以下であった。したがって，ダケカンバの衰退を植物体内の栄養欠乏やAl過剰障害で説明できない。非衰退地で生育するダケカンバの葉のMn濃度は調査期間中において上昇する傾向を示したが，衰退地におけるそれはほぼ一定であった（図6.10）。その結果，調査期間中を通して，衰退地における葉のMn濃度は非衰退地のそれに比べて有意に低かった。しかしながら，両調査地で生育するダケカンバの葉の平均Mn濃度は1.5 mg/g以下であり，光合成活性が有意に抑制されるMn濃度より低かった（Kitao $et\ al.$, 1997）。したがって，両調査地のダケカンバにMn過剰害が発現している可能性は低い。一方，非衰退地のダケカンバにおいては日数の経過に伴って葉のMn濃度が上昇する傾向が認められたが，衰退地における葉のMn濃度は夏期においてほぼ一定の値を示した。一般に，Mnは蒸散流によっ

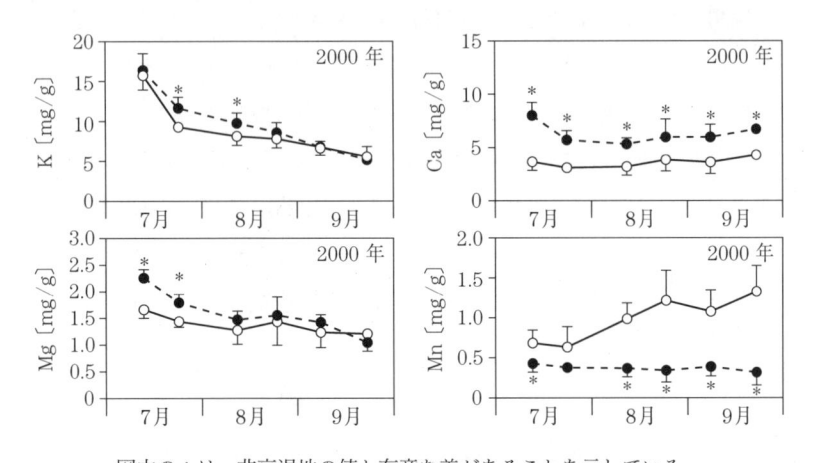

図中の＊は，非衰退地の値と有意な差があることを示している。

図6.10 前白根山周辺の非衰退地（○）と衰退地（●）で生育しているダケカンバの葉のK，Ca，MgおよびMn濃度（田村ら，2002）

て植物体の地下部から地上部に輸送され，葉に蓄積する。葉に蓄積したMnはほかの植物器官に移動しにくいため，葉のMn濃度は積算蒸散量を反映している (Kitao et al., 2001)。したがって，衰退地で生育しているダケカンバの葉の蒸散速度は，非衰退地のそれより低かった可能性がある。

衰退地における土壌のpHは非衰退地のそれより高く，日本の標準的な褐色森林土における測定値の範囲内であった。さらに，両調査地において，土壌のMnおよびAl濃度は検出限界以下であり，Ca, Mg, Kなどの水溶性および交換性陽イオン濃度は両調査地間に有意な差は認められなかった。これらの結果に基づくと，ダケカンバの衰退を土壌の酸性化や栄養条件の悪化で説明することは困難である。

2002年8月上旬における衰退地の土壌含水率とダケカンバの葉の水ポテンシャルは，非衰退地のそれらに比べて有意に低かった（太田ら，2003）。衰退地は南東斜面に位置し，立木密度が低いため，林床が直射日光の影響を受けやすく，乾燥しやすい条件であると考えられる。したがって，夏季における乾燥が衰退地に生育するダケカンバの成長低下などに関与している可能性がある。

近年，前白根山周辺では$100 \text{ n}l/l$ (ppb) を超える比較的高濃度のオゾンが夏季に観測されており，オゾン濃度は南東の風が吹くときに高く，北西の風が吹くときに低いことが報告されている（畠山・村野, 1996）。オゾンは樹木などの植物に対する毒性が高いガス状大気汚染物質であり（伊豆田ら, 2001），葉の老化促進や純光合成速度の低下を引き起こし，草食性昆虫に対する抵抗性を変化させることが知られている (Hughes, 1988)。したがって，衰退地のダケカンバにおいて葉の老化が早かったことやハバチ・ハムシ類による食害が著しかったことにオゾンが関与している可能性がある。

6.3 ま と め

欧米においては森林の衰退現象が観察されているが，その原因やメカニズムなどは十分には解明されていない。北米における森林衰退の原因として，オゾ

ン，酸性降下物および窒素過剰などが注目されている。一方，ヨーロッパにおける森林衰退の原因として，二酸化硫黄，オゾン，酸性降下物による土壌酸性化および窒素過剰などが指摘されている。

　日本においても，全国各地で樹木の立ち枯れや森林衰退が観察されている。これらの現象に，オゾン，乾燥ストレス，動物や病害虫による食害などが関与している可能性がある。森林は温室効果ガスの吸収・貯蔵源としても期待されているため，樹木の立ち枯れや森林衰退と環境要因との因果関係を科学的に解明する必要がある。

文　献

Aber, J. D., Nadelhoffer, K. J., Steudler, P. and Melillo, J. M. (1989) Nitrogen saturation in northern forest ecosystems. BioScience, 39, pp. 378〜386.

Ashmore, M., Bell, N. and Rutter, J. (1985) The role of ozone in forest damage in West Germany. Ambio, 14, pp. 81〜87.

Boxman, A. W. and Roeloffs, J. G. M. (1988) Some effects of nitrate versus ammonium nutrition on the nutrient fluxes in *Pinus sylvestris* seedlings, Effects of mycorrhizal infection. Can. J. Bot., 66, pp. 1091〜1097.

Chevone, B. I. and Linzon, S. N. (1988) Tree decline in North America. Environ. Pollut., 50, pp. 87〜99.

Cowling, E. B. (1986) Regional declines of forest in Europe and North America : The possible role of air-borne chemicals. In : Aerosols (ed. by S. D. Lee *et al.*), pp. 855〜865, Lewis Publishers, Chelsea, MI.

Cowling, E. B. (1989) Recent changes in chemical climate and related effects on forests in north America and Europe. Ambio, 18, pp. 167〜171.

Driscoll, C. T. and Schafran, G. S. (1984) Short-term changes in the base neutralizing capacity of an acid Adirondack lake, New York. Nature, 310, pp. 308〜310.

Friendland, A. J., Gregory, R. A., Kärenlampi, L. and Johnson, A. H. (1984) Winter damage to foliage as a factor in red spruce decline. Can. J. For. Res., 14, pp. 963〜965.

古川昭雄，井上敵雄（1990）丹沢山塊に分布するモミの衰退，第31回大気汚染学会講演要旨集，pp. 176〜177.

Gawel, J. E., Ahner, B. A., Friendland, A. J. and Morel, F. M. M. (1996) Role for heavy metals in forest decline indicated by phytochelatin measurements. Nature, 381, pp. 64〜65.

長谷川順一（1989）白根山のダケカンバ林の枯死とその要因，日本の生物，3, pp. 25～28.
畠山史郎，村野健太郎（1996）奥日光前白根山における高濃度オゾンの観測，大気環境学会誌，31, pp. 106～110.
Hinrichsen, D. (1986) Multiple pollutants and forest decline. Ambio, 15, pp. 258～265.
Hughes, P. R. (1988) Insect populations on host plants subjected to air pollution, Plant-Stress-Insect Interactions (eds. By E. A. Heinricks), John and Wily Sons, New York, USA, pp. 249～319.
Hüttl, R. F. (1990) Nutrient supply and fertilizer experiments in view of N saturation. Plant Soil, 128, pp. 45～58.
Innes, J. L. (1987) Air pollution and Forestry. Forestry Commission Bulletin 70, Her Majesty's Office, London, U.K.
伊豆田　猛，小川和雄（2004）森林衰退の現状と取り組み，III. 奥日光前白根山周辺のダケカンバ衰退と奥秩父亜高山帯のシラビソ立ち枯れ，大気環境学会誌，39, A 65～A 77.
伊豆田　猛，松村秀幸，河野吉久，清水英幸（2001）樹木に対するオゾンの影響に関する実験的研究，大気環境学会誌，36, pp. 60～77.
Johnson, A. H. and Siccama, T. G. (1983) Spruce decline in the northern Appalachians : Evaluating acid deposition as a possible cause. Proc. Tech. Assoc. Pulp Pap. Ind. Annu. Meet. 1983, pp. 301～310.
Kazda, M. (1990) Indications of unbalanced nitrogen nutrition of Norway spruce stands. Plant Soil, 128, pp. 97～101.
角張嘉孝，原野美雄（1991）ブナ林衰退現象の評価とその対策　ブナ林における可視障害の有無と光合成速度，第102回日林論，pp. 443～445.
神奈川県（1992）平成3年度樹木衰退度調査報告書.
神奈川県（1994）酸性雨に係る調査研究報告書.
Kitao, M., Lei, T. T. and Koike, T. (1997) Comparison of photosynthetic responses to manganese toxicity of deciduous broad-leaved trees in northern Japan. Environ. Pollut., 97, pp. 113～118.
Kitao, M., Lei, T. T. and Koike, T. (2001) Manganese toxicity as indicated by visible foliar symptoms of Japanese white birch (*Betula platyphylla* var. japonica). Environ. Pollut., 111, pp. 89～94.
小池孝良・真田　勝・太田誠一（1993）酸性雨 1. 植物生態系はどのような影響をうけるのか，森林生態系の現状と研究の取り組み，日本土壌肥料学雑誌，64, pp. 704～710.
Krause, G. H. M., Arndt, U., Brandt, C. J., Bucker, J., Krenk, G., and Matzner, E. (1986) Forest decline in Europe : Development and possible causes. Water Air

Soil Pollut., 31, pp. 647～668.
Lang, G. E., Reiners, W. A. and Shellito, G. A. (1982) Tissue chemistry of *Abies balsamea* and *Betula papyrifera* var. cordifolia from subalpine forests of northeastern United States. Can. J. For. Res., 12, pp. 311～318.
Likens, G. E. (1989) Some aspects of air pollutant effects on terrestrial ecosystems and prospects for the future. Ambio, 18, pp. 172～178.
丸田恵美子, 志磨 克, 堀江勝年, 青木正敏, 土器屋由紀子, 伊豆田 猛, 戸塚 績, 横井洋太, 坂田 剛 (1999) 丹沢・檜洞丸におけるブナ林の枯損と酸性降下物, 環境科学会誌, 12, pp. 241～250.
McLaughlin, S. B. (1985) Effects of air pollution on forests, A critical review. J. Air Pollut. Control Assoc., 35, pp. 512～534.
McNulty, S. G., Aber, J. D., McLellan, T. M. and Katt, S. M. (1990) Nitrogen cycling in high elevation forests of the northeastern US in relation to nitrogen deposition. AMBIO, 19, pp. 38～40.
McNulty, S. G., Aber, J. D. and Boone, R. D. (1991) Spatial changes in forest floor and foliar chemistry of spruce-fir forests across New England. Biogeochemistry, 14, pp. 13～29.
Miller, P. R. and McBride, J. R. (1999) Oxidant Air Pollution Impacts in the Montana Forests of Southern California, A case study of the San Bernardino Mountains. Springer-Verlag, New York.
村野健太郎 (1993) 酸性霧研究の現状, 大気汚染学会誌, 28, pp. 185～199.
村野健太郎 (1994) 酸性霧による影響の特徴と日本での実態, 環境技術, 23, pp. 724～727.
中根周歩 (1992) 酸性雨等による植物衰退現象の実態/広島のマツ, 資源環境対策, 28, pp. 1340～1343.
NAPAP (National Acid Precipitation Assessment Program) (1990a) Changes in forest health and productivity in the United States and Canada. NAPAP SOS/T Rep. 16.
NAPAP (National Acid Precipitation Assessment Program) (1990b) Response of vegetation to atmospheric deposition and air pollution. NAPAP SOS/T, Rep. 18.
Nihlgård, B. (1985) The ammonium hypothesis, an additional explanation to the forest dieback in Europe. AMBIO, 14, pp. 2～8.
Nilsson, S. I., Berdén, M. and Popvic, B. (1988) Experimental work related to nitrogen deposition, nitrification and soil acidification, a case study. Environ. Pollut., 54, pp. 233～248.
野内 勇 (1990) 酸性雨の農作物および森林木への影響, 大気汚染学会誌, 25, pp. 295～312.

小川和雄,三輪 誠,嶋田知英,米倉哲志,松本理恵,アマウリ アルサテ(2004)秩父亜高山帯の樹木立枯れと環境要因,人間と環境,30, pp. 9〜18.
小川 眞(1996)ナラ類の枯死と酸性雪,環境技術,25, pp. 603〜611.
太田純史,田村俊樹,伊豆田 猛(2003)奥日光前白根山周辺におけるダケカンバの成長特性,葉内成分および水分状態,第44回大気環境学会年会講演要旨集, p. 326.
Prinz, B. (1985) Effects of air pollution on forests. Critical review discussion papers. J. Air Pollut. Control Assoc., 35, pp. 913〜924.
Raben, G. and Andreae, H. (1995) Saxony, F. R. G. Acidification in the Black Triangle Region, Acid Reign 95? (5th International Conference on Acidic Deposition), pp. 79〜92.
Rehfuess, K. E. (1883) Walderkrankungen und Immissioneneine Zwischenbilanz. Allg. Forstzeit., 38, pp. 601〜610.
Sandermann, H., Wellburn A. R. and Heath R. L. (1997) Forest decline and ozone (Ecological studies 127), Springer-Verlag, Berlin.
Schaedle, M., Thornton, F. C., Raynal, D. J. and Tepper, H. B. (1989) Response of tree seedlings to aluminum. Tree Physiology, 5, pp. 337〜356.
Schulze, E. -D., Lange, O. L. and Oren, R. (1989) Forest decline and air pollution, A study of spruce (*Picea abies*) on acid soils. Springer-Verlag, Berlin, Germany.
Schütt, P. and Cowling, E. B. (1985) Waldsterben, a general decline of forest in central Europe ; symptoms, development and possible causes. Plant Disease, 69, pp. 548〜558.
Shortle, W. C., and Smith, K. T. (1988) Aluminum-induced calcium deficiency syndrome in declining red spruce. Science, 240, pp. 1017〜1018.
静岡大学環境研究会(1989)天城山系におけるブナ林の衰退に関する生態学的研究,天城山系のツツジ類とブナの保護,天城山系におけるアマギツツジ等の衰退の原因究明及び保護対策の検討調査報告書.
Skeffington, R. A. and Wilson, E. J. (1988) Excess nitrogen deposition issues for consideration. Environ. Pollut., 54, pp. 159〜184.
Skeffington, R. A. (1990) Accelerated nitrogen inputs, a new problem or a new perspective ? Plant Soil, 128, pp. 1〜11.
Soikkeli, S. and Kärenlampi, L. (1984) The effects of nitrogen fertilization on the ultrastructure of mesophyll cells of conifer needles in northern Finland. Eur. J. For. Path., 14, pp. 129〜136.
須田隆一,宇都宮 彬,大石興弘,濱村研吾,石橋龍吾,杉 泰昭,山崎正敏,緒方 健,溝口次夫,清水英幸(1992)宝満山(福岡県)モミ自然林の衰退に関する調査,環境と測定技術,19, pp. 49〜58.

玉置元則（1997）日本の森林地域での酸性雨調査の現状，環境技術，26，pp. 623～632.

田村俊樹，米倉哲志，中路達郎，清水英幸，馮　延文，伊豆田　猛（2002）前白根山周辺におけるダケカンバの生育状況，葉内成分および生育土壌に関する調査，大気環境学会誌，37，pp. 320～330.

垰田　宏（1993）わが国の現状，森林衰退，酸性雨は問題になるか（堀田　庸，森川靖，垰田　宏，松本陽介，松浦陽次郎，石塚和裕　共著），財団法人　林業科学技術振興所，pp. 28～40.

戸塚　績，青木正敏，伊豆田　猛，堀江勝年，志磨　克（1997a）桧洞丸山頂における南斜面ブナ衰退地と北斜面ブナ健全地の気象条件比較，丹沢大山自然環境総合調査報告書（神奈川県環境部），pp. 89～92.

戸塚　績，青木正敏，伊豆田　猛，堀江勝年，志磨　克（1997b）南斜面ブナ衰退地と北斜面ブナ健全地の大気汚染濃度および土壌の比較，丹沢大山自然環境総合調査報告書（神奈川県環境部），pp. 93～96.

戸塚　績，青木正敏，伊豆田　猛，堀江勝年，志磨　克（1997c）ブナ衰退地と健全地の葉の生理活性，葉の特徴および体内元素濃度比較とブナ衰退原因について，丹沢大山自然環境総合調査報告書（神奈川県環境部），pp. 99～102.

Ulrich, B., Mayer, R. and Khanna, P. K. (1979) Deposition von Luftverun reinigen und ihre Auswirkungen in Waldecosystemen im Solling. Schriften. For. Uni. Göttingen, Göttingen, FRG.

Ulrich, B. (1989) Effects of acidic precipitation on forest ecosystems in Europe. Acidic Precipitation Vol. 2., Biological and Ecological Effects (eds. by D. C. Adriano and H. Johnson), Springer-Verlag, New York, pp. 189～272.

UN-ECE and EC (United Nations Economic Commission for Europe and European Commission) (1998) Forest Condition in Europe, 1998 Executive Report, pp. 33～37.

van Breemen, N., Burrough, P. A., Velthorst, E. J., van Dobben, H. F., de Wit, T., Ridder, T. B. and van Reigners, H. F. R. (1982) Soil acidification from atmospheric ammonium sulphate in forest canopy throughfall. Nature, 299, pp. 548～550.

van Dijk, H. F. G. and Roeloffs, J. G. M. (1988) Effects of excessive ammonium deposition on the nutritional status and condition of pine needles. Physiol. Plant., 23, pp. 494～501.

索引

【あ】

亜鉛精錬所 168
亜酸化窒素 90
足尾銅山 i
アシル脂質 182
アスコルビン酸過酸化酵素 184
アセチル CoA 126
アセチレン還元能 105
圧縮あて材 111
圧ポテンシャル 146
アテ材 111
アブシジン酸 150
アラス 130
暗呼吸速度 14
アンモニアガス 59
アンモニウム性窒素 59

【い】

異圧葉 102
維管束鞘細胞 95
萎凋 153

【え】

永久凍土 89, 94
エコロジカルエンジニア 114
壊死 3
エチレン 152
エネルギー代謝 195

【お】

汚染米 171
オゾン 110
オゾン吸収速度 19

オープントップチャンバー 5
温室効果 90
温室効果ガス 204

【か】

外生菌根菌 72
開放系大気 CO_2 増加 107
開葉時期 93
外来種 92
かく乱 91
可視障害 2
過剰症 175
渦相関法 114
カタラーゼ 15
褐色森林土 50
活性酸素 4, 184
活性酸素消去系酵素 15
花粉分析 90
仮道管 119
カルボキシレーション効率 101
含水率 145
含水量 145
寒風害 205
乾物成長 173

【き】

気孔 12
気孔拡散抵抗 158
気孔コンダクタンス 117
気孔のパッチ 103
気孔閉鎖 152
気孔密度 117
休眠打破 94
競合的効果 175

京都会議 88
京都議定書 112
菌根 70
菌根菌 16, 70
金属耐性 179

【く】

グアヤコール依存過酸化酵素 185
空気力学的方法 114
クランツ構造 104
クリティカルレベル 16
グルタチオン-アルコルビン酸サイクル 186
グルタチオン還元酵素 185
グルタチン還元酵素 184
クロロシス 32
クロロフィルタンパク 153
クロロフィル b 153

【け】

下水汚泥 168
解毒 4
限界日長 124
減収 5
現存量 115, 119

【こ】

光化学オキシダント 1
交換態画分 175
交換態重金属 176
光合成順化 107
光合成第 2 反応 181
鉱山活動 168
抗酸化物質 14
恒常性維持機能 99

広食者	127	硝化作用	203	窒素固定菌	133
光リン酸化	153	蒸散速度	208	窒素酸化物	59
黒ボク土	50	消費量	125	窒素飽和現象	59
コハク酸脱水素酵素	186	食害	209	窒素利用効率	93
コンベキシティー	104	食害量	124	虫媒花	92
根粒菌	105	植物計	24	超蓄積種	190

【さ】

植物指標 24
ショ糖 100 【つ，て】

再植林	112	シンク	105	積み上げ法	113
サイトカイニン	153	シンク器官	98	低分子合成キレート	176
細胞内腔	119	シンク能	100	鉄欠乏クロロシス	180
錯結合	169	浸透ポテンシャル	146	テルペン類	126
錯体無毒化	180	森林衰退	198	電気的陰性度	169
酸化還元電位	172	森林衰退の原因仮説	200	電子供与体	170
酸性雨	43			電子伝達	153
酸性降下物	43	【す，せ】		電子伝達系	185
酸性降下物の臨界負荷量	58	スーパーオキシドディス		デンプン	103
酸性雪	206	ムターゼ	15	デンプン葉	104
酸性ミスト	43	成長	47		
酸性霧	205	生物多様性保全	122	【と】	

		赤黄色土	50	等圧葉	102
【し】		積算温度	92, 124	倒伏耐性	154
ジェネラリスト	127	遷移	108	動物散布型	92
紫外線	106	潜在的光合成速度	99	糖葉	103
シキミ酸合成系	126			独立栄養生物	115
脂質過酸化	184	【そ】		土壌呼吸速度	113
自生種	92	総生産量	113	土壌酸性化	50
自然植生	23	相対成長速度	99	土壌のpH	51
指標植物	24	造林	112	トランスポーター	192
蛇紋岩	175	ソース	104	トリアジン環	189
重金属	204			トリアゾール環	189
従属栄養生物	115	【た】		トレードオフ	126
縮合タンニン	126	耐陰性	120		
シュクロース	103	退耕還林	130	【な，に，ね】	
樹木年代学的	94	耐凍性	46	中干し	154
純一次生産	115	脱共役剤	186	ナラタケ菌	205
純一次生産量	113	湛水条件	172	二酸化硫黄	202
順化	99			二次生産量	125
純光合成速度	13	【ち】		ネクロシス	32
純生態系交換量	114	チェンバー法	116		
純生態系生産力	114	チオール	170	【は】	
純バイオーム生産	116	置換性Mn	171	配位子	169
硝化菌	203	窒素降下量	59	バイオマス	119

パーオキシアセチルナイトレート	1	
ハーゲン・ポワズイユの法則	117	
汎針広混交林	129	

【ひ】

光関与型除草剤	199
光補償点	121
光量子収率	104
非環状光リン酸化反応	181
被食防衛物質	125
引張りあて材	111
ヒートアイランド	96
氷柱コア	89
比葉面積	109, 127

【ふ】

ファイトケラーチン	186
ファイトマイニング	190
ファイトレメディエーション	190

フィードバック	133
フェニールアラニン	126
フェノール	133
腐食	115
フッ化水素	205
負の制御	99
フラックス	114

【へ, ほ】

ヘビノネコザ	190
放射性核種	189
ポットサイズ効果	107

【ま】

マツノザイセンチュウ	205
マトリックポテンシャル	147

【み, む】

水ポテンシャル	145
水利用効率	109
未成熟火山灰土壌	96, 108

無機リン	123

【め】

メタン	90, 130
メバロン酸合成系	126
メルカプト	170

【ゆ, よ】

誘導防御	128
葉内 CO_2 濃度	101
葉面境界層抵抗	153
葉緑体	12

【り】

リグニン	119
律速	101
リービッヒの要素樽	100
硫安	105
量子収率	54

A/Ci 曲線	101
ADR 方式	112
Al	50
AOT 40	12
C_3 植物	97
C_4 植物	97
$(Ca+Mg+K)/Al$ モル濃度比	51
CAM 植物	91, 97
C/N	123
CO_2 固定効率	54
CO_2 スプリング	111
CO_2 施肥	88
CO_2 噴出泉	132
COP 3	88
FACE	107
IPCC	113
LAI	98
Mn	50
Ni 耐性	180
NO_2	61
PEP カルボキシラーゼ	104
RGR	99
RuBP カルボキシラーゼ/オキシゲナーゼ	4
RuBP 再生産速度	101
SPS	101
TTC 還元力	186
3-phosphoglyceric acid kinase	183

―― 編著者略歴 ――

1984 年　東京農工大学農学部環境保護学科卒業
1986 年　東京農工大学大学院農学研究科修士課程修了（環境保護学専攻）
1989 年　東京農工大学大学院連合農学研究科博士課程修了（資源・環境学専攻）
1989 年　農学博士（東京農工大学）
1989 年　東京農工大学助手
1997 年　東京農工大学助教授
　　　　現在に至る

植物と環境ストレス
Plants and Environmental Stresses

© Takeshi Izuta 2006

2006 年 7 月 10 日　初版第 1 刷発行

検印省略	編著者　伊豆田　　猛	
	発行者　株式会社　コロナ社	
	代表者　牛来辰巳	
	印刷所　壮光舎印刷株式会社	

112-0011　東京都文京区千石 4-46-10
発行所　株式会社　コロナ社
CORONA PUBLISHING CO., LTD.
Tokyo　Japan
振替 00140-8-14844・電話 (03) 3941-3131(代)
ホームページ http://www.coronasha.co.jp

ISBN 4-339-06737-7　　（大井）　（製本：グリーン）
Printed in Japan

無断複写・転載を禁ずる
落丁・乱丁本はお取替えいたします

生物工学ハンドブック

内容見本進呈

日本生物工学会 編
B5判／866頁／定価29,400円／上製・箱入り

■ **編集委員長** 塩谷 捨明
■ **編集委員**　五十嵐泰夫・加藤　滋雄・小林　達彦・佐藤　和夫
　（五十音順）　澤田　秀和・清水　和幸・関　　達治・田谷　正仁
　　　　　　　土戸　哲明・長棟　輝行・原島　　俊・福井　希一

> 21世紀のバイオテクノロジーは，地球環境，食糧，エネルギーなど人類生存のための問題を解決し，持続発展可能な循環型社会を築き上げていくキーテクノロジーである。本ハンドブックでは，バイオテクノロジーに携わる学生から実務者までが，幅広い知識を得られるよう，豊富な図と最新のデータを用いてわかりやすく解説した。

主要目次

I編：生物工学の基盤技術　生物資源・分類・保存／育種技術／プロテインエンジニアリング／機器分析法・計測技術／バイオ情報技術／発酵生産・代謝制御／培養工学／分離精製技術／殺菌・保存技術

II編：生物工学技術の実際　醸造製品／食品／薬品・化学品／環境にかかわる生物工学／生産管理技術

本書の特長

◆ 学会創立時からの，醸造学・発酵学を基礎とした醸造製品生産工学大系はもちろん，微生物から動植物の対象生物，醸造飲料・食品から医薬品・生体医用材料などの対象製品，遺伝学から生物化学工学などの各方法論に関する幅広い展開と広大な対象分野を網羅した。

◆ 生物工学のいずれかの分野を専門とする学生から実務者までが，生物工学の別の分野（非専門分野）の知識を修得できる実用書となっている。

◆ 基本事項を明確に記述することにより，長年の使用に耐えられるようにし，各々の研究室等における必携の書とした。

◆ 第一線で活躍している約240名の著者が，それぞれの分野の研究・開発内容を豊富な図や重要かつ最新のデータにより正確な理解ができるよう解説した。

定価は本体価格＋税5％です。
定価は変更されることがありますのでご了承下さい。

図書目録進呈◆

コロナ社創立80周年記念出版
〔創立1927年〕

内容見本進呈

再生医療の基礎シリーズ
―生医学と工学の接点―

(各巻B5判)

■編集幹事　赤池敏宏・浅島　誠
■編集委員　関口清俊・田畑泰彦・仲野　徹

再生医療という前人未踏の学際領域を発展させるためには，いろいろな学問の体系的交流が必要である。こうした背景から，本シリーズは生医学（生物学・医学）と工学の接点を追求し，生医学側から工学側へ語りかけ，そして工学側から生医学側への語りかけを行うことが再生医療の堅実なる発展に寄付すると考え，コロナ社創立80周年記念出版として企画された。

シリーズ構成

配本順　　　　　　　　　　　　　　　　　　　　　頁　定価

1. (2回)　再生医療のための
　　　　発 生 生 物 学　　浅島　誠編著　280　4515円

2. 　　　　再生医療のための
　　　　細 胞 生 物 学　　関口清俊編著

3. (1回)　再生医療のための
　　　　分 子 生 物 学　　仲野　徹編　270　4200円

4. 　　　　再生医療のための
　　　　バイオエンジニアリング　　赤池敏宏編著

5. (3回)　再生医療のための
　　　　バイオマテリアル　　田畑泰彦編著　近刊

定価は本体価格+税5%です。
定価は変更されることがありますのでご了承下さい。

図書目録進呈◆

バイオテクノロジー教科書シリーズ

(各巻A5判)

■編集委員長　太田隆久
■編集委員　相澤益男・田中渥夫・別府輝彦

配本順				頁	定価
2. (12回)	遺伝子工学概論	魚住武司	著	206	2940円
3. (5回)	細胞工学概論	村上浩紀／菅原卓也	共著	228	3045円
4. (9回)	植物工学概論	森川弘道／入船浩平	共著	176	2520円
5. (10回)	分子遺伝学概論	高橋秀夫	著	250	3360円
6. (2回)	免疫学概論	野本亀久雄	著	284	3675円
7. (1回)	応用微生物学	谷吉樹	著	216	2835円
8. (8回)	酵素工学概論	田中渥夫／松野隆一	共著	222	3150円
9. (7回)	蛋白質工学概論	渡辺公綱／小島修二	共著	228	3360円
11. (6回)	バイオテクノロジーのためのコンピュータ入門	中村春木／中井謙太	共著	302	3990円
12. (13回)	生体機能材料学 — 人工臓器・組織工学・再生医療の基礎 —	赤池敏宏	著	186	2730円
13. (11回)	培養工学	吉田敏臣	著	224	3150円
14. (3回)	バイオセパレーション	古崎新太郎	著	184	2415円
15. (4回)	バイオミメティクス概論	黒田裕久／西谷孝子	共著	220	3150円
17. (14回)	天然物化学	瀬戸治男	著	188	2940円

以下続刊

1. 生命工学概論　太田隆久著
10. 生命情報工学概論　相澤益男著
16. 応用酵素学概論　喜多恵子著

定価は本体価格＋税5％です。
定価は変更されることがありますのでご了承下さい。

図書目録進呈◆